U0252858

ASP.NET 4.0 与 Dreamweaver CS6

经典网站开发从入门到精通

三维书屋工作室

臧爱军 胡仁喜 等编著

机械工业出版社

本书系统地介绍了网站开发的有关基础知识和一些经典网站的开发过程。全书共分为 7 章，详细介绍了 ASP.NET 4.0 与 Dreamweaver CS6 用于动态网站设计的相关知识。第 1 章为网页设计基础知识，介绍 HTML 基础、制作网页的基本方式等知识。第 2 章为可视化网页制作工具 Dreamweaver CS6，全面介绍 Dreamweaver CS6 的基本功能和特点。第 3 章为 Visual Studio 2010 概述，全面介绍 Visual Studio 2010 的安装，开发环境以及创建应用程序。第 4 章为 ASP.NET 4.0 简介，全面介绍它的新特性、工作原理、开发环境的配置以及 ASP.NET 相关技术。第 5 章为访问数据库，介绍 SQL Server 数据库和存储过程的基础知识。第 6 章和第 7 章为在线书店和 BBS 系统两个典型网站的设计过程，详细介绍结合 ASP.NET 4.0 与 Dreamweaver CS6 进行网站开发的思路和开发流程。

本书适合用于大专院校计算机专业师生的教材或参考用书，也可供动态网站开发人员及对 ASP.NET 4.0 与 Dreamweaver CS6 软件感兴趣的人员学习参考。

图书在版编目（CIP）数据

ASP. NET 4.0 与 Dreamweaver CS6 经典网站开发从入门到精通/臧爱军等编著. —北京：机械工业出版社，2013.10
ISBN 978-7-111- 43915- 8

Ⅰ.①A… Ⅱ.①臧… Ⅲ.①网页制作工具—程序设计 Ⅳ.①TP393.092

中国版本图书馆 CIP 数据核字（2013）第 208770 号

机械工业出版社（北京市百万庄大街 22 号 邮政编码 100037）
策划编辑：曲彩云 责任编辑：曲彩云
责任印制：杨 曦
北京中兴印刷有限公司印刷
2013 年 9 月第 1 版第 1 次印刷
184mm×260mm · 24.5 印张 · 604 千字
0 001—3 000 册
标准书号：ISBN 978-7-111- 43915-8
定价：58.00 元

前　言

ASP.NET 是 Microsoft 公司推出的用于编写动态网页的一项新技术，是 Microsoft 公司的动态服务器页面和.NET 技术的集合。ASP.NET 4.0 在 ASP.NET 3.x 的基础上进行了性能方面的提升，大大提高了编程人员的开发效率。.NET 技术已经成为网络应用的主流，其在开发语言方面提高了界面和代码的可定制性，封装了复杂的运算和抽象类，使得网络开发入门人员可以更轻松地掌握和应用。

Dreamweaver CS6 是一个可视化的网页设计和网站管理工具，支持最新的 Web 技术，包含 HTML 检查、HTML 格式控制、HTML 格式化选项、HomeSite/BBEdit 捆绑、可视化网页设计、图像编辑、全局查找替换、全新 FTP 功能、处理 Flash 和 Shockwave 等多媒体格式和动态 HTML、基于团队的 Web 创作等，是网站设计者的首选工具。

本书系统地介绍了网站开发的有关基础知识和一些经典网站的开发过程。全书共分为 7 章，详细介绍了用 ASP.NET 4.0 结合 Dreamweaver CS6 进行动态网站设计的相关知识。第 1 章为网页设计基础知识，介绍了 HTML 基础、制作网页的基本方式等知识。第 2 章为可视化网页制作工具 Dreamweaver CS6，全面介绍了 Dreamweaver CS6 的基本功能和特点。第 3 章为 Visual Studio 2010 概述，全面介绍了 Visual Studio 2010 的安装，开发环境以及创建应用程序。第 4 章为 ASP.NET 4.0 简介，全面介绍了它的新特性、工作原理、开发环境的配置以及 ASP.NET 相关技术。第 5 章为访问数据库，介绍了 SQL Server 数据库和存储过程的基础知识。第 6 章和第 7 章为在线书店和 BBS 系统两个典型网站的设计过程，详细介绍了结合 ASP.NET 4.0 与 Dreamweaver CS6 进行网站开发的思路和开发流程。

为了让读者快速掌握 ASP.NET 4.0 与 Dreamweaver CS6 动态网站开发技术，本书在内容上进行了精心组织。讲解具体知识的语言通俗易懂，让读者在实际操作中轻松掌握软件的开发技术。在具体介绍模块功能的时候，提供了详细的图例，并对程序代码提供了详细的标注，使初学者可以迅速地掌握整个模块的设计原理和实现方法。

全书采用了以实例进行说明的方式，可操作性强，注重理论与实践的密切结合，通俗易懂，步骤清晰，说明详细，力求以全面的知识性及丰富的实例来指导读者掌握动态网站开发技术，适合作为大专院校计算机专业师生的教材或参考书，也可供动态网站开发人员及对 ASP.NET4.0 技术和 Dreamweaver CS6 软件感兴趣的人员学习参考。

本书由三维书屋工作室总策划，主要由臧爱军和胡仁喜博士编写，参与编写的还有杨雪静、刘昌丽、康士廷、张日晶、郑长松、张俊生、李瑞、董伟、王玉秋、王敏、王玮、王义发、王培合、路纯红、周冰、王艳池、王宏、王文平、袁涛、阳平华、王学兵、李广荣、董荣荣、孟清华、夏德伟、王佩楷等。

由于编者水平有限，时间仓促，本书难免在内容选材和叙述上有欠缺之处，竭诚欢迎广大读者在阅读过程中登录网站 www.sjzsanweishuwu.com 对本书提出批评和建议，也可以发电子邮件到编者的电子信箱：win760520@126.com，以方便做进一步的交流。需要本书实例源文件，也可以登录网站 wangmin770520@126.com 下载，密码 770621。

编　者

目　录

第1章 网页制作基础知识

本章导读

　　互联网诞生于 20 世纪后期，它以计算机网络技术为平台，以现代电子信息技术为先导，成为近年来迅速崛起和飞速发展的一门重要科学。它为传统计算机应用带来了深刻的变革，使计算机获得信息资源的能力进一步扩大，人们接受信息的方式进一步多样化、形象化。随着 WWW 技术的日益成熟，电子商务的日臻完善，网页制作技术逐渐普及与应用，人们的工作、生活和交流方式发生了彻底的改变。互联网已经成为第四媒体，越来越多的公司、机构和个人都拥有自己的网页或网站。

　　本章主要讲解网页设计制作的基本方式，编辑网页的常用工具和动态网页的支持技术。

学 习 要 点

◎　制作网页的基本方式

◎　基本的网页元素

◎　HTML 基础

1.1 制作网页的基本方式

网页设计制作的基本方式包括：手工直接编码、利用可视化工具、手工编码和可视化工具结合 3 种。

📖 1.1.1 手工编码方式

网页是由 HTML 超文本标记语言编码的文本文档，设计制作网页的过程就是生成 HTML 代码的过程。在 WWW 发展的初期，人们制作网页是通过直接编写 HTML 代码来实现的。比如在网页上显示如图 1-1 所示的表格，就应该在网页文档中编写如下代码：

```
<table width="457" border="2" cellspacing="0" cellpadding="0">
 <tr>
  <th    width="143"    height="45"    align="center"    valign="middle"
scope="col"><span class="STYLE1">产品名称</span></th>
  <th   width="116"   align="center"   valign="middle"   scope="col"><span
class="STYLE1">型号</span></th>
  <th   width="188"   align="center"   valign="middle"   scope="col"><span
class="STYLE1">报价</span></th>
 </tr>
 <tr>
  <td height="43" align="left" valign="middle">三星</td>
  <td align="center" valign="middle">SGH-E908</td>
  <td align="center" valign="middle">2599</td>
 </tr>
 <tr>
  <td height="43" align="left" valign="middle">三星</td>
  <td align="center" valign="middle">SGH-i718</td>
  <td align="center" valign="middle">4950</td>
 </tr>
 <tr>
  <td height="43" align="left" valign="middle">诺基亚</td>
  <td align="center" valign="middle">N73</td>
  <td align="center" valign="middle">3399</td>
 </tr>
 <tr>
```

```
  <td height="43" align="left" valign="middle">诺基亚</td>
  <td align="center" valign="middle">N95</td>
  <td align="center" valign="middle">8888</td>
 </tr>
</table>
```

产品名称	型号	报价
三星	SGH-E908	2599
三星	SGH-i718	4950
诺基亚	N73	3399
诺基亚	N95	8888

图 1-1 编码显示效果

  手工编码制作网页对网页设计人员的要求较高，编码效率低，调试过程复杂，因此，对大多数网页设计人员来说，采用这种方式比较困难。但手工编码可以灵活地制作出丰富的网页效果。

1.1.2　可视化工具方式

  随着网页制作技术的不断发展，出现了诸如 FrontPage、Dreamweaver 等可视化的网页编辑工具。利用这些工具在可视化环境下编辑制作网页元素，由编辑工具自动生成对应的网页代码。如要在网页上显示一幅图像，就可以直接在工作区中插入图像，而无需考虑编码的规则和语法。

  利用可视化工具编辑网页，操作简单直观，调试方便，是大众化的网页编辑方式。但利用可视化工具在制作一些特殊网页时，效果可能有一定的偏差和局限性。

1.1.3　编码和可视化工具结合方式

  编码和可视化工具结合是一种比较成熟的网页制作方式。具体过程为：一般的网页元素通过可视化工具编辑制作，一些特殊的网页效果则通过编辑代码生成。这种方式效率高、调试方便，而且可以实现丰富的网页效果，但要求设计人员既要熟悉 HTML 语言又能运用可视化工具。

  除了上面 3 种基本的网页设计制作方式外，还可以通过修改已有的网页代码生成自己的网页。在网页编辑制作过程中具体采用何种方式要根据具体情况而定，没有必要拘泥于某种固定的模式。

1.2　基本的网页元素

在初次设计网页之前，首先应该认识一下构成网页的基本元素，只有这样才能在设计时得心应手地根据需要合理地组织和安排网页内容。

网页中常见的元素有：文本、图像、超级链接、表格、动画、音乐和交互式表单等。下面简要介绍这些常见元素在网页中的作用。

1．文本

文本是传播信息最常用、最重要的载体与交流工具，网页中的信息也以文本为主。文本能够准确地表达信息的内容和含义。用户可以在网页中通过赋予文本各种属性，如字体、字号、颜色、底纹等，突出显示文本的内容，此外，还可以设计各种各样的文字列表，以清晰表达一系列项目。

2．图像

图像可以装饰网页、提供信息，与文本相比，可以更快地吸引访问者的注意力。在网页中可以使用 GIF、JPEG、PNG 三种格式的图像。动画可以更直接、形象地表达网页设计者的意愿。

3．声音

声音是多媒体网页的一个重要组成部分。用于网络声音文件的格式很多，如 MIDI、WAV、MP3 和 AIF 等，不同浏览器对于声音文件的处理方式也不同，因此使用时需要加以区别。视频文件可以使网页变得动感、精彩，用于网络视频文件的格式也非常丰富，常见的有 FLV、MPEG、AVI 等。

4．超级链接

超级链接可以说是互联网的枢纽、灵魂，它将一个个独立的页面联系起来。它是从一个网页指向另一个目的端的链接，目的端通常是另一个网页，也可以是一幅图片、一个电子邮件地址、一个文件、一个程序或者是本网页中的其他位置。

5．表格

表格是网页中常用的页面布局工具，可以精确控制各种网页元素的位置。

6．表单

网页中的表单常用于接受用户在浏览器端的输入，并将输入信息发送到用户设置的目标端，然后目标端反馈相应的信息，从而使浏览者和 Web 站点或网站管理者建立交互关系。

7．导航栏

导航栏顾名思义，其作用就是引导访问者游历站点，使访问者可以便捷地转向站点的其他页面。事实上导航栏就是一组超级链接。

除了以上几种元素外，网页中还有一些其他的常用元素，如按钮、Java 特效、ActiveX 等，它们不仅可以点缀网页，而且在网上娱乐、电子商务等方面也有着不可忽视的作用。

通过上面的介绍，读者可能想知道，用什么工具来制作、编辑这些元素呢？目前制作网页的软件很多，常用的有具有"梦幻组合"之称的"网页三剑客"、PhotoImpact、Director、FrontPage 等。本书采用 Dreamweaver CS6 作为网页编辑工具。

1.3 网页开发技术的发展

当今社会信息技术飞速发展，人们越来越依靠现代网络技术来实现各种价值，如架构自己的个人网站，组建企业的门户网站，进行网上营销、交流和宣传。从网站浏览者的角度来看，无论是动态网页还是静态网页，都可以展示基本的文字和图片信息，但从网站开发、管理、维护的角度来看就有很大的差别。

下面简要介绍网页开发技术的发展。

📖1.3.1 静态网页

通常我们看到的网页，都是以.htm、.html、.shtml、.xml 等为后缀的文件，其网址中不含有"？"。在网站设计中，纯粹 HTML 格式的网页通常被称为静态网页。

静态网页只要不改变设计，网页的内容就不会变化。Web 服务器对静态网页的访问过程如下：

（1）客户通过 Web 服务器的 URL 申请页面。

（2）服务器向客户送回被申请的页面。

（3）在客户端下载并在浏览器上显示页面。

（4）断开客户与服务器之间的联系。

整个过程比较简单，到客户端下载完页面时为止，整个过程就结束了。用于发布静态网页的网站设计也比较简单。这种设计对于早期的网站来说已足够。因为早期使用网站的大多是一些科学工作者，他们关注的重点只是有关科学技术的内容。

若网站维护者要更新网页的内容，就必须手工更新所有的 HTML 文档。静态网页不能在网上在线修改，必须在计算机上重新制作图片、编辑网页，修改后通过 FTP 上传到网站上，比较麻烦，对网站维护人员的要求高。为了不断更新网页内容，就必须不断地重复制作 HTML 文档，随着网站内容和信息量的日益扩增，网页维护的工作量无疑是非常巨大的。但静态网站容易被搜索引擎搜索，一般适合企业使用。

在静态网页上也可以出现各种动态的效果，如 GIF 格式的动画、FLASH、滚动字幕等，但这些动态效果只是视觉上的，与下面将要介绍的动态网页是不同的概念。

◾1.3.2 动态网页发展的几个阶段

随着 Web 技术应用领域的扩展和电子商务时代的到来，各种不同类型的用户加入到网络中来，并提出了许多新的要求。例如，与 Web 服务器或网站管理者进行实时交互，且交互过程中能够保障用户的信息安全。此时各种静态发布信息的网站已不能满足用户的需求。于是能够提供后台数据库的管理和控制等服务的动态网站技术应运而生，并很快得到普及应用。

这种输出内容随程序执行的结果不同而有所不同的网页被称之为"动态网页"。动态网页 URL 的后缀不是.htm、.html、.shtml、.xml 等常见形式，而是以.asp、.jsp、.php、.perl、.cgi、.aspx 等形式为后缀，并且在动态网页网址中有一个标志性的符号——"？"，例如：http://www.pagehome.cn/ip/index.aspx?id=1。访问动态网页的过程如下：

（1）客户通过 Web 服务器的 URL 申请一个网页。

（2）服务器接收请求，并处理网页上的代码。

（3）将代码的处理结果转换成 HTML 代码后向客户送出。

（4）在客户端下载并在浏览器上显示网页。

（5）服务器断开与客户的联系并转向其他客户，以便提供新的服务。

与静态网页相比，动态网页以数据库技术为基础，在访问页面时多了一个处理代码的过程。因此，动态网页的页面自动生成，无须手工维护和更新 HTML 文档，大大降低了网站维护的工作量；不同的时间、不同的人访问同一网址时会产生不同的页面，且生成的页面并不是独立存在于服务器上的网页文件。用什么方式来处理代码，在不同的历史时期采用了不同的技术，大体上可以划分为 3 个阶段。

（1）CGI 阶段。早期的动态网站开发技术使用的是 CGI-BIN 接口。CGI 是英文 Common Gateway Interface 的缩写，代表服务器端的一种通用接口。开发人员用 C、C++、Perl、Pascal、Java 或其他语言编写与接口相关的单独的程序和基于 Web 的外部应用程序，这些外部应用程序运行在独立的地址空间中。当服务器接到客户更新数据的要求以后，利用这个接口去启动外部应用程序完成各类计算、处理或访问数据库的工作，处理完后将结果返回 Web 服务器，再返回浏览器。

后来出现了"ISAPI"（用于 Internet Explorer 浏览器）和"NSAPI"（用于 Netscape 浏览器）技术，其功能与 CGI 相同，但技术方面有些改进。外部应用程序改用动态链接库（DLL），被载入 Web 服务器的地址空间运行，并且用线程代替进程，因而显著地提高了运行效率。但不论是 CGI 还是 ISAPI 或 NSAPI，都需要编写外部应用程序，而编写外部应用程序并不是一件容易的事情。从开发人员的角度讲，这种开发方式并没有带来开发上的方便。

这种开发技术存在着严重的扩展性问题——每一个新的 CGI 程序要求在服务器上新增一个进程。如果多个用户并发地访问该程序，这些进程将耗尽该 Web 服务器所有的可用资源，直至其崩溃。

（2）脚本语言阶段。这个阶段出现了许多杰出的脚本语言，如 ASP、PHP、嵌入式

Perl 和 JSP 等。脚本语言的出现大大简化了动态网站开发的难度。

为克服 CGI 扩展性方面的弊端，微软公司提出了 Active Server Pages（ASP）技术，该技术利用插件和 API 简化了 Web 应用程序的开发。ASP 与 CGI 相比，其优点是可以包含 HTML 标签，可以直接存取数据库及使用无限扩充的 ActiveX 控件，因此在程序编制上更富有灵活性。但该技术基本上是局限于微软的操作系统平台之上，主要工作环境是微软的 IIS 应用程序结构，所以 ASP 技术不能很容易地实现跨平台的 Web 服务器程序开发。

JSP（Java Server Pages 技术）是 Sun Microsystems Inc.在 Web 服务器、应用服务器、交易系统以及开发工具供应商间广泛支持与合作下，整合并平衡了已经存在的对 Java 编程环境进行支持的技术和工具后产生了一种新的、开发基于 Web 应用程序的方法，与 ASP 的程序结构非常相似。它的主要特点是在传统的 HTML 网页文件中加入 Java 程序片段和使用各种各样的 JSP 标志，构成 JSP 网页。Web 服务器在接收客户的访问要求时，首先执行其中的程序片段，并将执行结果以 HTML 格式返回客户。这种技术能够在任何 Web 或应用程序服务器上运行，分离了应用程序的逻辑和页面显示，能够进行快速的开发和测试，简化了开发基于 Web 的交互式应用程序的过程。

PHP 动态网站开发技术，即 Hypertext Preprocessor（超文本预处理器），也是一种嵌入 HTML 文档的服务器端脚本语言。PHP 在大多数 Unix 平台、GUN/Linux 和微软 Windows 平台上均可以运行。PHP 安装方便，学习过程简单，数据库连接方便，兼容性强，扩展性强，可以进行面向对象编程等。但 PHP 是一种解释型语言，不支持多线程结构，支持平台和连接的数据库都有限，特别是在支持的标准方面存在先天不足，对于某些电子商务应用来说，PHP 是不适合的。

（3）组件技术阶段。ASP.NET 和 Java（J2EE）技术是这个阶段的代表。这是一个由类和对象（组件）组成的完全面向对象的系统，采用编译方法和事件驱动方式运行。系统具有高效、高可靠、高可扩展的特点。

需要补充说明的是，动态网页 URL 中的"？"对搜索引擎检索存在一定的问题，搜索引擎一般不可能从一个网站的数据库中访问全部网页，或者出于技术方面的考虑，搜索引擎不去抓取网址中"？"后面的内容，因此采用动态网页的网站在进行搜索引擎推广时需要做一定的技术处理才能适应搜索引擎的要求。

📖1.3.3 动态网页的支持技术

随着 Web 技术的发展，动态网页已经成为网页制作的流行趋势。动态网页是指浏览器和服务器数据库可以进行实时数据交流的动态交互网页。制作动态网页仅用上面介绍的网页制作工具是不够的，还要结合某种支持技术来开发服务器端的脚本应用程序。动态网页常用的支持技术有以下几种：

（1）ASP 技术。ASP 是一套微软开发的服务器端脚本环境，内含于 IIS 3.0 和 4.0 之中。按照微软公司自己的定义："ASP 是一种服务器端的脚本技术，用来创建动态的、交互的网站。"ASP 将 HTML 标记以及 Script 程序代码组织在一个网页文件中，建立动态、交互且高效的 Web 服务器应用程序，代码以 VBScript 或 JavaScript 脚本语言为基础。当客户访问 ASP 网页时，服务器（PWS 或 IIS）将启动 ASP 文件的解释程序在服务器端执行，包括所有嵌入普通 HTML 中的脚本程序。程序执行完毕后，服务器仅将执行的结果返回给客户浏览器，减轻了客户端浏览器的负担，大大提高了交互的速度。ASP 应用程序可以手工编码制作，也可以通过 Dreamweaver 等可视化工具创作生成。

（2）PHP 技术。PHP 是一种跨平台的服务器端的嵌入式脚本语言，它大量地借用 C、Java 和 Perl 语言的语法，并耦合 PHP 自己的特性，使 Web 开发者能够快速地写出动态生成页面。自从诞生以来，以其简单的语法、强大的功能迅速得到了广泛的应用。PHP除了能够操作页面，还能发送 HTTP 的标题。它不需要特殊的开发环境和 IDE，支持目前绝大多数数据库。它不仅支持多种数据库，还支持多种通信协议。另外 PHP 还具有极强的兼容性。PHP 是完全免费的，可以从 PHP 官方站点自由下载，而且用户可以不受限制地获得源码，甚至可以从中加进自己需要的特色。

（3）JSP 技术。JSP 是 Sun 公司推出的站点开发语言，完全解决了此前 ASP、PHP的一个通病——脚本级执行，可以在 Serverlet 和 JavaBean 的支持下，完成功能强大的站点程序。

以上三种技术都提供在 HTML 代码中混合某种程序代码、由语言引擎解释执行程序代码的能力。普通的 HTML 页面只依赖于 Web 服务器，而 ASP、PHP、JSP 页面需要附加的语言引擎分析和执行程序代码。程序代码的执行结果被重新嵌入到 HTML 代码中，然后一起发送给浏览器。ASP、PHP、JSP 三者都是面向 Web 服务器的技术，客户端浏览器不需要任何附加的软件支持。

（4）ASP.NET 技术。进入 21 世纪以来，微软公司鲜明地提出了.NET 的发展战略，确定了创建下一代 Internet 平台的目标。下一代 Internet 的主要特征之一就是，它将无处不在，世界上任何一台智能数字设备都有可能通过宽带连接到因特网上。在这些思想的指导之下，微软于 2000 年推出了基于.NET 框架的 ASP.NET 1.0 版本，2002 年推出了ASP.NET 1.1 版本，2005 年年底又推出了 ASP.NET 2.0 版本。2007 年 11 月，Microsoft发布了 ASP.NET 3.5，2010 年 4 月发布了 ASP.NET 4。

ASP.NET 是在 ASP 的基础上发展起来的，但它不只是 ASP 的升级，而是重新构筑的一个全新的系统。ASP.NET 是建立在.NET 框架平台上的完全面向对象的系统，ASP.NET 与.NET 框架平台紧密结合是 ASP.NET 的最大特点。有了.NET 框架的支持，一些单靠应用程序设计很难解决的问题，都可以迎刃而解。

本书动态网页的支持技术采用 ASP.NET 4。有关 ASP.NET 4 的具体介绍见本书第 4章。

1.4　HTML 基础

网站分很多种，有的是功能性的网站，有的是门户式的网站；也有的是论坛、聊天室等。它大致分为 3 种，即静态、动态、综合。无论是哪种网站都有一个基本的元素，就是 html 页面。虽然现在可以利用"所见即所得"，且操作方便的网页制作工具，如

Dreamweaver、FrontPage 等可视化工具直观地设计制作网页，不需要再去编写繁琐的网页代码。但对 HTML 语言有一个初步的了解，能够帮助我们理解网页的制作原理和运行机制，分析借鉴其他网页的元素，以及创建在可视化环境下难以实现的效果。

HTML 是 Hypertext Markup Language 的首字母缩写，直译为超文本标记语言。它不是一种程序语言，而是一种描述文档结构的标记语言，它与操作系统平台的选择无关，只要有浏览器就可以运行 HTML 文档。HTML 语言使用了一些约定的标记，对 WWW 上的各种信息进行标记，浏览器会自动根据这些标记，在屏幕上显示出相应的内容，而标记符号不会在屏幕上显示出来。自从 1990 年它首次用于网页制作后，几乎所有的网页都是由 HTML 语言或以其他语言嵌入在 HTML 语言中编写的。

利用 HTML 编写的网页是解释型的，也就是说，网页的效果是在用浏览器打开网页时动态生成的，而不是事先存储于网页中的。当用浏览器打开网页时，浏览器读取网页中的 HTML 代码，分析其语法结构，然后根据解释的结果显示网页内容。正是因为如此，网页显示的速度同网页代码的质量有很大的关系，保持精简和高效的 HTML 源代码是非常重要的。在这里需要提请读者注意的是，不同的浏览器对 HTML 文件的解释可能不太一样。

📖1.4.1 标记和属性

HTML 是开放的世界性的标准。HTML 的 4.0 版本可以在目前正在使用的百分之九十的浏览器上显示。最初 HTML 只有很少的功能，但发展非常迅速，我们能够在短短的几个小时的时间里掌握 HTML 的核心命令集。

顾名思义，超文本标记语言的语言构成主要是通过各种标记（Tag）表示和排列各种对象。通常标记由符号"<"和">"及其中所包容的标记元素组成，且标记不区分大小写。例如，如果希望在浏览器中显示一段加粗的文本，可以采用标记\<b\>和\</b\>，例如：

```
<b>文本</b>
```

在用浏览器显示时，标记\<b\>和\</b\>不会被显示，浏览器在文档中发现了这对标记，就将其中包容的文字以粗体形式显示。

标记包含一个主要的命令和数量不限的相关值，称为属性。每个属性包含一个名称和一个取值。标记和属性，以及属性和后继的属性之间应该使用空白分隔，空白包括空格，水平制表符和回车/换行字符。HTML 使用引号分隔值，例如：

```
<td height="43" align="left" valign="middle">显示文本</td>
```

再次提醒读者，不是所有浏览器都要求属性值使用引号分隔。虽然不要求，仍然要养成每次都使用引号的习惯，如果缺少引号，在.NET 编程时可能会遇到问题。

一般来说，HTML 的语法有三种表达方式，如下所示：
- \<标记\>对象\</标记\>。
- \<标记 属性 1=参数 1 属性 2=参数 2\>对象\</标记\>。
- \<标记\>。

第一种表达方式显示的是封闭类型标记的使用形式。大多数标记是封闭类型的，也就是说，有起始标记和结束标记，且它们成对出现。结束标记前带有反斜线，下面是一个示例：

这段文字是斜体文字　　　（浏览器以斜体格式显示标记间的文本）

如果一个应该封闭的标记没有被封闭，则会产生意料不到的错误，随浏览器不同，可能出错的结果也不同。例如，忘记以</i>标记封闭对文字格式的设置，可能后面所有的文字都会以斜体的格式出现。

第二种表达方式显示的是封闭类型标记的扩展形式。利用属性可以进一步设置对象某方面的内容，而参数则是设置的结果。例如，在如下的语句中，设置了标记<td>的bgcolor 属性和 align 属性。

<td bgcolor="#99CC99" align="right"></td>

第三种语法示例显示了使用非封闭类型标记的形式。所谓非封闭类型标记，是指没有结束标记。在 HTML 语言中，非封闭类型很少，但的确存在，最常用的是换行标记
。例如，希望使一行文字中间换行，但是仍然同上面的文字属于一个段落，则可以在文字要换行的地方添加标记
，如：

这是一段完整的段落
中间被换行处理

除了上面三种形式的组合之外，标记之间还可以相互嵌套，形成更为复杂的语法。例如，希望将一行文本同时设置粗体和斜体格式，则可以采用下面的语句：

这是一段既是粗体又是斜体的文本

标记的次序很重要，一个外部标记必需包含所有内部标记。如果标记的嵌套顺序发生混乱，则可能会出现不可预料的结果。

1.4.2　HTML 文档结构

HTML 文档由三大元素构成：HTML 元素、HEAD 元素和 BODY 元素。每个元素又包含各自相应的标记和属性。HTML 元素是最外层的元素；HEAD 元素中包含对文档基本信息的描述；BODY 元素是文档的主体部分，包含对网页元素描述的标记。具体介绍如下：

<html>…</html>标记：　HTML 文档的开始和结束标记，HTML 文档中所有的内容都应该在这两个标记之间，一个 HTML 文档非注释代码总是以<html>开始，以</html>结束。

<head>…</head>标记：一般位于文档的头部，用于包含当前文档的有关信息，可以提高网页文档的可读性，例如标题、搜索关键字、文档生成器等。位于头部的内容一般不会在网页上直接显示，而是通过另外的方式起作用，例如，在 HTML 的头部定义的标题会出现在网页的标题栏上，该标记可以忽略。<head>…</head>标记内常包含的标记有<base>和<meta>。

<base>标记定义了文档的基础 URL 地址，在文档中所有的相对地址形式的 URL 都

是相对于这里定义的 URL 而言的。一篇文档中的<base>标记不能多于一个，必须放于头部，并且应该在任何包含 URL 地址的语句之前。<base>标记的参数介绍如下：

- href：指定了文档的基础 URL 地址。该属性在<base>标记中是必须存在的。
- target：target 属性同框架一起使用，它定义了当文档中的链接被点击后，在哪一个框架集中展开页面。如果文档中超级链接没有明确指定展开页面的目标框架集，则使用这里定义的地址代替。

使用示例：

```
<base href = "http://www.microsoft.com">
```

<meta>标记是实现元数据的主要标记，它能够提供文档的关键字、作者、描述等多种信息，在 HTML 的头部可以包括任意数量的<meta>标记。<meta>标记是非成对使用的标记，它的参数介绍如下：

- name：用于定义一个元数据属性的名称。
- content：用于定义元数据的属性值。
- scheme：用于解释元数据属性值的机制。
- http-equiv：可以用于替代 name 属性，HTTP 服务器可以使用该属性来从 HTTP 响应头部收集信息。
- charset：用于定义文档的字符解码方式。

使用示例：

```
<meta name = "keywords" content = "comey 制作">
<meta name = "description" content = " comey 制作">
<meta http-equiv="Content-Type" content="text/html; charset=gb2312">
```

<body>…</body>：用于定义 HTML 文档的正文部分，所有出现在网页上的正文内容都应该写在这两个标记之间。该标记有 6 个常用的可选属性，主要用于控制文档的基本特征。各个属性介绍如下：

- background：该属性用于为文档指定一幅图像作为背景。
- text：该属性用于定义文档中文本的默认颜色，也即文本的前景色。
- link：该属性用于定义文档中一个未被访问过的超级链接的文本颜色。
- alink：该属性用于定义文档中一个正在打开的超级链接的文本颜色。其中 color 是颜色的数值。
- vlink：该属性用于定义文档中一个已经被访问过的超级链接的文本颜色。
- bgcolor：该属性用于定义文档的背景颜色。颜色值的格式有两种：RGB 值和颜色的英文名称。

如果希望将文档的背景颜色设置为绿色，文本颜色设置为黑色，未访问超级链接的文本颜色设置为白色，已访问超级链接的文本颜色设置为黄色，正在访问的超级链接的文本颜色设置为紫红色，则可以使用如下的<body>标记：

```
<body bgcolor = "green" text = "#000000" link = "#FFFFFF" alink = "red"
```

```
vlink = "yellow">
```

学习 HTML 语言，从上述标记开始是最好的起步，接下来介绍一些常用的标记。需要先行说明的是，本节中将说到的显示效果是指在浏览器或在 Dreamweaver CS3 设计视图中浏览的效果。

📖 1.4.3 在 Web 站点上使用图像

纯文本的网页无疑是很枯燥乏味的，很难想象 Web 站点上如果没有图像会是什么样子。利用 HTML 可以很轻松地在页面上混合使用图像和文本，甚至实现环绕图像的文本。所有的图像都以图像标记<img>开始。<img>标记的主要属性介绍如下：

- src：用于指定要插入图像的地址。
- alt：用于设置当图像无法显示时的替换文本。
- align：用于设置图像和页面其他对象的对齐方式，取值可以是 top，middle 和 bottom。
- width、height：用于设置图像的宽度和高度，以像素为单位。如果不指定这两个属性，则按照图像原始的大小显示。
- border：用于设置图像的边框厚度，以像素为单位。
- vspace：用于设置图像的垂直边距，以像素为单位。
- hspace：用于设置图像的水平边距，以像素为单位。

使用示例：

```
<img src="image/120.gif" width="60" height="94" />

<img src=" image/386.gif" width="148" height="103" border="2" />
```

显示效果如图 1-2 所示。

图 1-2 示例效果

📖 1.4.4 插入背景音乐和动画

对于网站设计者来说，如何能使自己的网站与众不同、充满个性，一直是不懈努力的目标。除了尽量提高页面的视觉效果、互动功能以外，如果能在打开网页的同时，听到一曲优美动人的音乐，看到一幅精彩的动画，相信会使网站增色不少。

Chapter 01

在 HTML 文档中，使用<bgsound>标记可以在网页中插入背景音乐。<bgsound>标记可以放在<HTML>与</HTML>内的任何位置。下面通过一个简单例子演示该标记的使用方法。

（1）用 Dreamweaver 打开需要添加背景音乐的页面，切换到代码编辑视图，在<HTML>与</HTML>内的任何位置输入"<"，并在弹出的代码提示框中选择 bgsound。

（2）按空格键，代码提示框会自动将 bgsound 标签的属性列出来。

bgsound 标签共有 5 个属性，其中 balance 设置音乐的左右均衡，delay 设置播放延时，loop 控制循环次数，src 则是音乐文件的路径，volume 设置音量。

（3）选择需要的属性，并设置属性值。最后的代码如下：

```
<bgsound src="music.mid" loop=" -1" >
```

其中，loop="-1"表示音乐无限循环播放，如果要指定播放次数，将 loop 的值改为相应的数字即可。

（4）保存文件，并按 F12 键即可浏览页面效果。

这种添加背景音乐的方法是最基本的方法，也是最为常用的一种方法。背景音乐的格式支持现在大多数的主流音乐格式，如 WAV、MID、MP3 等。

在页面中插入 FLASH 动画使用<EMBED>标记。同添加背景音乐的方法一样，<EMBED>标记可以放在<HTML>与</HTML>内的任何位置。

在 Dreamweaver 的代码视图中键入如下的 HTML 语句：

```
<EMBED src="flash\01.swf">
```

然后保存页面，并按 F12 键预览，即可看到插入的动画效果。

1.4.5 控制元素的位置

网页设计者都希望制作出精彩的网页吸引住"挑剔"的访问者，那么网页精彩与否的因素是什么呢?色彩的搭配、文字的变化、图片的处理等，这些当然是不可忽略的因素。除了这些，还有一个非常重要的因素——网页的布局。访问者不会愿意看到只注重内容的站点。虽然内容很重要，但只有当网页布局和网页内容成功结合时，这种网页或者说站点才会受人喜欢。

网页布局涉及页面的尺寸、整体造型、文本与图形的层叠顺序等多方面，网页元素的摆放位置决定着整个页面布局的可视性。本节主要介绍控制页面元素位置的一些标记。

首先是表格标记。表格在网页设计中占有重要的地位，它不但能够记载表单式的资料、规范各种数据、输入列表式的文字，而且还用来排列文字和图形，在整个网页元素空间编排上都发挥着重要的作用。

表格标记<table>…</table>用于标志表格的开始和结束。表格常用参数介绍如下：

- align：设置表格与页面对齐方式，取值有 left、center 和 right。
- background：设置表格的背景图像。

- bgcolor：设置表格的背景颜色。
- border：设置表格的边框。
- width：设置表格的宽度，单位默认为像素，也可以使用百分比形式。
- height：设置表格的高度，单位默认为像素，也可以使用百分比形式。
- cellpadding：设置表格的一个单元格内数据和单元格边框间的边距。
- cellspacing：设置单元格之间的间距，以像素为单位。

表格内常嵌入的三个标记分别介绍如下：

<tr>…</tr>标记用于标志表格一行的开始和结束。

<th>…</th>用于标志表格内表头的开始和结束。<th>的主要参数介绍如下：

- colspan：设置<th>…</th>内的内容应该跨越几列。
- rowspan：设置<th>…</th>内的内容应该跨越几行。

<td>…</td>用于标记表格内单元格的开始和结束。<td>标记应位于<tr>标记内部。

下面通过一个简单的例子演示表格标记的使用。在 Dreamweaver 的代码视图中键入如下代码：

```
<table bordercolor="#CC0000" bgcolor="#FFFFCC" border=2>
<tr>
  <th colspan="3">ABC</th>
  <tr><th>Food</th><th>Drink</th><th>Sweet</th>
<tr><td>A</td><td>B</td><td>C</td>
</table>
```

在浏览器中的显示效果如图 1-3 所示：

ABC		
Food	**Drink**	**Sweet**
A	B	C

图 1-3　示例效果

1.4.6　格式化文本

在页面上完成文本输入后，会发现文本字体、样式一样，不能体现网页内容的层次，也不美观。格式化文本不仅可以使文本更加美观，符合人们的阅读习惯，而且格式化了的文本还可以增强可读性和条理性。下面介绍 HTML 文档中常用的文本格式化标记。

1. <h#>标记

HTML 能够识别六级标题，从<h1>到<h6>。数字表示标题文本内容的级别，较小的数字表示的级别比较高。<h#>...</h#>标记自动插入一个空行，不必用<p>标记再加空行。

与<title>标记不一样，<h#>标记里的文本显示在浏览器中。

使用示例：

```
<h1>这是一级标题</h1>
<h2>这是二级标题</h2>
<h3>这是三级标题</h3>
<h4>这是四级标题</h4>
<h5>这是五级标题</h5>
<h6>这是六级标题</h6>
```

显示效果如图1-4所示。

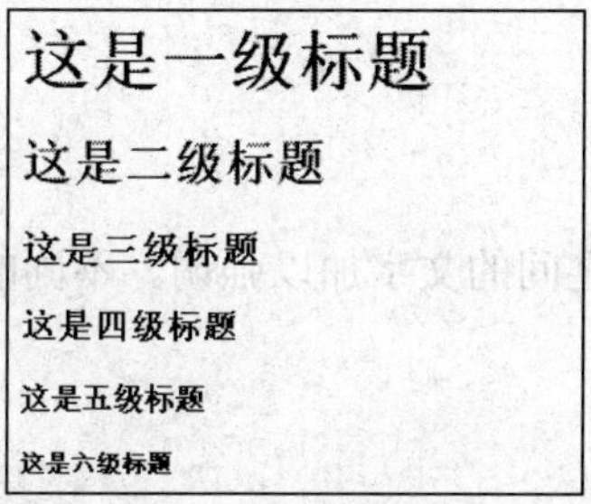

这是一级标题

这是二级标题

这是三级标题

这是四级标题

这是五级标题

这是六级标题

图 1-4   示例效果

2. <b>、<i>和<u>标记

<b>…</b>将标记之间的文本设置成粗体。<i>…</i>将标记之间的文本设置成斜体。
<u>…</u>为标记之间的文本加下划线。例如：

```
Happy<b>NEW</b>Year!
<i>斜体显示</i>
<u>关注这里！</u>
```

显示效果：

HappyNEWYear！

斜体显示

关注这里！

3. <big>、<small>和<pre>标记

<big>…</big>标记将使用比当前页面使用的字体更大的字体显示标记之间的文本。
<small>…</small>标记将使用比当前页面使用的字体更小的字体显示标记之间的文本。
<pre>…</pre>标记用于设定浏览器在输出时，对标记内部的内容几乎不做修改地输出。
否则，浏览器会自动取消文本中的空格。

使用示例：

```
雪花< small >片片</ small >飞！
```

```
<font size=2>我<big>非常</big>高兴!</font>
<pre>
遗失的        美好
</pre>
遗失的        美好
```

显示效果:

　　　　雪花片片飞!

　　　　我非常高兴!

　　　　遗失的　　　美好

　　　　遗失的　美好

4. <em>标记

<em>…</em>用于将标记之间的文字加以强调。不同的浏览器效果有所不同,通常会设置成斜体。

使用示例:

```
<em>强调文本</em>
```

5. <font>标记

<font > ... </font>标记用于设置文本字体格式,有三个可选属性分别介绍如下:

- face:用于设置文本字体名称,如果有多种字体,用逗号分隔。
- Size:用于设置文本字体大小,数字越大字体越大。
- Color:用于设置文本颜色,可以用 red、white 和 green 等助记符,也可以用 16 进制数表示,如红色为"#FF0000"。

使用示例:

```
<font face="华文行楷" size="72" color="#000000">似水流年</font>
```

显示效果如图 1-5 所示。

似水流年

图 1-5　示例效果

6. <s>和<hr>标记

<s>…</s>为标记之间的文本加删除线(即在文本中间加一条横线)。<hr>标记用于在页面添加一条水平线。

使用示例:

```
<s>今天天气真好!</s>
```

```
命运<hr>爱开玩笑！
```

显示效果：

今天天气真好！

命运

___

爱开玩笑！

7. \<center>、\<left>和\<right>标记

\<center>…\</center>将标记之间的文本等元素居中显示。\<left>…\</left>将标记之间的文本等元素居左显示。\<right>…\</right>将标记之间的文本等元素居右显示。

使用示例：

```
<center>桃心花木</center>
```

显示效果：

<center>桃心花木</center>

8. \<p>、\<div>和\<span>标记

段落标记\<p>…\</p>标记用来分隔文档的多个段落。通过使用对齐属性 align 可以强制浏览器以指定方式显示一个段落，例如：\<p align="right">。

区隔标记\<div>可以把文档分隔成几个部分，设置文本、图片、表格等元素的位置。默认情况下，\<div>标记与段落标记相同，使用同样的属性。注意，在一些非 IE 浏览器中，并不支持 div 标记。

\<span>标记定义 HTML 文档中的一个行内间隔，它有一个重要而实用的特性，即它什么也不会做，唯一目的就是对 CSS 文件进行样式的说明。例如，定义了 class style1 的文字大小为 10，颜色为红色，则\<span class="style1">与\<font size=10 color=red>abcd\</font>的效果是一样的。

\<span>和\<div>的区别在于，\<div>是一个块级元素，可以包含段落、标题、表格，乃至诸如章节、摘要和备注等。而\<span>是行内元素，\<span>的前后是不会换行的，它没有结构的意义，纯粹是应用样式。下面的程序清单可以使读者更直观地看到它们的区别。

```
<html>
  <head>
    <title>div and span experiments</title>
  </head>
  <body>
    <span>my first span.</span>
    <span>please test it.</span>
    <p> </p>
```

```
    <div>
     <span>my second span.</span>
    </div>
    <span>please test it again.</span>
   </body>
 </html>
```

在浏览器中预览该文件，效果如图 1-6 所示。

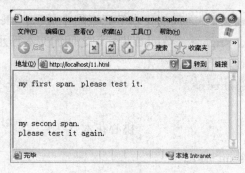

图 1-6 示例效果

9. <sub>和<sup>标记

_…将标记之间的文本设置成下角标。[…]将标记之间的文本设置成上角标。

使用示例：

```
今天<sub>123</sub>昨天！
今天<sup>123</sup>明天！
```

显示效果：

今天 123 昨天！

今天 123 明天！

10. <ol>、<ul>和<li>标记

<ol>…</ol>用来标记有序列表的开始和结束；<ul>…</ul>用来标记无序列表的开始和结束；<li>…</li>用来标记有序或无序列表的列表项目的开始和结束。有序列表有一个属性"type"，其值的功能介绍如下：

- type=1：表示用数字给列表项编号，这是默认设置。
- type=a：表示用小写字母给列表项编号。
- type=A：表示用大写字母给列表项编号。
- type=i：表示用小写罗马字母给列表项编号。
- type=I：表示用大写罗马字母给列表项编号。

列表可以嵌套使用。浏览器对于下级列表使用缩进的方法，下级比包含它的上一级列表缩进一个级别。使用示例：

```
<ul>
  <li>王菲</li>
  <li>张韶涵</li>
  <ol type="a" >
    <li>隐形的翅膀</li>
    <li>寓言</li>
    <li>欧若拉</li>
  </ol>
  <li>那英</li>
</ul>
```

显示效果：

- 王菲
- 张韶涵
    a. 隐形的翅膀
    b. 寓言
    c. 欧若拉
- 那英

📖 1.4.7 不同文件之间的链接

链接也叫超文本链接。在网页中加入超文本链接，就是通过单击一部分文本、图像或者图像中的一个区域，即可调出另一个网页或本网页的另一部分内容。

HTML 文件的链接是通过链接标记<a>…</a>来实现的。<a>标记有两个不能同时使用的参数 href 和 name，此外还有参数 target 等，分别介绍如下：

- href：用于指定目标文件的 URL 地址或页内锚点，<a>标记使用此参数后，在浏览器中单击标记间的文本，页面将跳转到指定的页面或本页内指定的锚点位置。
- name：用于标识一个目标（即锚点，用于页内链接）。
- target：用于指定打开新页面所在的目标窗口。取值有_self（将链接的文件载入该链接所在的同一框架或窗口中），_parent（将链接的文件载入含有该链接的框架的父框架集或父窗口中），_blank（将链接的文件载入一个未命名的新浏览器窗口中），_top（在整个浏览器窗口中载入所链接的文件，因而会删除所有框架）。若本页使用了框架技术，还可以把 target 设置为框架名称。

使用示例：

```
<a href="url">链接字符串</a><br>
<a name="name">text</a>
```

显示效果：

链接字符串
text

所有写在起始标记<a>和结束标记</a>之间的文字构成一个实际的链接，在浏览器内显示时，这些文字将以默认蓝色高亮度和带有下划线的形式出现。href 后面的内容是所链接的网页文件的路径与文件名字或 URL。

如果使用图像或动画的链接，则在单击图像或动画后，可调出与之链接的网页文件。加入了链接的图像或动画会自动添加一个外框，以示与一般的图像或动画的区别。建立图像或动画的链接的方法是在链接的起始标记的中间加入一个<img>标记，如下例所示：

```
<a href="11.html"><img src="image/glvbn1.gif" width="106" height="47" /></a>
```

如果希望在当前文档中包含已定义的 CSS 样式或其他文档，可以使用<link>标记。该标记定义文档之间的包含，放在 HTML 文档的头部。在 HTML 文档的头部可以包含任意数量的<link>标记。<link>标记带有很多参数，下面介绍的是一些常用的参数：

- href：用于设置链接资源所在的 URL。
- title：用于描述链接关系的字符串。
- rel：用于定义文档和所链接资源的链接关系，可能的取值有 Alternate、Stylesheet、Start、Next、Prev、Contents、Index、Glossary、Copyright、Chapter、Section、Subsection、Appendix、Help 和 Bookmark 等。如果希望指定不止一个链接关系，可以在这些值之间用空格隔开。
- rev：用于定义文档和所链接资源之间的反向关系。其可能的取值与 rel 属性相同。

使用示例：

```
<link rel="stylesheet" type="text/css" href="./base.css">
```

📖 1.4.8　框架网页

框架就是把一个网页页面分成几个单独的区域（即窗口），每个区域显示一个独立的 HTML 文件。因此框架可以实现在一个网页内显示多个 HTML 文件。对于一个有 N 个区域的框架网页来说，每个区域有一个 HTML 文件，整个框架结构也是一个 HTML 文件，因此该框架网页有 N+1 个 HTML 文件。设置框架需要使用标记<frameset>...</frameset>来取代<body>……</body>标记。

<frameset>...</frameset>标记用于标志页面中水平和垂直框架的数目，其参数如下：

- rows：用于设置行的大小，行的大小为浏览显示器的百分比。
- cols：用于设置列的大小，列的大小为浏览显示器的百分比。
- frameborder：用于设置框架是否有边框，取值为 yes 或 no。
- border：用于设置框架边框的厚度。

<frame> ... </frame>标记代表一个框架，必须在<frameset>...</frameset>标记内使用。其参数介绍如下：

Chapter 01

- **name**：用于设置框架名称。
- **scrolling**：用于设置框架是否有滚动条，取值为 yes 有滚动条，取值为 no 则没有滚动条，取值为 auto 则根据需要自动设置，默认值是 auto。
- **src**：用于指定该框架的 HTML 文件，若不设此参数则框架内没有内容。
- **marginwidth**：用于控制框架内的内容与框架左右边缘的间距。默认值为 1 像素。
- **marginheight**：用于控制框架内的内容与框架上下边缘的间距。默认值为 1 像素。
- **noresize**：如果设置了此属性，则用户不可使用鼠标调整框架窗口大小；如果没有设置此属性，则用户可以使用鼠标随意调整框架窗口大小。

为使读者加深对框架标记的理解，下面通过一个实例具体说明。

开设两个纵向窗口，各占 40%和 60%，上边的窗口横向开设两个窗口，各占 50%，下边的窗口也横向开设两个窗口，各占 40%和 60%。各窗口内分别加载文件 1.html、2.html 和 3.html 和 4.html。具体代码如下：

```
<html>
<head>
 <frameset rows="40%,60%">
  <frameset cols="50%,50%">
   <frame src="1.html">
   <frame src="2.html">
  </frameset>
  <frameset cols="40%,60%">
   <frame src="3.html">
   <frame src="4.html">
  </frameset>
 </frameset>
</head>
</html>
```

在浏览器中预览的效果如图 1-7 所示。

采用框架结构可以在同一窗口中同时显示多个文件，还可以采用导航条技术方便地实现文件之间的切换。

实现在一个框架中使用链接打开另一个框架中的文档，需要使用 target 属性。target 属性可以在 HTML 的多个标记内使用。常用的方式有两种——在<a>标记或<base>标记中使用。下面举例说明。

（1）在<a>标记中使用。仿照上例制作一个框架网页，开设上下两个窗口，并分别设置其链接的窗口文件和名称，具体代码如下。

图 1-7　显示效果

```
<html>
<head>
<frameset rows="40%,60%">
    <frame src="1.html" name="first">
<frame src="2.html" name="second">
</frameset>
</head>
</html>
```

编写 1.html 的代码，具体如下：

```
<html>
  <body>
    <h2 align=center>框架示例</h2>
    <a href=news.html target="sencond">新浪新闻</a><br>
    <a href=music.html target="sencond">音乐天堂</a><br>
    <a href=text.html target="sencond">语过添情</a><br>
    <a href=book.html target="sencond">白鹿书院</a><br>
  </body>
</html>
```

在浏览器中预览网页效果，单击"语过添情"超链接的效果如图 1-8 所示：

（2）在<base>标记中使用。如果链接的文件均在一个窗口内显示，则可以使用<base>标记。<base>标记的格式如下：

```
<base target="window-name">
```

图 1-8 显示效果

其中，window-name 可以是窗口的名字，也可以是以下几种目标：_blank、_parent、_self 或_top。有关这几种目标的说明见本章 1.4.7 节的介绍。

由于早期版本的浏览器不支持框架，当页面中含有框架时，浏览器就不能正确显示页面的内容，这时必须编辑一个无框架文档。当不支持框架的浏览器载入框架文件时，浏览器只会显示出无框架内容。<noframe>…</noframe>标记可以设置当浏览器不支持框架技术时显示的文本。通常的做法是在此标记之间放置提示用户浏览器不支持框架的信息，例如下面的代码：

```
<frameset cols=30%,70%>

    <frame src="A.html" frameborder=0>

    <frame src="B.html" frameborder=0>

<noframe>对不起，您的浏览器不支持框架。</noframe>

</frameset>
```

第 2 章 可视化网页制作工具 Dreamweaver

本章导读

　　Adobe Dreamweaver CS6 是 Adobe 发布的 Dreamweaver 最新版本，借助 Adobe Dreamweaver CS6 软件，用户可以快速、轻松地完成设计、开发和维护网站和 Web 应用程序的全过程。它是专为设计人员和开发人员而构建的，它提供了世界级的 Web 设计工具的所有灵活性和强大功能，可以选择在直观的可视布局界面或简化的编码环境下工作；可以与其他 Adobe 工具软件智能集成，确保在您喜爱的工具上有一个有效的工作流；支持领先的 Web 开发技术；使用 XSL 或适合于 Ajax 的 Spry 框架，快速集成 XML 内容；借助全新的 CSS 布局加速您的工作流，并借助全新的浏览器兼容性检查测试设计。

学 习 要 点

◎ 站点的构建与管理

◎ 制作基础网页

◎ CSS 样式表

◎ 页面布局技术

◎ 动态网页基础

2.1 Dreamweaver CS6 概述

Dreamweaver 是一种全新概念的产品。利用它可以在多种服务器平台上，在一个软件中完成支持多种语言的动态网页的开发，产生和编辑用 ASP、JSP、Cold Fusion、ASP.NET 开发的 Web 内容。

Dreamweaver 最早是美国 Macromedia 公司开发的集网页制作和网站管理功能于一身的所见即所得的、针对专业网页设计师的可视化网页开发工具，利用它可以轻而易举地制作出跨平台、跨浏览器的充满动感的网页。Dreamweaver 支持最新的 DHML 和 CSS 标准，采用多种先进技术，能够快速高效地创建极具表现力和动态效果的网页。利用它不但可以轻松地制作出美观的网页，而且可以生成精练、高效的 HTML 源代码。它与 Fireworks、Flash 合称为"梦幻组合"，在网页制作、网页图形处理和矢量动画三个网络创作的主要领域占据了一定的优势地位。

Adobe Dreamweaver CS6 是可视化建立管理 Web 站点和网页设计制作的专业工具。它将可视布局工具、应用程序开发功能和代码编辑支持组合在一起，支持最新的 Web 技术，其功能强大，使得各个层次的开发人员和设计人员都能够快速创建界面吸引人的基于标准的网站和应用程序。从对基于 CSS 的设计的领先支持到手工编码功能，Dreamweaver 提供了专业人员在一个集成、高效的环境中所需的工具。开发人员可以使用 Dreamweaver 及所选择的服务器技术来创建功能强大的 Internet 应用程序，从而使用户能连接到数据库、Web 服务和旧式系统！Adobe Dreamweaver CS6 还能与 Adobe Photoshop CS6、Adobe Illustrator CS6、Adobe Fireworks CS6 和 Adobe Flash CS6 Professional 等软件智能集成，确保在用户喜爱的工具上有一个有效的工作流。

2.1.1 Dreamweaver 的主要特点

（1）便捷的网站管理。使用站点地图可以快速构建站点，设计、更新和重组网页、改变网页位置或文档名称，还可以自动检查、更新所有链接。

（2）无可比拟的控制能力。Dreamweaver 是可视化编辑与原始代码编辑同步的设计工具。网页基本元素的制作速度快得令人无法想象。此外，Dreamweaver 资源精准定位，利用表格和层的互转换功能，只需要简单拖放即可轻松地对版面进行配置。

（3）所见即所得。Dreamweaver 成功整合动态式出版视觉编辑及电子商务功能，提供超强的资源能力给第三方厂商，使用 Dreamweaver 设计动态网页时，所见即所得的功能，让设计者不需要通过浏览器便可预览网页。

（4）梦幻模板和 XML。Dreamweaver 将内容与设计分开，便于网页开发团队化。建立网页外观的模板，指定可编辑和不可编辑的部分，编辑人员可直接编辑以样式为主的内容且不会因为误操作而改变既定样式。

（5）全方位的呈现。利用 Dreamweaver 设计的网页，可以全方位地呈现在任何平台的热门浏览器上。使用不同浏览器的检视功能，Dreamweaver 可以告知用户在不同浏览器上执行的效果。

简单地说，使用 Dreamweaver 可以使网页在 Dreamweaver 和 HTML 代码编辑器之间进行自由转化，使得专业设计者可以在不改变原有编辑习惯的同时，充分享受到"所见即所得"带来的高效率和直观性。

2.1.2 Dreamweaver 的工作环境

执行"开始"/"程序"/"Adobe Dreamweaver CS6"命令，即可启动 Dreamweaver CS6。在 Dreamweaver CS6 中，使用预定义的页面布局和代码模板，可以快速地创建出比较专业的页面。执行"文件"/"新建"命令，在打开的"新建文档"对话框中选择"空白页"类别的 HTML 基本项，布局"无"，然后单击"创建"按钮进入 Dreamweaver CS6 中文版的工作界面，如图 2-1 所示。

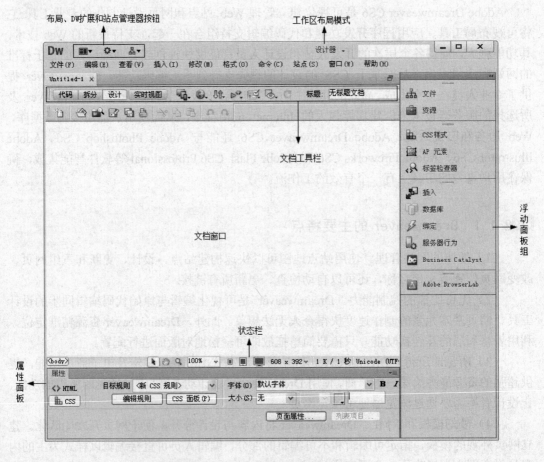

图 2-1　Dreamweaver CS6 的工作环境

默认状态下，"插入"面板以浮动面板方式停靠在文档窗口右侧的浮动面板组中，如

图 2-1 所示。插入面板共有"常用"、"布局"、"表单"、"文本"、"InContext Editing"、"数据"、"Spry"、"jQuery Mobile"和"收藏夹"等 9 组，每组中有不同类型的对象。如果要在各个面板之间进行切换，单击面板标签右侧的下拉箭头，在弹出的下拉菜单中选择需要的面板即可。

默认状态下，"插入"面板中的各组对象均显示为灰色，当光标移到对象图标上时显示为彩色。如果希望图标一直显示为彩色，可以单击面板标签右侧的下拉箭头，在弹出的下拉菜单中选择"颜色图标"菜单项。如果希望面板中的所有对象只显示图标，则在下拉菜单中选择"隐藏标签"菜单项。

使用"插入"菜单中的命令也可以实现插入各种对象，使用菜单还是使用"插入"面板，完全根据用户的习惯来决定。

Dreamweaver 的工具栏中包含了一些用于查看文档窗口或者预览设计效果的常用图标按钮和弹出菜单。单击 代码 ，显示代码视图；单击 拆分 ，在同一屏幕中显示代码和设计视图；单击 设计 ，显示设计视图。其他图标按钮的功能如下：

"标题"：设置文档的标题（页面<title></title>标签之间的内容）。

: 多屏幕预览。借助 Dreamweaver CS6 新增的"多屏幕预览"功能，为智能手机、平板电脑和台式机进行设计。

: 跨浏览器兼容性检查的下拉菜单。

: 验证标记下拉菜单。使用 W3C 联机验证服务验证当前文档或选定的标签，以确保标准网页设计的精确性。

: 文件管理下拉菜单。

: 在浏览器中预览、调试下拉菜单，可以预览制作效果。

: 刷新设计视图。

: 可视化助理下拉菜单。

文档窗口用于显示当前创建或者编辑的文档，可以根据所选择的显示方式不同而显示不同的内容。设计者的操作结果都会在文档窗口中显示。不管是利用 Dreamweaver CS6 提供的工具或命令进行编写，还是直接在代码视图中进行编写，所进行的工作都是在文档窗口中完成的，在文档窗口中也包含了所编辑或创建文档的所有 HTML 代码。

在 Dreamweaver CS6 工作环境的右侧显示有浮动面板组。这些面板可以自由地在界面上拖动，也可以将多个面板组合在一起，成为一个选项卡组。在默认的情况下，Dreamweaver CS6 中的浮动面板都结合成组排列于整个工作环境的右侧，并且自动排齐。在菜单栏中的"窗口"下拉菜单中可以打开或者关闭这些面板。

状态栏用于显示和控制文档源代码、显示页面大小、查看传输时间等。

属性面板用于设置或修改被选对象的各项属性值。单击面板右下角的△按钮可以关闭属性面板的下部分。△按钮变成▽按钮，单击此按钮可以重新打开属性面板的下部分。

2.1.3 Dreamweaver 的工作流程

利用 Dreamweaver 进行 Web 应用程序的开发和设计，一般而言，有以下四个步骤：

（1）构建本地和远程站点。根据需求构建合适的站点文件和文件夹。对于 ASP.NET 站点，还需要搭建 Web 服务器。

（2）设计 HTML 静态页面。动态网页面实际上包含静态内容和动态内容两部分。在大多数情况下，设计动态网页页面首先应该完成其中静态内容的设计。利用 Dreamweaver 强大的 HTML 页面设计工具，如表格、层、表单和行为、CSS 样式等，用户可以轻松完成静态内容的开发和设计。

（3）编写应用程序。根据 Web 应用程序的需求构建应用程序中的数据处理程序，这是 Web 应用程序的核心内容。如数据库设计、绑定数据源、构建服务器行为等，在先前设计的静态页面上添加动态内容。

（4）调试应用程序。在 Web 应用程序设计过程中，程序设计可能会出现各种错误，用户需要做的就是运行 Web 应用程序，找出其中的错误，然后修改、排除错误，然后再将动态网页面放入真正的 Web 站点中进行测试。

2.2　站点的建立与管理

利用 Dreamweaver 进行动态网页的开发，首先应根据网页的工作流程和需要建立一个动态站点，以协助设计者对本地和远程站点进行有效的组织管理和网页应用程序的调试。

2.2.1　定义本地站点

本地站点是建立在计算机上的，包括所有特定网站的文件夹、资源和文件的站点。在开发 Web 应用程序之前，必须先构建本地站点。

启动 Dreamweaver，执行"站点"/"管理站点"命令。单击弹出的对话框中的"新建"按钮，在弹出的下拉菜单中执行"站点"命令，出现"站点定义"对话框，单击"高级"选项卡，然后从"分类"列表中选择"本地信息"。填写如下信息：

站点名称：新建站点的名称。该名称仅供参考，并不出现在浏览器中。

本地根文件夹：本地站点根目录的位置。单击其后的文件夹按钮从磁盘上定位该目录，或直接在文本框中输入绝对地址。

默认图像文件夹：本地站点图像文件的默认保存位置。

链接相对于：为链接创建的文档路径的类型，文档相对路径或根目录相对路径。

HTTP 地址：本站点的地址，以便 Dreamweaver 对文档中的绝对地址进行校验，如果目前尚没有申请域名，则可以暂时输入一个容易记忆的名称，在将来申请域名后，再用正确的域名进行替换。

区分大小写的链接：检查站点文件的链接时，区分大小写。

启用缓存：创建本地站点的缓存，以加快站点中链接更新的速度，同时在站点地图模式中，清晰地反映当前站点的结构。

设置各选项后，单击对话框中的"确定"按钮，返回"站点管理"对话框，此时对话框里列出了刚刚创建的本地站点。

实际上还可以将磁盘上现有的文档组织当作本地站点来打开，只需要在"本地根文件夹"文本框中填入相应的根目录信息即可。利用该特性，可以对现有的本地站点进行管理。

如果要将本地站点上传到远端服务器，还要设置远程信息。有关操作见本章"网页上传"部分的介绍。

开发 ASP.NET 网站时，创建的 ASP.NET 网页保存在个人计算机上，要测试这些页面，还需要在本地计算机上安装 Web 服务器。很多网站托管公司使用 Microsoft Internet 信息服务（Microsoft Internet Information Server，IIS），这是一个专业级 Web 服务器软件，用于处理 Microsoft 动态网页技术。使用 Dreamweaver 开发动态网站时，通常也使用 IIS 作为测试网站的 Web 服务器，该服务器能与 Windows 系列操作系统无缝结合，且操作简单。

设置测试服务器的步骤如下：

（1）选择"站点"/"管理站点"命令，在弹出的对话框中选择为应用程序定义的站点并单击"编辑"按钮，打开"站点定义"对话框。

（2）在"分类"列表框中选择"测试服务器"选项。

（3）在"服务器模型"后面的下拉列表框中选择网页开发所用的脚本语言，本书选择 ASP.NET VB。在"访问"下拉列表框中选择测试服务器所在的位置，本书选择"本地/网络"。在"测试服务器文件夹"后的文本框中输入服务器文件夹的路径，本书选择 C:\Inetpub\wwwroot\。在"URL 前缀"文本框中输入测试站点根文件夹的虚拟路径，本书选择 http://localhost/。

读者需要注意的是，其中\Inetpub\wwwroot\目录是安装完 IIS 后系统自动生成的目录。

（4）单击"确定"按钮关闭该对话框，完成操作。

注意：
如果发布站点是本地计算机，可以在"URL 前缀"文本框中输入 http://localhost/后加入站点名。有时候创建的动态网页面在动态数据窗口可以实时浏览，但是上传到服务器后，在浏览器中则不能正常显示，这是初学者常常感到困惑的地方。此时可以在"URL 前缀"文本框中输入 http://127.0.0.1/，即可在浏览器中正常显示。

尽管使用 Dreamweaver 可以便捷地创建网站，开发动态网站，但笔者建议初学者使用 Visual Studio 创建 ASP.NET 网站，该工具提供了功能强大的网页编辑器（包含 WYSISYG 编辑模式和 HTML 编辑模式），使用户可以使用 Visual Basic 编写动态网页的代码，此外，该工具还提供了一个用于本地测试的轻量级 Web 服务器 ASP.NET Development Web Server，无需安装 Internet 信息服务（IIS），即可提供测试和调试 ASP.NET 网页所需要的全部功能。站点准备就绪后，可以使用内置的 Copy Web 工具将其发布到主机上。

提示：
Visual Web Developer 学习版中未提供生成网站功能。

2.2.2 修改站点

在创建了站点之后，还可以对站点属性进行编辑。执行"站点"/"管理站点"命令，在弹出的站点管理对话框中选择需要编辑的站点，然后单击"编辑"按钮，在弹出的站点定义对话框中重新设置站点的属性。编辑站点时弹出的对话框和创建站点时弹出的对话框完全一样，在此不再赘述。

如果单击"删除"按钮，可删除选中站点。需要注意的是，本操作不能通过执行"编辑"/"撤消"命令的办法恢复。

提示： 删除站点实际上只是删除了 Dreamweaver 同该本地站点之间的关系。但是实际的本地站点内容，包括文件夹和文档等，都仍然保存在磁盘相应的位置上。可以重新创建指向其位置的新站点，重新对其进行管理。

2.2.3 管理站点文件

无论是创建空白的文档，还是利用已有的文档构建站点，都可能会需要对站点中的文件夹或文件进行操作。利用文件窗口，可以对本地站点的文件夹和文件进行创建、删除、移动和复制等操作。

如果要在本地站点中创建文件或文件夹，执行以下步骤：

（1）执行"窗口"/"文件"命令，打开文件管理面板。

（2）单击左边的下拉列表选择需要的站点。然后单击文件管理面板的选项菜单，执行"文件"/"新建文件"或"新建文件夹"命令。

（3）单击新建文件或文件夹的名称，使其名称区域处于可编辑状态，然后输入新的名字。在输入文件名时，其后一定要带有网页文件的扩展名，如 htm、html 或 asp、aspx 等。

（4）双击新建的文件即可在 Dreamweaver 中打开该文件，并添加页面内容。同样，对于已存在的网页文件，也可以通过双击将其打开进行编辑。

（5）如果不需要某些文件或文件夹了，在文件管理面板中选中这些文件或文件夹，然后按下 Delete 键，并单击弹出的确认对话框中的"是"按钮，即可删除选中的文件或文件夹。

提示： 与删除站点的操作不同，这种对文件或文件夹的删除操作，会从磁盘上真正删除相应的文件或文件夹。

2.3 制作基础网页

Dreamweaver CS6 是 Adobe 公司推出的一款集网页制作和网站管理于一体的所见即所得的网页编辑器，采用了多种先进技术，利用它能够快速高效地创建极具表现力和动感效果的网页，制作跨平台、跨浏览器的充满动感的网页。

2.3.1 编辑网页文本

网页上的信息大多都是通过文字来表达的，它们通过不同的排版方式、不同的设计风格排列在网页上，并提供丰富的信息。在 Dreamweaver CS6 中输入文本与普通的文本处理软件类似，最简单的方法就是直接在光标闪烁处键入文字，也可以从其他文档中剪切、拖放或导入文本。若要在文档中添加文本，可以执行以下操作之一：

◆ 直接在 Dreamweaver 的文档窗口光标所在位置输入文本内容。

◆ 在其他的应用程序或文档中复制文本，然后切换回 Dreamweaver 文档窗口，将光标插入到要放置文本的地方，再选择"编辑"/"粘贴"命令。

◆ 通过"文件"/"导入"命令导入其他文档中的文本。

输入文本后，可以使用图 2-2 所示的属性面板对文本的字体、字号、颜色、样式等属性进行设置。应用 HTML 样式时，Dreamweaver 会将属性添加到页面正文的 HTML 代码中。应用 CSS 样式时，Dreamweaver 会将属性写入文档头或单独的样式表中。

图 2-2 "属性"面板

单击面板左上角的 ⟨⟩ HTML 或 ⌘ CSS 按钮，即可在 HTML 样式和 CSS 样式之间进行切换。下面简要说明 CSS 样式所对应的各个属性的功能。

目标规则：当前选中文本已应用的规则，或在 CSS 属性检查器中正在编辑的规则。

读者也可以使用"目标规则"下拉菜单创建新的 CSS 规则、新的内联样式或将现有类应用于所选文本。在"目标规则"下拉列表中选择一个规则，即可应用于当前选中的文本。

编辑规则：单击该按钮可以打开"CSS 规则定义"对话框对目标规则进行修改，或打开"新建 CSS 规则"对话框定义新规则。

CSS 面板：单击该按钮可以打开"CSS 样式"面板，并在当前视图中显示目标规则的属性。

📖 2.3.2 插入特殊字符、日期和水平线

在输入文本的时候，可能会遇到键盘不能直接输入的字符。Dreamweaver 为读者提供了部分常见的特殊字符。切换到"插入"面板中的"文本"面板，就可以看到 Dreamweaver 自带的特殊字符，如图 2-3 所示。

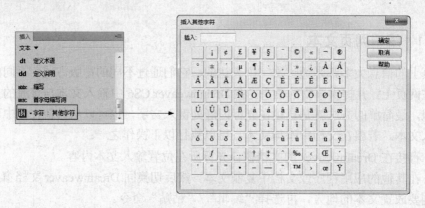

图 2-3　"文本"面板

单击"字符：其他字符"按钮🔲·打开"插入其他字符"对话框，可以选择更多的特殊字符。选择一个字符后，对话框顶部的"插入"文本框中将显示该字符的实体参考。

在特殊字符菜单中还包括了"换行符"🔲·和"不换行空格"🔲·。在 Dreamweaver 中，一行结束的时候文本将自动换行。如果要在段落中实现强制换行的同时不改变段落的结构，就必须插入换行符，或按 Shift + Enter 键。

使用插入换行符换行和直接按 Enter 换行在浏览器视图中的区别如图 2-4 所示。

胜日寻芳泗水滨
无边光景一时新
等闲识得东风面
万紫千红总是春

胜日寻芳泗水滨

无边光景一时新

等闲识得东风面

万紫千红总是春

图 2-4　不同换行方式在浏览器中的显示

默认情况下，HTML 将压缩空白，使字符之间只包含一个空格；若要在文档中插入连续空格，可以执行"编辑"/"首选参数"/"常规"命令，在弹出的对话框中勾选"允许多个连续的空格"复选框，然后按下键盘上的空格键，即可在页面中插入多个连续的空格；读者也可以多次单击"不换行空格"🔲·，或按 Ctrl + Shift + 空格键，在指定位置插入多个连续空格。

在 Dreamweaver 中读者可以很轻松地用任意格式在文档中插入当前时间，同时还可以进行日期更新。其操作如下：

（1）将插入点放在文档中需要插入日期的位置。

Chapter 02

（2）切换到"常用"插入面板。

（3）单击面板中的 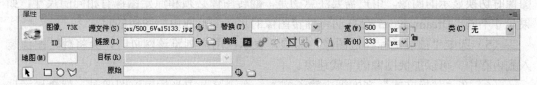按钮，在弹出的"插入日期"对话框中指定星期、日期、时间的显示方式。

（4）选中"储存时自动更新"复选框，则插入的日期在每次保存文档时自动更新。

（5）单击"确定"按钮关闭对话框，即可在文档中插入当前的日期。

在对页面内容分栏时，常会用到水平分隔线。在 Dreamweaver 中插入水平线的一般操作步骤如下：

（1）将插入点放在文档中需要水平线的位置。

（2）打开"常用"插入面板，单击面板中的水平线按钮 。

插入水平线之后，用户还可以在对应的属性面板上修改水平线的属性。

2.3.3　使用图像

图像不但能美化网页，而且与文本相比，能够更直观地说明问题，使表达的意思一目了然。在 Dreamweaver 文件中插入图片时，Dreamweaver 会自动在网页的 HTML 源代码中加入相应的参数。为了保证参数的正确，图片文件必须保存在当前站点目录中。如果所用的图片不在当前站点目录中，Dreamweaver 将询问是否将其复制到当前站点目录下。在文档中插入图像的一般操作步骤如下：

（1）将光标放到文档中需要插入图像的位置。

（2）执行"插入"/"图像"命令，或单击"常用"面板中的 按钮。

将图像插入文档中后，Dreamweaver 会自动按照图像的大小显示，但在实际应用中，往往还要对图像的一些属性进行具体的调整，如大小、位置、对齐等等。这些操作可以通过图像属性控制面板得以实现。选中一个图像之后，文档窗口的下方会出现图像控制面板，如图 2-5 所示，其功能如下：

图 2-5　图像控制面板

ID：在该文本框中输入图像的名称，以后就可以使用脚本语言对它进行引用。

链接：用于设置图像链接的网页文件的地址。

替换：用于设置图像的说明性内容，可以作为图像的设计提示文本。

地图及下面的四个按钮：用于制作映射图。

目标：用于设置图像打开的链接文件显示的位置。

原始：用于设置一幅显示在该图像前面的代表图像，用来快速显示主图像的内容。大部分设计者在该处喜欢设置一幅与主图像内容一样的黑白图像或小图像，这样用户在浏览时可以快速了解图像的信息。

: 单击该按钮打开指定的图像处理软件，以编辑当前选中的图像。

: 单击该按钮打开"图像预览"对话框，对选中图像进行优化设置。

: 用于修剪图片。

: 当图片大小被调整后此按钮可用于增加或减少图片中的像素以提高图片质量。

: 改变图片的亮度和对比度。

: 改变图片内部边缘的对比度。

在网页上还经常会看到翻转图像，所谓翻转图像，就是当光标移动到该图像上面时，一幅图像切换成另一幅图像，同时可以通过单击该图像，打开链接的网页。该功能主要用于建立导航按钮。在文档中创建翻转图像的操作步骤如下：

（1）选择"插入"/"图像对象"/"鼠标经过图像"，或单击"常用"插入面板上的"鼠标经过图像"的图标![]，弹出"插入鼠标经过图像"设置面板，如图 2-6 所示。

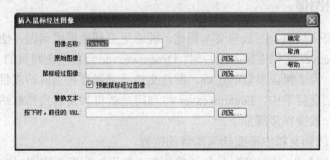

图 2-6　"插入鼠标经过图像"设置面板

（2）在"图像名称"文本框中输入图像的名称。

（3）在"原始图像"文本框中输入原始图像的路径及文件名，即初始显示的图像。

（4）在"鼠标经过图像"文本框中输入翻转图像的路径及文件名，即鼠标经过原始图像时切换显示的图像。用户需要注意的是，翻转图像必须和原始图像有相同的尺寸。如果尺寸不同，Dreamweaver 会自动将翻转图像的尺寸调整成原始图像的尺寸。

（5）选中"预载鼠标经过图像"选项，表示在用户浏览该网页时，会将翻转图像装入到内存中，可以加快图像的下载速度。

（6）在"替换文本"文本框中输入文本。在浏览器中光标掠过图像时，就会显示这些文本。

（7）在"按下时，前往的 URL"文本框中输入链接的文件路径及文件名，表示在浏览时单击翻转图像时，会打开链接的网页。

2.3.4　添加超级链接

超链级接（HyperLink）是网页与网页之间联系的纽带。通过超级链接的方式可以使网站中众多的页面构成一个有机整体，使访问者能够在各个页面之间跳转。超级链接可以是一段文本，一幅图像或其他网页元素，当在浏览器中单击这些对象时，浏览器可以根据指示载入一个新的页面或者转到页面的其他位置。

超级链接通常都在属性设置面板的"链接"文本框中进行设置。操作步骤如下：

（1）在文档窗口中选中需要建立链接的文本或图像。

（2）打开属性设置面板。在属性设置面板中单击的"链接"后的文件夹图标，在弹出的文件框中选择一个合适的文件，或在"链接"文本框中直接输入文件路径。

拖拉 图标也可以建立超级链接。选中需要建立链接的文本或图像后，在"文件"面板左上角的下拉列表中选择要链接的文件所在的站点，并找到该文件。然后用鼠标拖拉 图标，当指到要链接的文件时，该文件名上会显示一个选择框。释放鼠标后，则链接文件的地址会显示在"链接"文本框内。

（3）在"目标"下拉列表框中选择被链接文档的载入位置。

操作完成后，可以看到被选择的文本变为蓝色，并且带有下划线，如图 2-7 所示。

蝴蝶谷

图 2-7　添加了超级链接的文本和图像

如果为图像添加了超级链接，在图片周围将显示一个蓝色的边框，如图 2-7 所示。如果不希望在页面中显示蓝色边框，则要选中图片，新建一个 CSS 规则，将边框值设置为 0。

在网页中还有一种常用的链接，即电子邮件链接。当浏览者单击电子邮件链接时，可即时打开浏览器默认的电子邮件处理程序，收件人邮件地址由电子邮件链接中指定的地址自动更新，无需浏览者手工输入。创建邮件链接的步骤如下：

（1）选中需要作为邮件链接的文本。

（2）打开属性设置面板。在属性设置面板中的"链接"文本框中输入邮件地址。

需要注意的是，在"链接"文本框中输入邮件地址时，需要在邮件地址前面添加"mailto:"，表示该超级链接是邮件链接，例如：mailto:webmaster@1234.com。

还可以执行"插入"/"电子邮件链接"菜单命令，在弹出的"电子邮件链接"对话框中设置链接文本及链接目标。

在浏览长篇文章、技术文件等长篇幅的内容网页时，使用锚点链接文章的每一个段落，可以方便地查看网页内容，单击某一个超级链接即可转到同一网页的特定段落。创建到命名锚记的链接的具体步骤如下：

（1）将光标放在欲设置锚点的位置，切换到"常用"插入面板。

（2）单击插入面板上的"命名锚记"图标 ，在打开的"命名锚记"对话框中输入锚点名称。

 注意：
　　　锚点名称只能包含小写的 ASCII 字母和数字，且不能以数字开头。

（3）单击"确定"按钮，即可在指定位置添加一个命名锚记。

（4）选择作为超级链接的文字，在属性设置面板的"链接"文本框中输入锚点的名称。

需要注意的是，在"链接"文本框中输入锚点名称时，需要在锚点名称前面添加一个特殊的符号"#"。例如：#top，其中，top 为命名锚记的名称。

除了可以创建邮件链接之外，使用 Dreamweaver 还可以创建空链接和脚本链接。空链接通常用于向页面上的对象或文本附加行为。例如，可向空链接附加一个行为，以便在光标滑过该链接时会交换图像或显示 AP 元素。创建空链接的步骤如下：

（1）选择欲作为空链接的文本或图像，并打开属性设置面板。

（2）在属性设置面板的"链接"文本框中输入 javascript:，要注意 javascript 一词后依次接有一个冒号和一个分号。

脚本链接用于执行 JavaScript 代码或调用 JavaScript 函数。它非常有用，能够在不离开当前 Web 页面的情况下为访问者提供有关某项的附加信息。脚本链接还可用于在访问者单击特定项时，执行计算、验证表单和完成其他处理任务。

在第（2）步中如果指派了动作，即可创建脚本链接。例如：JavaScript:alert('您好，欢迎浏览我的个人主页。')。括号中的内容必须使用单引号，或在双引号前添加反斜杠，例如，JavaScript:alert(\"您好，欢迎浏览我的个人主页。\")。

在浏览器中浏览空链接或脚本链接时，将鼠标指针移到空链接或脚本链接上，鼠标指针变为手形，单击脚本链接时会弹出一个警告框，显示"您好，欢迎浏览我的个人主页"。

下面通过一个实例展示文本添加与设置超级链接的应用。网页中共有三首诗，三首诗之间用水平线分隔，效果如图 2-8 所示。

联系作者：comey@163.net
链接到新浪：http://www.sina.com.cn

朱熹名作欣赏

观书有感　　春日　　夜雨

观书有感

半亩方塘一鉴开，
天光云影共徘徊。
问渠哪得清如许，

图 2-8　实例效果

（1）新建一个 HTML 文件。

（2）执行"修改"/"页面属性"命令，在弹出的对话框中设置字体大小为 16，背景颜色为#E5EDE5。

（3）在设计视图中输入文字"联系作者：comey@163.net，选中"联系作者："，在属性面板上的"目标规则"下拉列表中选择"新 CSS 规则"，然后单击"编辑规则"按钮打开"新建 CSS 规则"对话框。

（4）在对话框中指定选择器类型为"类"，选择器名称为.fontstyle1（注意名称以句点开头），规则定义的位置仅限该文档，然后单击"确定"按钮打开对应的规则定义对话框。设置字体大小为 16，颜色为#FF6600。

（5）选中"comey@163.net"，在属性面板上的链接文本框中输入"mailto:comey@163.net"。制作邮件链接。

（6）输入文字"链接到新浪：http://www.sina.com.cn"，依照第（3）~（5）步的方法设置字体大小、颜色，以及链接文本。不同之处在于选中 http://www.sina.com.cn 后，属性面板链接框中输入的是"http://www.sina.com.cn"。

（7）在页面上输入词诗标题、页内超级链接地址和诗词具体内容。

（8）选中"朱熹名作欣赏"，依照第（3）~（4）步的方法设置字体为"华文行楷"、大小为 24，颜色为"#336666"，且对齐方式为居中。

（9）将光标定位到词"观书有感"左侧，在"常用"面板上单击水平线按钮，插入水平线。同样方法插入另两条水平线。

（10）将光标定位到词"观书有感"左侧，单击"常用"面板上的按钮。

（11）在"锚记名称"文本框输入"c1"，然后单击"确定"按钮插入锚记。用同样的方法在另两首词标题左侧插入锚记，锚记名称分别为 c2 和 c3。

（12）选中导航部分的"观书有感"文字。在属性面板上的链接文本框中输入"#c1"。用同样方法设置"春日"和"夜雨"的页内链接。

（13）保存文件。按 F12 键预览页面效果。

2.4 CSS 样式表

CSS 是 Cascading Style Sheets（层叠样式表）的简称，是一组能控制文档范围中文本外观的格式化属性集合。CSS 样式可以定义在 HTML 文档的标记里，也可以在外部附加文档中作为外加文件，具有更好的易用性和扩展性。CSS 对于设计者来说是一种非常灵活的工具，不必再把繁杂的样式定义编写在文档中，可以将所有有关文档的样式指定内容全部脱离出来，在行定义，在标题中定义，甚至作为外部样式文件供 HTML 调用。同时在定义时也不必考虑各种浏览器的兼容性，不支持 CSS 的浏览器能够将 CSS 的样式定义内容完全忽略，这是以前的 HTML 不能做到的。

执行"窗口"/"CSS 样式"命令，或单击属性面板上的"CSS 面板"按钮，即可打开"CSS 样式"面板，如图 2-9 所示。

图 2-9 "CSS 样式"面板

在浮动面板上可以选择两种模式的视图，选择"全部"模式，则列出整份文件的 CSS 规则和属性；选择"当前"模式，则显示当前选取页面元素的 CSS 规则和属性。

2.4.1 创建 CSS 样式表

在 Dreamweaver 中创建 CSS 样式表的操作步骤如下：

（1）选择"窗口"/"CSS 样式"命令，打开"CSS 样式"面板。

（2）单击"CSS 样式"面板底部的新建样式图标 🖹，打开"新建 CSS 规则"对话框。

（3）在"选择器类型"下拉列表中选择样式表的类型。

◆ 类：用于建立一种自己定制的样式表，可以在整个 HTML 中被调用。

◆ 标签：用于重新定义一个 HTML 标签。样式一经定义就在整个 HTML 文件中通用。

◆ 复合内容：用于定义组合样式（两个或两个以上 CSS 元素组合）以及具有特殊序列号（ID）的样式元素。选择器提供了四种给定的组合样式，通过对这 4 个元素的定义可以非常方便地制作有个性的超级链接。

◆ ID：仅用于一个 HTML 元素。这种选择符应该尽量少用，因为它具有一定的局限。指定 ID 选择器时，其名称前面要有指示符"#"。

（4）在"选择器名称"栏输入样式的名称，或从下拉列表中选择一个样式名称。

（5）选择样式表定义的位置。若要创建外部样式表，选择"新建样式表文件"；若要在当前文档中嵌入样式，则选择"仅限该文档"。

（6）定义样式类型后，单击"确定"按钮打开层叠样式表设置面板。在该面板中设置需要的样式。

（7）设置完成后，单击"确定"按钮。

2.4.2 链接/导入外部样式表

外部样式表是一个包含样式规范的文本文件。编辑一个外部 CSS 样式表会影响所有与之相链接的文档。链接/导入一个外部样式表的操作步骤如下：

（1）在"CSS 样式"面板中单击 按钮，弹出"链接外部样式表"对话框。

（2）在"文件/URL"文本框中键入外部 CSS 样式表的路径。

（3）选择使用外部样式表的方式。

◆ "导入"：将外部 CSS 样式表的信息带入当前文档。

◆ "链接"：只读取和传送信息，不转移信息。

虽然这两种方法都可以将外部 CSS 样式表中的所有样式调用到当前文档中，但"链接"可以提供的功能更多，适用的浏览器也更多。

（4）单击"确定"按钮。

2.4.3 修改 CSS 样式表

Dreamweaver CS6 提供了多种方式对样式表进行修改。

◆ 在"CSS 样式"面板中选中要修改的样式后单击底部的编辑样式图标 ✐。

◆ 在"CSS 样式"面板中双击要修改的样式。

此外，利用 CSS 启用/禁用功能，开发人员可以直接在"CSS 样式"面板注释掉或重新启用部分 CSS 属性，并可直接查看注释掉特定属性和值之后的页面效果，而不必直接在代码中做出更改。

在"CSS 样式"面板的属性列表中选中要禁用或重新启用的 CSS 属性，然后单击面板右下角的"禁用 ◎/启用 CSS 属性"按钮即可。禁用 CSS 属性只会取消指定属性的注释，而不会实际删除该属性。

2.4.4 部分常用的属性和值

（1）font-family 属性：用于指定网页中文本的字体。取值可以是多个字体，字体间用逗号分隔。例如：

```
body,td,th{font-family: Georgia, Times New Roman, Times, serif;}
```

（2）font-style 属性：用于设置字体风格，取值可以是：normal（普通），italic（斜体）或 oblique（倾斜）。例如：

```
P{font-style: normal}
H1{font-style: italic}
```

（3）font-size 属性：用于设置字体显示的大小。这里的字体大小可以是绝对大小（xx-small、x-small、small、medium、large、x-large、xx-large）、相对大小（larger、smaller）、绝对长度（使用的单位为 pt-像素和 in-英寸）或百分比，默认值为 medium。例如：

```
h1{font-size: x-large}
   o{font-size: 18pt}
   li{font-size: 90%}
stong{font-size: larger}
```

（4）font 属性：用作不同字体属性的略写，可以同时定义字体的多种属性，各属性间以空格间隔，例如：

```
p{font: italic bold 16pt 华文宋体}
```

（5）color 颜色属性：允许网页制作者指定一个元素的颜色。使用示例：

```
H1{color:black}
   H3{color: #ff0000}
```

为了避免与用户的样式表之间的冲突，背景和颜色属性应该始终一起指定。

（6）background-color 属性：背景颜色属性设定一个元素的背景颜色，取值可以是颜色代码或 transparent（透明）。使用示例：

```
body{background-color: white}
   h1{background-color: #000080}
```

为了避免与用户的样式表之间的冲突，无论任何背景颜色被使用的时候，背景图像都应该被指定。而大多数情况下，background-image:none 都是合适的。网页制作者也可以使用略写的背景属性，通常会比背景颜色属性获得更好的支持。

（7）background-image 属性：背景图像属性设定一个元素的背景图像。使用示例：

```
body{ background-image: url(/images/bg.gif) }
```

为了那些不载入图像的浏览者，当定义了背景图像后，应该也要定义一个类似的背景颜色。

（8）background-repeat 属性：用来描述背景图片的重复排列方式，取值可以是 repeat（沿 X 轴和 Y 轴两个方向重复显示图片）、repeat-x（沿 X 轴方向重复图片）和 repeat-y（沿 Y 轴方向重复图片）。使用示例：

```
body {
   background-image:url(pendant.gif);
   background-repeat: repeat-y;
}
```

（9）background 背景属性：用作不同背景属性的略写，可以同时定义背景的多种属性，各属性间以空格间隔。使用示例：

```
P{background: url(/images/bg.gif) yellow }
```

（10）line-height 行高属性：可以接受一个控制文本基线之间的间隔的值。取值可以是 normal、数字、长度和百分比。当值为数字时，行高由元素字体大小的量与该数字相乘所得。百分比的值相对于元素字体的大小而定。不允许使用负值。行高也可以由带有字体大小的字体属性产生。使用示例：

```
p{line-height:120%}
```

2.4.5 CSS 样式应用实例

下面通过一个改变鼠标样式的实例演示 CSS 样式表的创建方法和应用。具体的操作步骤如下：

（1）执行"修改"/"页面属性"命令，弹出页面属性对话框。

（2）单击"浏览"按钮设置背景图像。在"重复"下拉列表中选择"不重复"。效果如图 2-10 所示。

如果不选择"不重复"，由于背景图像没有填满整个窗口，Dreamweaver 会自动平铺（重复）背景图像。

图 2-10　背景重复效果

（3）在文档窗口中输入如下内容："鼠标效果"，并在属性面板上设置该段文字为一级标题，然后在文档窗口中输入如下内容："请把鼠标移到相应的位置查看效果。"

（4）单击"布局"插入面板上的"绘制 AP DIV"图标，在文档窗口绘制 4 个 AP 元素，然后在对应的属性设置面板中分别设置它们的名称为：apDiv1、apDiv 2、apDiv 3 及 apDiv 4。

（5）在 4 个 AP 元素中分别输入"文本"、"等待"、"指针"及"求助"，通过对应的属性设置面板设置字体大小为+3。输入内容后的文档显示如图 2-11 所示。

图 2-11　文档窗口显示效果

（6）打开"CSS 样式"面板，新建 CSS 样式。"选择器类型"为"ID"，然后在"选择器名称"文本框中输入#apDiv1。

（7）设置完成后单击"确定"按钮。在弹出的对话框中单击样式定义面板左侧的"扩展"分类。

（8）在"光标"下拉列表中选择"文本"，表示当光标移动到该文本上时变为选择文本的形状。

（9）通过同样的方法为其他 3 个 AP 元素设置对应的光标形状。

（10）设置完成后单击"确定"按钮关闭对话框，返回到文档窗口。然后保存文件，按 F12 键预览网页。当把光标移动到文字"求助"上时，光标将变成一个问号；当把光标移动到其他文本上时，光标将变为对应的形状。

2.5　页面排版

虽然网页的主旨是传播信息，但只有当网页布局与网页内容成功结合时，才能吸引访问者，并能留住一些"挑剔"的访问者。本节将介绍 Dreamweaver 中的页面布局技术。

2.5.1　表格布局页面

表格可以将数据、文本、图片等网页元素规范地显示在页面上，避免杂乱无章，经过格式化的页面在不同平台，不同分辨率的浏览器中都能保持布局和对齐。但它有一个小小的缺陷，会使网页显示的速度变慢。这是因为在浏览器中，文字是从服务器上传过来逐行显示的，即使不全，它也会将传到的部分显示出来，以方便浏览。而使用表格后，一定要等到整个表格的内容全部传过来之后，才能在客户端的浏览器上显示出来。

1. 创建表格

（1）打开"常用"面板，然后单击表格图标，或选择"插入"/"表格"菜单命令。

（2）在弹出的对话框中输入表格的行数、列数，指定表格宽度、边框粗细、单元格边距和间距。

（3）单击"确定"按钮，即可在页面指定位置插入一个表格，如图 2-12 所示。

My first table

热门品牌	雪佛兰	东风标致
车型对比		
产品报价		

图 2-12　表格效果

使用上述方法创建的表格通常不符合设计需要，所幸在 Dreamweaver 中可以便捷地创建嵌套表格。嵌套表格是在另一个表格的单元格中的表格。可以像对其他任何表格一样对嵌套表格进行格式设置，但其宽度受它所在单元格的宽度的限制。

若要在表格单元格中嵌套表格，可以单击现有表格中的一个单元格，再在单元格中插入表格。例如，在一个单元格中插入一个 3 行 3 列的表格，就形成一个如图 2-13 所示的嵌套表格。

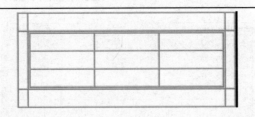

图 2-13　嵌套表格

2. 编辑表格

在使用表格布局页面时，常常需要对表格进行修改，如删除/插入行或列、拆分表格、调整表格或者单元格的大小、单元格与表格的复制、粘贴等，这些操作可以通过"修改"/"表格"命令的子菜单实现。

（1）选择表格元素。

◆ 选择整个表格。将光标放置在表格的任一单元格中，然后在文档窗口底部选择 \<table\>标记，或选择"修改"/"表格"/"选择表格"命令。

◆ 选中一行表格单元或一列表格单元。将光标放置在一行单元格的左边界上，或将光标放置在一列表格单元的顶端，出现黑色箭头时单击鼠标；或单击一个表格单元，横向或纵向拖动鼠标可选择一行或一列表格单元。

◆ 选中多个单元格。单击一个表格单元，然后按住 Shift 键单击另一个表格单元，所有矩形区域内的表格单元都被选择。按住 Ctrl 键，单击多个要选择的表格单元，可选中多个不连续的单元格。

（2）合并单元格。选中要合并的两个或多个单元格，选择"修改"/"表格"/"合并单元格"命令。

（3）拆分单元格。选中需要拆分的单元格，然后选择"修改"/"表格"/"拆分单元格"命令。

（4）复制/粘贴单元格。选择一个或多个连续的，并且形状为矩形的单元格，单击鼠标右键，在弹出的快捷菜单中执行"复制"命令。然后在要粘贴单元格的位置单击鼠标右键，选择"粘贴"命令。选择粘贴目标单元格时，单元格的布局应与剪贴板上的单元格布局相同。如复制或剪切了一块 4×3 的单元格，则应该选择另一块 4×3 的单元格粘贴。

3. 表格布局实例

下面通过一个实例让读者更清楚地认识表格布局的操作方法。本例的具体步骤如下：

（1）新建一个 Dreamweaver CS6 文档。

（2）在"常用"面板中单击 按钮，在文档中插入一个两行一列的表格。选取表格中第二行单元格，使用单元格属性面板中的拆分单元格按钮 将其拆分为两列。

（3）选取表格中的左下单元格，将其拆分为三行，并将中间一行拆分为三列。对右下单元格施行同样的操作。

（4）调整表格的大小，并且将表格的边框线设置为 0，此时表格如图 2-14 所示。此时绘制出的表格决定了网页的基本布局。

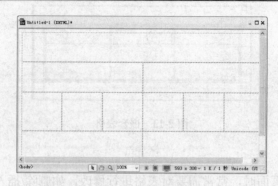

图 2-14　表格绘制结果

（5）在表格最上面的单元格中输入文字"新书介绍"，然后新建一个 CSS 规则设置文本的格式，得到结果如图 2-15 所示。

（6）同理，在下面的单元格中输入内容，最终得到如图 2-16 所示的效果。

图 2-15　输入网页标题　　　　　　　　　　　　图 2-16　在单元格中输入其他内容

（7）将光标定位在左下角的单元格中，在属性面板上的"目标规则"下拉列表中选择"新 CSS 规则"，然后单击"编辑规则"按钮新建一个 CSS 规则，为单元格设置背景图像。

（8）在弹出的对话框中指定选择器类型为"类"，选择器名称为.backgroundimg（注意名称前面有句点），规则定义位置为"仅限该文档"，然后单击"确定"按钮。

（9）在"规则定义"对话框中单击左侧分类中的"背景"，然后选择需要的背景图片，完成单元格的背景设置，此时的文档如图 2-17 所示。

（10）在右下角的单元格中输入文本"友情链接"将光标放在文本的前端，单击"常用"面板中的 🖼·按钮，在弹出的对话框中选择要插入的图像。

（11）在单元格属性设置面板中为单元格设置背景色。此时的页面效果如图 2-18 所示。按下 F12 键预览网页的最终效果。

图 2-17　插入单元格背景　　　　　　　　　　　图 2-18　网页制作最终效果

2.5.2 框架网页

在同一个站点的页面中有很多东西是相同的，例如每一个页面都有返回主页的超级链接，每个页面都有导航栏，这样访问者才能自由地访问一个站点。如果在不同的网页中重复创建这些相同的内容，在增大工作量的同时，也浪费了宝贵的网络空间。使用框架则可以轻易地解决这种问题。

框架是窗口的一部分，它将一个 Web 页面分成几个部分，其中每一个部分都是独立的。一个框架中的超级链接可以指定为在另一个框架中打开，这样在打开超级链接的时候，整个页面保持不变，链接的内容在目标框架中显示。

1. 创建框架

框架由框架集和单个框架组成。框架集是在一个文档内定义一组框架结构的 HTML 网页。它定义文件显示的框架数量、框架大小、载入框架的网页及其他可定义的属性等。单个框架是指在网页中定义的一个区域。

在 Dreamweaver CS6 中创建框架有以下几种方法：

◆ 插入预设框架。Dreamweaver 在"插入"/"HTML"/"框架"下拉菜单中提供了 13 种预定义的框架，选择其中一个子菜单选项，即可插入对应的框架。

◆ 自定义框架。执行"查看"/"可视化助理"/"框架边框"命令显示边框，然后在文档窗口中拖动框架边框到合适的位置。例如，先拖动左边的框架边框到中间位置，然后拖动底部的框架边框到中间位置，最终形成的框架结构如图 2-19 所示。

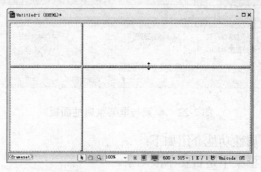

图 2-19　自定义框架效果

◆ 创建嵌套框架。将光标定位在要嵌套的框架内，执行"修改"/"框架集"命令下的拆分框架子命令，图 2-20 所示的效果是先拆分上框架，然后在下方的框架中拆分左、右框架而形成的嵌套框架。

2. 框架的基本操作

执行"窗口"/"框架"菜单命令，打开图 2-21 所示的"框架"面板。框架面板为文档中的框架提供了一个直观的表示方式。

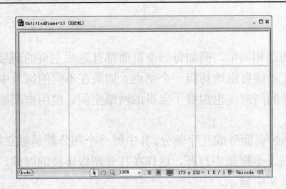

图 2-20 嵌套框架效果   图 2-21 "框架"面板

（1）选取框架或框架集。

◆ 在"框架"面板中用鼠标单击要选取的框架或框架集的边框，即可选取相应的框架或框架集。此时，文档窗口中选取的框架或框架集的四周显示虚线。

◆ 在文档窗口中单击要选取的框架的边框，即可选中框架；单击框架集的边框，可以选取框架集。

（2）设置框架与框架集属性。框架与框架集的属性设置在图 2-22 所示的面板中进行。

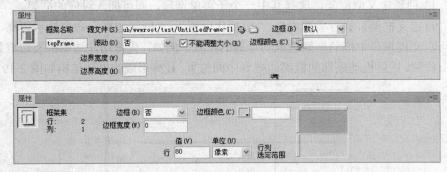

图 2-22 框架与框架集属性面板

属性面板中的部分属性功能介绍如下：

◆ 滚动：指定在框架中是否显示滚动条。

◆ 边界宽度、边界高度：设置内容与框架边框左右或上下的距离。

◆ 框架集：当前选定的框架集中所包含的框架行数和列数。

◆ 行列选定范围：用于设置选定框架集中各行各列的框架大小。单击"行列选定范围"框内的标签，选取行或列，然后在"值"域中输入数值，"值"域中指定单位。

（3）删除框架。删除框架的操作比较特殊，选中框架后按 Delete 键并不能删除框架，而是采取下面的方法：将光标放在框架的边框上，当光标变为双向箭头时按住鼠标左键将框架的边框拖出父框架或页面之外，即可删除框架。如果对 HTML 语言比较熟悉，可以直接在 HTML 代码中删除框架和框架集。

（4）保存框架和框架集。由于每一个框架代表一个单独的网页，所以在保存文件时，

Chapter 02

不仅要保存整个文档的框架结构,还必须保存各个子框架。方法如下:执行"文件"/"保存全部"命令,弹出保存文件窗口,同时框架集被选中。输入文件名,然后单击"保存"按钮保存整个框架集。在弹出的下一个保存文件的窗口中输入当前被选中的框架的文件名,单击"保存"按钮保存该子框架。用同样的方法保存其他子框架,如果有 N 个框架,就必须保存 N+1 次文件。

3. 在框架中打开文档

如果要在一个框架中打开另一个框架中的超级链接,可以执行以下操作:

(1)在设计视图中选择要创建链接的文本或对象。

(2)在属性面板的"链接"文本框中指定要链接到的文件。

(3)在"目标"下拉列表中选择链接的文档应显示的框架或窗口。

如果在属性面板中命名了框架,则框架名称将出现在"目标"下拉列表中。

4. 框架的应用实例

下面将制作一个包含框架结构的页面,以加深读者对框架的理解。页面的最终效果如图 2-23 所示。

图 2-23 实例效果图

本例页面由三个框架组成,上框架、左下框架和右下框架。分别用于显示主题、导航和教程的内容。当单击导航按钮时,右下框架将显示对应的页面。具体制作步骤如下:

(1)新建一个文档。

(2)执行"插入"/"HTML"/"框架"/"上方及左侧嵌套"命令插入框架,然后调整各框架大小至合适位置。

(3)调出"框架"面板。在"框架"面板中单击顶部的框架,然后在属性面板上输入框架的名称 TopFrame,其余选项保留默认设置。同样的方法为左下部和右下部的框架分别命名为 LeftFrame 和 MainFrame。

(4)右击 TopFrame 框架内部,在弹出的快捷菜单中选择"页面属性"命令。设置页面字体为隶书,文本颜色为红色,并设置背景图像。

(5)把光标定位于 TopFrame 框架内,单击"常用"面板上的图标,在框架内插入图片。选择插入的图片，在属性面板设置对齐方式为"左对齐"。

（6）在 TopFrame 框架内输入文本："Dreamweaver CS6 DIY 教程"。然后在属性面板中设置文本的"大小"为 36，居中放置。

（7）在框架 LeftFrame 内单击鼠标右键，在弹出的快捷菜单中选择"页面属性"命令，设置"背景颜色"值为"#9C9"。

（8）在 LeftFrame 框架内插入一个 5 行 1 列的表格。此时的页面效果如图 2-24 所示。

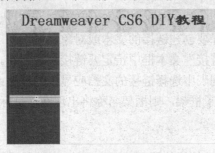

图 2-24　插入表格后的页面

（9）将光标放置在表格第 1 行的单元格中，然后在单元格中插入一个预先制作好的按钮，并在属性面板上设置链接目标。

（10）用同样的方法插入其余 4 个按钮，并指定链接目标。

（11）在框架 MainFrame 内单击鼠标右键，在弹出的快捷菜单中执行"页面属性"命令，设置背景图像。

（12）在 MainFrame 框架内输入文本并调整文字格式。

（13）执行"文件"/"保存全部"命令，依次保存框架文档。

（14）新建一个无框架普通文档。设置页面背景，并在文档中输入文本，效果如图 2-25 所示。保存文件为"文本与链接"按钮的"链接"属性所指向的文件名 textandlink.html。再用同样方法制作其他文件。

图 2-25　textandlink.html

（15）页面制作完毕，按 F12 键可以在浏览器中预览效果。

2.5.3　使用 AP 元素定位

所谓 AP 元素，就是绝对定位元素，是分配有绝对位置的 HTML 页面元素。AP 元素可以包含文本、图像或其他任何可放置到 HTML 文档正文中的内容。与表格相比，AP 元素一个很大的优势是可以随意移动，以放在网页中的任何位置。在 Dreamweaver CS6 中，AP 元素还可以与表格互相转化，这也是很方便的。将 AP 元素和表格综合利用起来，可以更好地实现图文混排。

通过 AP 元素管理面板可以管理文档中的 AP 元素。执行"窗口"/"AP 元素"命令，即可打开 AP 元素管理面板，如图 2-26 所示。"AP 元素"面板提供了一种对网页的对象进行有效控制的手段。

AP 元素显示为按 Z 轴顺序排列的名称列表，通过更改 AP 元素的堆叠顺序号可以改变 AP 元素在堆叠顺序中的位置。单击 AP 元素名前的眼睛 👁 图标列，可以设置 AP 元素的可见性。睁开的眼睛表示 AP 元素可见；闭上的眼睛表示不可见；没有眼睛表示继承其父 AP 元素的可见性，如果没有父 AP 元素，则继承文档主体的可见性，它总是可见的。

1.　创建AP元素与嵌套AP元素

（1）创建 AP 元素。将光标放置在文档窗口中需要插入 AP 元素的位置，然后单击"布局"工具栏中的"绘制 AP Div"图标 ▤，鼠标指针变成 ✛ 形状，在页面中按下鼠标左键拖动绘制一个矩形即可创建一个 AP 元素。

如果需要绘制多个 AP 元素，按住 Ctrl 键的同时在文档窗口中绘制一个 AP 元素，不释放 Ctrl 键，就可以连续绘制多个 AP 元素。

（2）直接创建嵌套 AP 元素。在没有选中"AP 元素"面板中的"防止重叠"复选框的前提下，将光标放置在 AP 元素内，用插入 AP 元素的方法创建新的 AP 元素。先创建的一个 AP 元素是父 AP 元素，后创建的 AP 元素是子 AP 元素。在"AP 元素"面板中，子 AP 元素显示在父 AP 元素下方，且向右缩进，如图 2-27 所示。

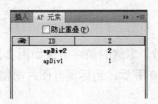

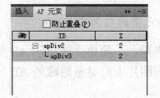

图 2-26　AP 元素管理面板　　　　　　图 2-27　AP 元素嵌套效果

如果已在"首选参数"对话框中将 AP 元素的嵌套功能禁用，则绘制子 AP 元素时需要按下键盘上的 Alt 键。

2.　AP元素的基本操作

（1）激活、选中 AP 元素。在 AP 元素内的任何位置单击鼠标，即可激活 AP 元素。被激活 AP 元素的边界突出显示，选择手柄 ▯ 也同时显示出来，如图 2-28 左图所示。

在 "AP 元素" 面板中单击 AP 元素的名称，或在文档窗口中单击 AP 元素的选择柄 □ 或边框，或在设计视图中单击 AP 元素代码标记，都可以选中一个 AP 元素。AP 元素处于选中状态时，边框上将显示控制手柄，如图 2-28 右图所示。

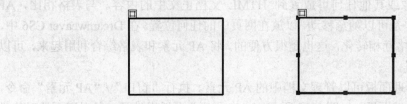

图 2-28 AP 元素的激活和选中状态

如果要选中多个 AP 元素，可以先在文档窗口中选择一个 AP 元素，然后按住 Shift 键，单击其他 AP 元素的边框。

（2）调整 AP 元素的大小和位置。选中 AP 元素后，在 AP 元素属性设置面板中可以直接设置属性宽和高的具体数值。也可以将鼠标指针移动到 AP 元素边框上的控制手柄上，当鼠标指针变为双向箭头时，按下鼠标左键拖动。

> **提示**：选择 AP 元素之后，在想要扩展的方向上按下 Ctrl 键和键盘上的箭头键，可以一个像素一个像素地调整 AP 元素的大小。

如果要同时调整多个 AP 元素的大小，可以选中多个 AP 元素后，执行 "修改" / "排列顺序" / "设成宽度相同" 或 "设成高度相同" 命令。先选定的 AP 元素将调整为最后一个选定 AP 元素的宽度或高度。在属性面板中输入 AP 元素的宽度和高度值，将应用于所有选定的 AP 元素。

选择 AP 元素之后，在选择手柄 □ 上按下鼠标左键并拖动鼠标；或使用键盘上的方向键，均可移动 AP 元素。

3. AP元素的应用实例

下面将用一个简单实例演示 AP 元素的简单特效。本例的最终效果如图 2-29 所示，当光标移动到图片上时显示隐藏的 AP 元素，如图 2-30 所示。光标离开图片时隐藏 AP 元素的内容。

本例的具体操作步骤如下：

（1）新建一个文档，设置标题为 "最初的梦想"，背景颜色为#FFCC66。

图 2-29　实例效果 1　　　　　　　　　　　　图 2-30　实例效果 2

　　（2）单击"插入"/"布局"面板中的插入 AP 元素图标，在设计视图中插入一个
AP 元素。输入文本，并新建规则设置文本的字体、大小和颜色，然后调整 AP 元素大小及
位置。

　　（3）选中"最初的梦想"，新建 CSS 规则，设置选择器类型为"类"，输入选择器名
称，然后单击"确定"按钮，在弹出的规则定义对话框中指定文本字体为华文彩云，大小
为 xx-large，颜色为绿色，切换到"区块"分类页面中，设置文本对齐方式为居中。

　　（4）选中"范玮琪"，按照上一步的方法新建一个 CSS 规则，定义文字的字体和大小，
以及对齐方式，此时的页面效果如图 2-31 所示。

图 2-31　页面效果

　　（5）单击插入 AP 元素的图标，在文档设计视图中再插入一个 AP 元素，并在 AP
元素内插入一幅图像，调整图像大小及位置，效果如图 2-32 所示。

图 2-32　页面效果

　　（6）在 AP 元素 apDiv2 右侧再插入一个 AP 元素。在 AP 元素中键入文本，并调整
AP 元素的大小和位置。

（7）打开 AP 元素管理面板，单击 AP 元素 apDiv3 的眼睛使之闭眼。

（8）单击 AP 元素 apDiv2，执行"窗口"/"行为"命令，打开"行为"面板。

（9）单击"行为"面板中的 ✚▾ 按钮，从弹出的下拉菜单中选择"显示-隐藏元素"命令。

（10）在"显示-隐藏元素"对话框中选择 AP 元素 apDiv3，然后单击"显示"按钮。

（11）单击事件下拉列表按钮，从弹出的事件列表菜单中选择 OnMouseOver。

（12）为 AP 元素 apDiv2 添加第二个"显示-隐藏元素"行为，在"显示-隐藏元素"对话框中选择 AP 元素 apDiv3，然后单击"隐藏"按钮。事件选择 OnMouseOut。

（13）按 F12 键预览效果。

2.6　模板与库

在建立并维护一个站点的过程中，往往需要建立大量外观及部分内容相同的网页，使站点具有统一的风格。如果逐页建立、修改，既费时费力，而且效率不高，还容易出错。Dreamweaver CS6 提供了两个利器——模板和库，可以轻松解决这个问题。

模板与库的作用类似，都是一种保证网页中的部件能够重复使用的工具。模板重复使用的是网页的一部分结构，而库则提供了一种重复使用网页对象的方法。

📖 2.6.1　创建模板和嵌套模板

模板提供了一种建立统一风格的网页基本框架的方法：将模板中不需要修改的内容（比如导航条、标题等）指定为固定区域，内容需要更新的区域指定为可编辑区域。这样，基于模板创建的所有文档的固定区域是相同的，而可编辑区域中的内容则是不同的。

嵌套模板是指基于一个模板创建的模板文件。若要创建嵌套模板，必须首先保存原始模板（或称基模板），然后基于该模板创建新文档，最后将该文档另存为模板。在嵌套模板中，可以在基模板中定义为可编辑区域中进一步定义可编辑区域。

模板的制作方法与普通网页类似，只是在制作完成后应定义可编辑区域、重复区域等。下面简单介绍创建一个新的模板文件的 3 种方法。

1. 方法一

执行"文件"/"新建"命令，打开"新建文档"对话框。在"类别"栏选择"空模板"，在"模板类型"中选择需要的模板类型，在"布局"中选择模板的页面布局，然后单击"创建"按钮。

此时保存空模板文件，会弹出如图 2-33 所示的对话框，提醒本模板没有可编辑区域。单击"确定"按钮保存模板。

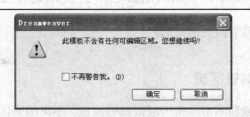

图 2-33　提示对话框

2. 方法二

选择"窗口"/"资源"命令，调出"资源"面板，单击面板左侧分类中的模板图标按钮切换到"模板"面板，然后单击模板面板底端的"新建模板"图标。

3. 方法三

在 Dreamweaver CS6 中打开一个普通文档，执行"文件"/"另存为模板"命令。指定保存模板文件的站点和模板文件名称。

创建模板之后，可以在"模板"面板的文件列表中看到新创建的模板，面板上部显示当前选中模板的缩略图。Dreamweaver 将模板文件保存在站点的本地根文件夹中的Templates 文件夹中，文件扩展名为.dwt。需要注意的是，不要将模板移动到 Templates 文件夹之外或者将非模板文件放在 Templates 文件夹中，也不要将 Templates 文件夹移动到本地根文件夹之外。

模板的编辑方法与普通页面类似，由于篇幅所限，在此不再一一叙述。

创建模板的主要目的是在本地站点中使用这个模板创建具有相同外观及部分内容相同的文档，使站点保持风格统一。若要基于一个模板文件创建网页，可以在"模板"面板中选择一个模板，单击鼠标右键，从弹出的快捷菜单中选择"从模板新建"命令。基于模板创建的文件右上角将显示基模板的名称，如图 2-34 所示。

图 2-34　基于模板创建的页面

此时会发现，在基于模板创建的页面中无法编辑页面内容，这是因为还没有在模板文件中创建可编辑区域。有关创建可编辑区域的操作将在下一节中进行详细介绍。

基于模板创建一个网页文件后，可将该文件另存为模板来创建嵌套模板。通过创建嵌套模板可以定义更加精细的页面布局。

📖 2.6.2　定义可编辑区域

模板由可编辑区域和不可编辑区域两部分组成。不可编辑区域包含了在所有页面中共有的元素，即构成页面的基本框架；而可编辑区域则用于定义网页的个性内容。

基于模板创建网页时，可以激活可编辑区域并添加页面内容。没有添加可编辑区域的部分在页面中处于锁定状态，不可编辑。在模板中对不可编辑区域所做的任何更改都将影响站点中每一个基于此模板生成的网页，因此在网站维护中，通过修改模板的不可编辑区域，可以快速地更新整个站点中所有使用了模板的页面布局。

下面通过一个简单实例演示在模板文件中创建可编辑区域的具体操作。操作步骤如下：

（1）按照本章上一节所述方法创建一个模板文件。

（2）在设计视图中插入一张图片，再添加一个三行三列的表格，输入文字并调整表格和图像的大小。

（3）单击设计窗口底部标签选择器中的<table>标签，选中表格。

（4）执行"插入"/"模板对象"/"可编辑区域"命令，或单击"常用"面板上的 [📄可编辑区域] 菜单项，弹出"新可编辑区域"对话框。

（5）在对话框的"名称"文本框输入可编辑区域的名称，该名称将显示在可编辑区域的左上角。单击"确定"按钮，即可将表格转换为可编辑区域。

可编辑区域在模板文件中用彩色（默认颜色为绿色）高亮度显示，顶端显示可编辑区域的名称。插入可编辑区域后的页面效果如图 2-35 所示。

（6）保存文件。一个简单的模板文件就制作完成了。

图 2-35　可编辑区域在 Dreamweaver 中的效果

📖 2.6.3　定义重复区域

在网页设计中，常常需要重复添加某些页面元素（如添加表格的行或列），以达到扩展页面布局的目的。重复区域是模板中设置为可重复添加网页元素的区域，通常用于表格，也可以为其他页面元素定义重复区域。在模板中可插入两种类型的重复区域：重复区域和重复表格。

重复表格与重复区域的区别在于，重复表格每个单元格的内容是可以修改的，基于模板生成的网页可以在重复表格单元格中添加内容。Dreamweaver 在插入重复表格时自动将单元格设置成可编辑区域。而重复区域不是可编辑区域，若要使重复区域中的内容可编辑，必须在重复区域内插入可编辑区域。

在模板中创建重复区域可以执行以下操作：

（1）将插入点放在文档中要插入重复区域的位置。

（2）执行"插入"/"模板对象"/"重复区域"菜单命令，或单击"常用"面板上的重复区域 重复区域 菜单项，弹出"新建重复区域"对话框。

（3）在对话框的"名称"文本框中输入重复区域的名称。

（4）单击"确定"按钮。

基于模板文件新建一个页面的效果如图 2-36 左图所示。单击重复区域顶部的加号按钮，可以复制一个重复区域的副本，如图 2-36 右图所示。

选中某个重复项，单击减号按钮，即可删除选中的重复项。

选中某个重复项之后，单击向上或向下的三角形按钮，可以修改重复项的层叠位置。

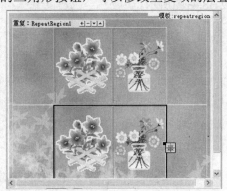

图 2-36　重复区域效果

在实际应用中，通常将重复区域设置为可编辑区域，或使用重复表格，这样用户可以编辑重复元素中的内容。

插入重复表格的步骤如下：

（1）将光标定位在要插入重复表格的位置，执行"插入"/"模板对象"/"重复表格"命令。弹出如图 2-37 所示的"插入重复表格"对话框。

（2）在对话框中指定表格的行数、列数、单元格边距和间距、表格宽度和边框宽度。

（3）在"重复表格行"区域指定表格中的哪些行包括在重复区域中。

在"起始行"输入设置为重复区域中的第一行的行号；在"结束行"输入将作为重复区域最后一行的行号。

（4）在"区域名称"文本框中指定重复表格的唯一名称。

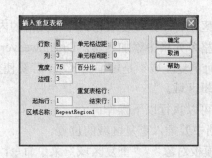

图 2-37 "插入重复表格"对话框

(5) 单击"确定"按钮关闭对话框,即可在模板文件中插入重复表格,效果如图 2-38 左图所示。

本例在"插入重复表格"对话框中设置的行数为 3,列数为 1,且重复表格起始行和结束行均为 2,因此,在生成的重复表格中,只有第二行的单元格中插入了可编辑区域。基于模板文件新建一个页面,即可在新页面中添加重复项,并修改可编辑区域的内容,效果如图 2-38 右图所示。

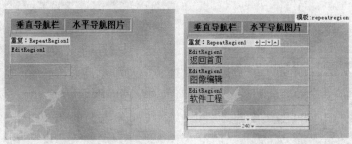

图 2-38 重复表格效果

2.6.4 更新模板文件

如果对模板进行了修改,Dreamweaver CS6 会提示是否修改应用该模板的所有网页,也可以通过命令手动更新当前页面或整个站点。模板修改完成后,执行"修改" / "模板" / "更新页面"命令,弹出如图 2-39 所示的"更新页面"对话框。

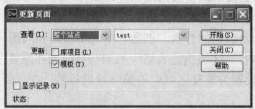

图 2-39 "更新页面"对话框

在"查看"下拉列表框中选择"整个站点"选项,在右侧的站点下拉列表框中选择要更新的站点，然后在"更新"右侧区域选择"模板"复选框。单击"开始"按钮，即可将模板的更改应用到站点中使用该模板的网页。在"状态"栏将显示更新状态。

📖 2.6.5 创建库项目

在站点中除了具有相同外观的许多页面外，还有一些需要经常更新的页面元素，例如版权声明、最新消息。这些内容与模板不同，它们只是页面中的一小部分，在各个页面中的摆放位置可能不同，但内容却是一致的。可以将这种内容保存为一个库文件，在需要的地方插入，在需要的时候快速更新。

库是一种特殊的 Dreamweaver 文件，其中包含已创建准备放在 Web 页上的单独的资源或资源副本的集合，如图像、表格、声音和 Flash 文件等。库里的这些资源称为库项目。库项目保存在当前站点的 Library 文件夹中，以 .lbi 作为扩展名。与模板类似，库项目应该始终在 Library 文件夹中，并且不应向该文件夹中添加任何非 .lbi 的文件。

创建库项目的操作步骤如下：

（1）在文档中选择需要保存为库项目的部分。

（2）执行"窗口"/"资源"命令，在"资源"面板上单击📖图标，打开库管理面板。

（3）单击资源管理面板上的新建库项目图标🔳，输入库项目的名称。

（4）单击资源面板底部的编辑按钮🖉，或在"库"面板中双击库项目，Dreamweaver将打开一个用于编辑该库项目的新窗口，此窗口类似于文档窗口。

（5）运用编辑普通页面元素的方法为库项目添加内容。

（6）编辑完毕，保存文件，即创建一个库项目。

🖥️ **提示：**编辑库项目时，CSS 样式面板不可用，因为库项目中只能包含 body 元素，CSS样式表代码却可以插入到文档的 head 部分。此外，"页面属性"对话框也不可用，因为库项目中不能包含 body 标记或其属性。

此外，还有更简便的创建库项目方法，只要在文档中把选中的内容拖到库面板中，并为其命名就完成了。

创建库项目之后，如果要重命名库项目，可以执行以下操作：

（1）在库面板中单击库项目的名称将其选中。

（2）稍作暂停之后，再次单击。注意：不要双击名称，否则会打开库项目进行编辑。

（3）当名称区域变为可编辑时，输入一个新名称。

（4）单击别处，或者按下 Enter 键。

重命名库项目，实际上就是对本地站点的 Library 目录中的该文件重命名。因此，也可以直接在 Library 目录中重命名相应的库项目文件。

如果不再需要某个库项目，可以在库中将其删除，具体操作步骤如下：

（1）在库面板的库项目列表中选择要删除的库项目。

（2）单击库面板底部的删除按钮🗑️，弹出询问是否删除对话框。

（3）单击对话框中的"是"按钮，确认删除该项目。

删除库项目，实际上就是从本地站点的 Library 目录中删除相应的库项目文件。因此，也可以直接在 Library 目录中删除相应的库项目文件。

> **注意：**
> 删除一个库项目后，将无法使用"撤消"命令恢复它。但可以重新创建它，具体操作将在下一节中进行介绍。删除库项目时将从库中删除该项，但不会更改任何使用该项的文档的内容。

📖 2.6.6 在页面中使用库项目

在页面中添加库项目时，将把库项目的实际内容及其引用一起插入到文档中。

（1）将插入点定位在文档窗口中要放入库项目的位置。

（2）打开库管理面板，选择要插入的库项目，然后单击 插入 按钮，或将库项目拖到文档窗口，即可将库项目添加到页面中。

此时，文档中会出现库项目的具体内容，同时以淡黄色高亮显示，表明它是一个库项目，如图 2-40 所示。

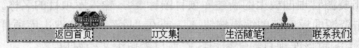

图 2-40 页面中插入的库项目

在文档窗口中，库项目是作为一个整体出现的，用户无法对库项目中的局部内容进行编辑。如果希望仅仅添加库项目内容代码而不希望它作为库项目出现，可以按住 **Ctrl** 键，将相应的库项目插入文档中，如图 2-41 所示，图中的各个部分是分离的，用户可以单独编辑其中某一个页面元素。

图 2-41 页面中插入的库项目内容

在文档窗口中选择一个库项目后，对应的属性面板如图 2-42 所示。

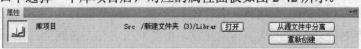

图 2-42 库项目的属性面板

该面板中三个按钮的功能简要介绍如下：

◆ 打开：在文档窗口打开库文件，方便对所选择的库项目进行再编辑。

◆ 从源文件中分离：将当前选择的内容从库项目中分离出来，这样可以对插入到文档窗口中的库项目进行修改。分离后对源文件进行的修改不会更新到库项目。

◆ 重新创建：将库项目内容重新转换成库项目文件。

通常，在库项目文件被删除时，使用"重新创建"功能可以恢复以前的库项目文件。如果是重建原来没有的库项目，重建后的库项目不会立即出现在库面板中。此时，在库面板上单击鼠标右键，在弹出的快捷菜单中选择"刷新站点列表"命令，即可在库面板中显示重建的库项目。

2.6.7 更新库项目

执行"修改"/"库"/"更新页面"菜单命令，在"更新页面"对话框的"查看"下拉列表框中选择"整个站点"选项和需要更新库项目的站点，在"更新"右侧选择"库项目"复选框，然后单击"开始"按钮即可更新选中站点中所有应用了当前库项目的网页。

2.6.8 模板与库的应用

前面几节已详细介绍了模板和库的各种操作及功能。下面通过一个实例来演示如何使用模板创建统一风格的多个网页，并利用库项目更新页面内容。本例的最终效果如图 2-43。

图 2-43　实例效果 1

单击某个菜单项，即可跳转到相应的页面，如图 2-44 所示。

该例中的各个页面布局都一样，不同的是页面中间区域的显示内容。此外，页面中的天气预报和最新消息栏使用了库项目，只要更新相应的库项目，即可更新该例中所有页面。

本例的具体制作步骤如下：

（1）新建一个 HTML 模板文件。设置页面的背景图像，左边距为 80，上边距为 0；链接颜色和已访问链接为绿色，变换图像链接和活动链接为红色，且仅在变换图像时显示下划线。

图 2-44　实例效果

（2）在页面中插入 Logo 图片，设置图片宽度属性为 750 像素，高度属性为 80 像素。

（3）在图片下插入一张两行三列的表格，表格宽度设置为 750 像素。合并第一行的 3 个单元格。再选中表格第一行，设置高度为 20 像素，这时文档效果如图 2-45 所示。

（4）把光标定位在表格第一行单元格内，单击"插入"面板上的"Spry"标签，切换到 Spry 工具面板，单击 Spry 菜单栏图标，在弹出的"Spry 菜单栏"对话框中选择菜单布局为"水平"。插入后的菜单栏如图 2-46 所示。

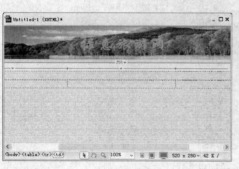

图 2-45　图像和表格效果

图 2-46　插入表格的效果

（5）选中插入的 Spry 菜单栏，在属性面板上设置菜单项。单击左边第一个列表框中的"项目 1"，在最右边的"文本"栏键入需要的菜单项名称，并设置"链接"的目标文档。同样的方法，设置其他一级菜单项。

如果一级菜单项多于 4 个，单击列表框顶部的加号按钮，即可添加一个一级菜单项；如果少于 4 个，单击减号按钮，即可删除一个菜单项。

（6）制作二级菜单项。按照上一步的方法在属性面板中间的列表框中添加二级菜单项，同理，在右边的列表框中添加三级菜单项。

弹出式菜单制作完成之后，在浏览器中把光标停留在热点区将弹出下拉菜单。

（7）选中表格第二行第一列的单元格，然后新建 CSS 规则，设置"选择器类型"为"类"，"选择器名称"为.background1，单击"确定"按钮打开对应的规则定义对话框。在对话框左侧的"分类"列表中选择"背景"，选择一幅背景图片。

（8）选中表格第二行第一列的单元格，将其拆分为五行，如图 2-47 所示。

（9）光标定位在上一步拆分后的第一行单元格内，然后执行"插入"/"模板对象"/"可编辑区域"命令，在弹出的"新建可编辑区域"对话框中指定可编辑区域的名称为weather。同理，在其余 4 个单元格中插入图片，并且调整表格到合适的大小，效果如图2-48 所示。

（10）选中第二列的单元格，在属性面板上设置其背景颜色为#99CC99，宽为 350 像素，单元格内容的垂直对齐方式为"顶端"。

（11）将光标定位在中间单元格内，然后执行"插入"/"模板对象"/"可编辑区域"命令，在弹出的对话框中将可编辑区命名为 show。

（12）选中表格第三列的单元格，在属性设置面板上设置单元格内容的垂直对齐方式为"顶端"，宽为 220 像素。按照第 7 步的方法设置单元格的背景图像。

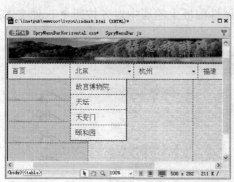

图 2-47　拆分单元格

图 2-48　插入图片

（13）把光标定位在表格第三列的单元格内插入图像，此时的页面效果如图 2-49 所示。

（14）切换到"布局"插入面板，单击"绘制 AP Div"图标，这时光标变成加号（＋），在上一步骤插入的图片上绘制一个 AP 元素，效果如图 2-50 所示。

（15）把光标定位在 AP 元素内，插入可编辑区域，可编辑区域的名称指定为 news。

（16）把光标定位在可编辑区域内，切换到代码视图，找到可编辑区域代码：

```
<!-- #BeginLibraryItem "/Library/news.lbi" --><!-- #EndLibraryItem -->
```

然后在这两对尖括号中间输入如下代码：

```
<marquee behavior="scroll" direction="up" hspace="0" height="100"
vspace="5"
    loop="-1" scrollamount="1" scrolldelay="100" >
    北京-上海    机票 8 折<br> <br>
    北京-成都    机票 6 折<br> <br>
```

> 北京-杭州　　　机票 7 折`<br>` `<br>`
>
> 北京-武夷山　机票 9 折`<br>` `<br>`
>
> `</marquee>`

图 2-49　插入图片

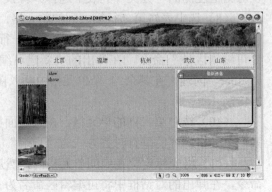

图 2-50　插入 AP 元素

完成以上代码插入后文档的预览效果如图 2-51 所示。

（17）选中 AP 元素内的文本，然后单击属性面板上的居中对齐按钮 ，使文本居中显示。

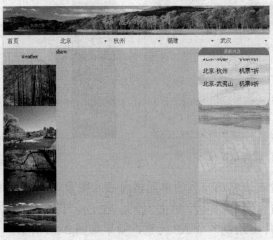

图 2-51　插入文本

（18）将光标定位在右边单元格图片后面，再按 Shift+Enter 换行，输入"友情链接"内容。选中"友情链接"四个字，新建 CSS 规则。"选择器类型"为"类"，"选择器名称"为.fontcolor1，单击"确定"按钮打开对应的规则定义对话框。在对话框左侧的"分类"列表中选择"类型"，并设置文本的字体、大小和颜色。单击"确定"按钮关闭对话框，为选定的文本设置字体、字号和颜色等属性，然后为各链接项设置链接地址。

（19）单击"常用"面板上的水平线图标按钮，插入水平线，然后输入"联系我们"栏的文本内容，并对"联系我们"四个字应用上一步中定义的 CSS 规则。再插入一条水平线，然后输入"我们的服务"栏目内容。完成本步骤后的效果如图2-52所示。

图2-52 页面效果

（20）在页面的底部插入一张一行一列的表格，在属性面板中设置其宽度为750像素，高为80像素，边框、填充和间距均为0。

（21）在表格内输入版权等信息，并设置为居中对齐，效果如图2-53所示。

图2-53 插入版权信息效果

（22）选中"Email:comeysoft@sina.com"，在属性面板设置其"链接"属性为"mailto: comeysoft@sina.com"。

接下来将为经常改变的天气信息和"最新消息"内容制作成库项目。

（23）选中可编辑区域内天气文本，如图 2-54 所示。

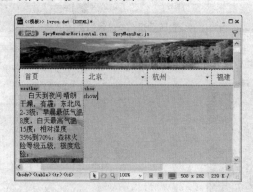

图 2-54　天气信息文本

（24）打开资源管理面板，单击资源管理面板左下角的库项目按钮，切换到库项目管理面板。

（25）执行"修改"/"库"/"增加对象到库"命令，然后在库面板中输入库项目的名称，把选定文本制作成库项目，如图 2-55 所示。

（26）同样的办法把"最新消息"内容制作成库项目文件 news.lbi。

（27）保存模板文件为"旅游网站模板.dwt"。

至此模板制作完毕。切换到文件管理面板，会发现站点中已自动增加了 Templates、Library 和 SpryAssets 三个文件夹，如图 2-56 所示。

图 2-55　库项目面板

图 2-56　文件管理面板

制作好模板后，制作网页就成为轻而易举的事情了。制作本例的首页执行以下步骤：

（1）在"新建文档"对话框中单击"模板中的页"，选择本例所在的站点，然后在模板文件列表中选中刚才创建的模板文件。

（2）单击"创建"按钮，进入文档窗口，如图 2-57 所示，只有 weather、show 和 news 可编辑区可以输入内容，其中黄颜色加亮的部分为库项目，可以通过修改库项目文件实现对其内容的编辑。

（3）执行"修改"/"页面属性"/"标题/编码"命令设定新页面属性，"标题"栏输入"禄意旅游网"。

（4）删除 show 可编辑区内的文本，然后输入首页内容，并设置文本和图像格式，最终得到效果如图 2-43 所示。

（5）将文件保存为 index.html，完成首页制作。

制作其他页面步骤完全同首页的制作相同，在此不再赘述，其效果如图 2-58 所示。

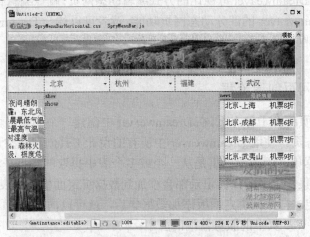

图 2-57　新文档效果

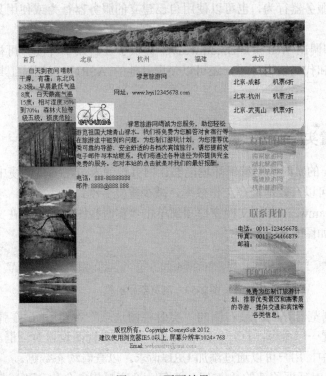

图 2-58　页面效果

现在可以打开浏览器对作品进行浏览测试了。

2.7 动态网页基础

使用 Dreamweaver 几乎不用编写任何程序代码就能开发出功能强大的网站应用程序。用户可以直接使用 Dreamweaver 可视化的方式编辑动态网页，就像编辑普通网页一样简单。本节简要介绍 Dreamweaver 的部分动态网页功能，读者可以体会 Dreamweaver 在编辑动态网页方面的优势，也可以为系统学习动态网页作一个铺垫。

📖2.7.1 动态网页创建流程

所有的动态网页都源于静态页。在 Dreamweaver 中创建一个动态网页可分为 5 个步骤：

（1）创建静态页。使用 Dreamweaver 中所有的设计工具创建静态页。

（2）定义数据集。所谓数据集是从一个或多个表中提取的数据子集。当查询数据库时可创建一个数据集，定义的任何记录都会添加到数据绑定面板的列表中。

（3）数据绑定。向数据绑定面板添加数据集后，就可以向 Web 页中添加动态内容，不需要考虑插入到 Web 页中的服务器端的脚本。

（4）激活动态网页。Dreamweaver 提供了众多预定义的服务器行为，网页设计人员可以使用预定义的服务器行为，也可以使用自己建立的服务器行为或使用其他人员建立的服务器行为。

（5）编辑和调试 Web 页。Dreamweaver 提供了 3 种编辑环境：可视化编辑环境、活动数据编辑环境和代码编辑环境，还可以使用其他的 ASP.NET 调试工具进行实时的跟踪调试。

📖2.7.2 设置实时视图

Dreamweaver 的实时数据编辑环境能够让网页设计人员在编辑环境中实时预览 Web 页上的动态内容，可以有效地提高工作效率，减少重复劳动。

（1）在 Dreamweaver 的文档窗口顶部单击"实时视图"按钮，在文档窗口顶部显示浏览器导航栏，如图 2-59 所示。

图 2-59　浏览器导航栏

（2）单击浏览器导航栏最右侧的"实时视图选项"按钮，在弹出的菜单中选择"HTTP 请求设置…"命令，打开如图 2-60 所示的实时视图设置对话框。

在该对话框中，用户可以通过添加 URL 请求，以查看动态数据。

（3）单击该对话框顶部的 + 按钮，为每一个变量指定名称和测试值。例如"名称"为 username，"值"为 vivi。

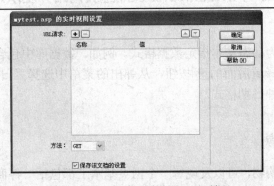

图 2-60　"实时视图设置"对话框

（4）在"方法"后面的下拉列表框中选择网页递交表单时的方式，POST 或 GET，默认为 GET。

（5）选中"保存该文档的设置"复选框。

（6）设置完成后，单击"确定"按钮关闭对话框。

（7）保存文档。单击 Dreamweaver 文档窗口顶部的"刷新"按钮  ，即可预览页面运行效果。此时，浏览器导航栏的地址下拉列表中会出现指定的 URL 请求，如图 2-61 所示。

图 2-61　URL 请求

2.7.3　动态文本

所有的动态网页都源于静态网页，可以将静态网页中的文本转换为动态文本，或者直接将动态文本放置在网页中。动态文本将继承被替换文本的文本格式或插入点的格式。例如，选择的文本已经设置了 CSS 风格，则替换该文本的动态内容也继承了该 CSS 风格。也可以通过 Dreamweaver 的文本格式化工具改变或者添加动态文本的格式。

创建动态文本的具体的操作步骤如下：

（1）选择"窗口"/"绑定"命令，打开"绑定"面板。

（2）确认数据源面板的数据源列表中是否有需要的数据源。如果没有，则可以通过单击 按钮，新建一个需要的数据源。

（3）在文档窗口或者动态数据窗口中，选择网页中需要替换的文本，或者单击需要增加动态文本的地方。

（4）在数据绑定面板中，从列表中选择一个数据源。对于数据集类型的数据源，选择想要插入的字段。

（5）将数据源拖到网页上。这时文件窗口会出现占位符替换选择的文本或在插入点直接显示占位符。可以选择"查看"/"动态数据"命令，在动态数据窗口中进行实时浏览。在一般情况下，占位符语法形式为{数据集名称.Column}、{Request.Variable}等，其中 Column 表示从数据集中选择域的名称，Request.Variable 表示从客户端表单上所传递过来的信息。

如果需要，可以为动态文本指定数据格式。例如，数据库中包含日期，可以通过在数据绑定面板中单击选择域后面的 ▼ 按钮，从弹出的菜单中选择"日期/时间"命令，从弹出的子菜单中选择一种日期格式。

2.7.4 动态图像

如果经常在网上购物，可以发现每一个网页基本上都包括一件商品的照片和描述该商品的文本，经常是网页的布局保持不变，变换的是商品的照片和描述该商品的文本。使用 Dreamweaver 的动态图像和动态文本可以很轻松地实现这种功能，具体的操作步骤如下：

（1）新建一个文档或打开一个需要创建动态图像的文档。

（2）将光标放置在需要插入动态图像的位置。选择"插入"/"图像"命令，弹出"选择图像源文件"对话框。

（3）在该对话框中的"选择文件名自"后面有两个单选按钮，这里要插入动态图像，应选择"数据源"单选按钮，此时对话框中会将数据源列出，如图 2-62 所示。

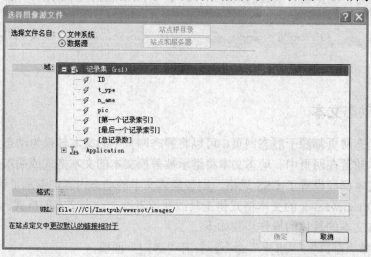

图 2-62　选择图像源

（4）在数据源列表中选择一个需要的数据源。"URL"文本域中自动填充相应的代码。

（5）设置完成后，单击"确定"按钮关闭对话框。

（6）选择"文件"/"保存"命令，保存文件，并在浏览器中预览图片。

2.7.5 数据绑定

数据绑定解决了与服务器访问数据库的有关问题。可以把 HTML 对象绑定到来自一个源文件的数据上，当该页面被加载时，页面会自动从源文件中提取数据，然后在该元素内进行格式化并显示出来。利用 Dreamweaver，只需要拖动网页元素，不需编写任何代码就可以插入动态文本或图像，将它们与表单对象、列表或其他网页对象链接起来。

在使用数据绑定将动态内容添加到网页之前，必须建立一个数据库连接，否则，Dreamweaver 无法使用数据库作为动态网页面的数据源。而在建立数据库连接之前必须建立一个 DSN 指向数据库的快捷方式，它包含数据库连接的一切信息。

有关数据绑定的操作，如数据连接、定义数据源，请见第 5 章的介绍。

2.8   发布站点

建立好一个完整的站点后，接下来要做的工作就是将其传输到 Internet 服务器上，让其他用户可以访问。

📖 2.8.1   发布前的准备工作

在网页发布之前，为了能正确地发布网页，还应该做一些准备工作。概括起来有以下几点：

（1）对网页文件进行测试。发布网页之前，应该检查网页是否有断开的超级链接，确认网页的外观是否合适，测试站点中的各文件能否正确访问。下面着重说一下检查并修正超级链接的操作。

通常一个站点包含的超级链接项目非常多，如果逐一检查，不仅效率低，而且很容易出错。Dreamweaver 提供了检查超级链接的功能，利用该功能可以在极短的时间内检查修正超级链接的状态，操作如下：

打开一个站点文件，选择"站点"/"检查站点范围的超级链接"菜单命令，即可开始检查当前站点范围内的超级链接。检查完成后在窗口下方显示检查结果，如图 2-63 所示。

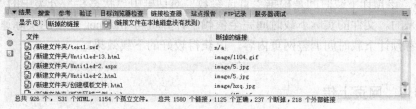

图 2-63   检查结果

该窗口的底部显示有关文件和链接情况的统计信息。单击窗口左侧的 图标，可以将检查结果以文件形式保存。

选择"站点"/"改变站点范围的链接"菜单命令，弹出"更改整个站点链接"对话框。单击对话框中上面的文件夹图标，选择要修正超级链接的文件，然后单击下面的文件夹图标，选择新链接文件，并单击"确定"按钮，此时会弹出一个确认更新的对话框。单击"更新"按钮开始更新；单击"不更新"按钮取消修正。

（2）申请账号。发布网页前应该先向 ISP（Internet Service Provider）申请一个账号，申请成功后，ISP 会提供一份有主机地址、端口、账号、密码和首页文件名称等内容的文件。

（3）了解服务器及 ISP 的一些要求。例如，服务器的操作系统、Web 服务器软件以及服务器网络带宽等信息。此外，一些 ISP 还对首页名称、文件名大小写、网页发布的目录等项目作了要求。

2.8.2　测试本地站点

在发布站点之前，还应在本机上对本地站点进行完整的测试，以使网页在浏览器中显示出预期的效果。测试的主要内容包括：检验网页与目标浏览器的兼容性、预览网页、检验网页的下载时间等。

（1）检查目标浏览器。目前 Internet 上存在的浏览器种类很多，且都有各自的标准。测试网页与目标浏览器的兼容性时，一般只测试当前最流行的几种浏览器。

在 Dreamweaver 中打开一个文件，执行"文件"/"检查页"/"检查目标浏览器"菜单命令。单击弹出窗口左侧的▶按钮，从弹出的下拉菜单中选择"设置"命令，在弹出的对话框中选择目标浏览器，并设置其最低版本，然后单击"确定"按钮，开始检查当前打开网页与选定浏览器的兼容性。窗口底部显示浏览器兼容性的检查结果。

如果要检查整个本地站点网页与浏览器的兼容性，单击窗口左侧的▶按钮，从弹出的下拉菜单中选择"检查整个当前站点的目标浏览器"命令。

（2）预览网页。在 Dreamweaver 文档窗口中打开要预览的网页，然后选择"文件"/"在浏览器中预览"菜单命令，或直接按下 F12 键，即可在浏览器中预览当前网页。

（3）检验网页下载时间。在 Dreamweaver 的设计视图的状态栏可以查看当前打开网页的大小及预计下载时间。例如：100KB/4S，表示当前页面的大小为 100KB，预计下载时间为 4S。该预计下载时间是根据"首选参数"对话框中"状态栏"分类中的"连接速度"计算出来的。文件的实际下载时间完全依赖于计算机与 Internet 连接的实际速度，设计者可以参考预计下载时间调整网页内容，以获得较好的下载效果。

2.8.3　网页上传

本地站点测试完毕后，就可以将网页上传对外发布，供上网的用户浏览。所谓上传网页，就是把本地站点中的所有网页文件，上传到与 Internet 或 Intranet 相连的服务器上。要实现网页上传，既可以选择专门的网页上传工具，也可以利用可视化网页制作工具自带的上传功能，如 Dreamweaver 中的站点管理器。下面简要介绍网页上传的步骤。

（1）申请域名和服务器空间。登录域名服务商网站进行域名查询注册以及服务器空间申请租用。有关操作请参阅相关资料说明。

（2）设置远程站点。选择"站点"/"管理站点"菜单命令，在弹出的窗口中选择要上传的站点后，单击"编辑"按钮。在弹出窗口左边的列表中选择"远程信息"列表项，然后从右边的"访问"下拉框中选择"FTP"，然后填写如下信息：

- FTP 主机：ISP 指定的网页上传空间地址。
- 主机目录：远程服务器上专门为你建立的文件夹的位置。
- 登录：用户名，由 Internet 服务商提供。
- 密码：进入系统的密码，由 Internet 服务商提供。如果勾选"保存"复选框，可将 FTP 主机、主机目录、用户名和密码等保存下来。单击"测试"按钮，可以测试登录的用户名和密码。

　　如果防火墙配置要求使用被动式 FTP，请选中"使用 Passive FTP"复选框。如果从防火墙后面连接到远程服务器，请选中"使用防火墙"复选框，单击"防火墙设置"编辑防火墙主机或端口。选择"使用安全 FTP（SFTP）"选项可以使用加密密钥和共用密钥保护到测试服务器的连接的安全。

　　如果希望 Dreamweaver 自动同步本地和远端文件，请选择"维护同步信息"复选框；如果希望在保存文件时 Dreamweaver 将文件上传到远程站点，请选择"保存时自动将文件上传到服务器"复选框；如果希望激活"存回/取出"系统，请选择"启用存回和取出"。

　　所有必要信息填妥后，单击"确定"按钮完成远程服务器的设定。

　　（3）上传网页。回到文件管理窗口，此时，远程连接图标 变为可用状态。单击该按钮就能自动登录远程站点。登录成功后，选定要上传的网页文件，然后单击"上传"图标 将选定网页文件上传到远程站点。

2.8.4　远程与本地站点同步

　　上传站点之后，可能会因为网页制作者的疏忽或多人编辑维护，出现本机网页文件和远程网页文件不一致的现象。利用 Dreamweaver 的站点同步功能可以轻松修正这种问题，方便用户进行站点更新维护。

　　选择"站点"/"同步站点范围"菜单命令，在打开的对话框中设置同步的范围和方式。如果选中"删除本地驱动器上没有的远端文件"复选框，则将本地没有的远程站点上的文件删除。

　　单击"预览"按钮显示更新设置预览对话框。如果存在需要更新的文件，选中该文件旁边的"上传"按钮，然后单击"确定"按钮。

　　至此，远程与本机文件的同步完成。

第 3 章 Visual Studio 2010 概述

本章导读

　　Visual Studio 是 Microsoft 公司新一代的软件开发平台，是 .NET Framework 的重要战略产品。ASP.NET 作为 Microsoft Visual Studio.NET 的组成部分之一，成为 Internet 和 Intranet 开发 Web 应用程序的新一代开发工具，它为特定类型文件处理 Web 请求，即为那些扩展名为.aspx 和.acsx 的文件处理 Web 请求，逐渐为广大的 Windows 程序员普遍使用。ASP.NET 引擎提供用来创建动态内容的健壮的数据模型，与.NET 框架松散地集成在一起，由于这种松散的集成，因此容易实现.NET 框架向非 Windows 平台迁移。

　　本章将详细介绍 ASP.NET 的运行环境 Microsoft Visual Studio 2010 的安装、配置，以及在 Visual Studio 2010 中创建应用程序、编译、调试的操作步骤。

- 安装与配置 VS2010
- VS 2010 集成开发环境
- 创建 ASP.NET Web 应用程序
- 配置 IIS 服务器

3.1 安装与配置 VS 2010

要创建 ASP.NET 网站，需要安装.NET Framework、Visual Studio 和 SQL Server 2008 三个组件。.NET Framework 是一个用于创建基于 Windows 的应用程序的平台，也是一种用于创建 ASP.NET 网站的底层技术，包含 ASP.NET 引擎，用于处理 ASP.NET 网页请求。

需要注意的是，.NET Framework 4 所支持的客户端操作系统最低是 Windows XP SP3，服务器操作系统是 Windows Server 2003 SP2。尽管如此，.NET Framework 4 的网站无法部署在 Windows XP 中。因为 XP 带的 IIS 是 5.1，而.NET Framework 4 要求的 IIS 版本最低是 IIS 6，也就是说，Windows XP 只能作为客户端。此外，若要访问 ASP.NET 的功能，必须在安装.NET Framework 之前先安装包含最新安全更新的 IIS。

提示：对初学者来说，使用 Visual Web Developer 开发 ASP.NET 网站是一个不错的建议。Visual Web Developer 是一款用于创建、编辑和测试 ASP.NET 网站及网页的免费编辑器，可在 Microsoft 官方网站下载。它简化了创建 ASP.NET 网页的 HTML 标记和源代码的过程。ASP.NET 网页的 HTML 标记可使用所见即所得（WYSIWYG）的图形编辑器快速创建，只需单击几次鼠标，就可将各种 HTML 元素拖放到 ASP.NET 网页并移动它们。另外，Visual Web Developer 还提供了有助于创建 ASP.NET 网页源代码的工具。

3.1.1 安装 Visual Studio 2010

Microsoft Visual Studio 2010 有多种版本，本节以安装 Microsoft Visual Studio 2010 专业版为例，介绍 Microsoft Visual Studio 2010 集成开发环境的安装步骤，其他版本的安装方法与此类似。

（1）将 Microsoft Visual Studio 2010 安装盘插入光驱，或使用虚拟光驱打开下载的安装程序镜像文件，弹出如图 3-1 所示的安装界面。

图 3-1　Visual Studio 2010 安装界面

（2）单击"安装 Microsoft Visual Studio 2010"链接，打开如图 3-2 所示的安装界面，

开始加载安装组件。

在该界面中，用户还可以选择是否将安装体验发送给 Microsoft。

图 3-2　加载安装组件

（3）安装组件加载完成之后，界面右下角的导航按钮变为可用状态。单击"下一步"
按钮，在弹出的对话框中接受安装许可条款，然后单击"下一步"按钮打开如图 3-3 所示
的安装界面。

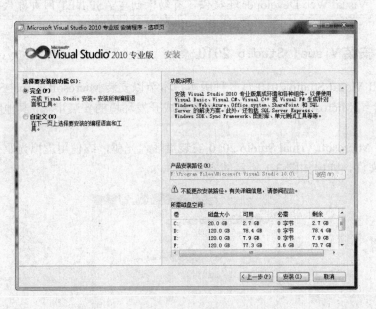

图 3-3　选择要安装的功能

（4）选择要安装的功能。建议初学者选择"完全"按钮，安装 Microsoft Visual Studio
2010 集成环境和各种组件。在这里可以看到一条警告信息，提示"不能更改安装路径"。
单击"安装"按钮，进入如图 3-4 所示的安装界面，开始安装选择的组件。

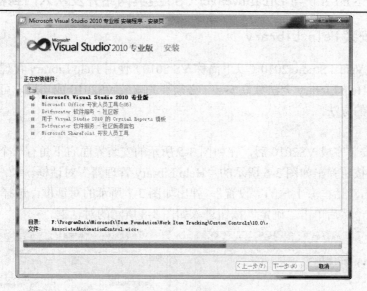

图 3-4　组件安装过程

> **提示：** 安装 Visual Studio 2010 时将自动安装.NET Framework 和其他必不可少的 ASP.NET 工具，甚至还可以自动安装 SQL Server 2008。

（5）安装完成后，单击"下一步"按钮进入如图 3-5 所示的对话框，提示用户已成功安装 Microsoft Visual Studio 2010，并且设置完毕。

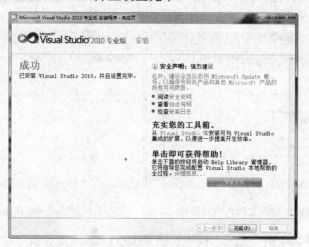

图 3-5　Visual Studio 2010 安装成功

（6）如果不需要安装 MSDN 文档，单击"完成"按钮即可完成安装，并退出安装程序。建议读者安装 MSDN 文档（Visual Studio 2010 中称之为 Help Library），以在开发过程中查阅，获得较全面的帮助。

ASP.NET 4.0 与 Dreamweaver CS6 经典网站开发从入门到精通

3.1.2　安装 Help Library

Microsoft Visual Studio 2010（以下简称 VS 2010）使用 Help Library 管理器管理、更新 MSDN 文档。Help Library 无法独立安装，必须要先安装 VS2010 成功后才可安装。安装有以下两种常用的方法：

方法一：

（1）在安装完成 VS2010 后，在如图 3-5 所示的安装界面右下角有一个"安装文档"按钮，单击该按钮弹出如图 3-6 所示的"Help Library 管理器"对话框。

（2）单击对话框右上角的"设置"，弹出如图 3-7 所示的对话框，选择"我要使用本地帮助"按钮，然后单击"确定"按钮进入如图 3-8 所示的对话框。

图 3-6　"Help Library 管理器"对话框　　　　图 3-7　设置对话框

（3）单击需要安装的内容右侧的"添加"，选择用于脱机帮助的内容，建议都添加上，然后单击"更新"按钮，即可更新本地库，如图 3-9 所示。

图 3-8　添加要安装的文档内容对话框　　　　图 3-9　更新本地库

（4）更新完毕，单击"完成"按钮返回"Help Library 管理器"对话框。单击"退出"按钮关闭对话框。

至此，Help Library 安装完成，在 VS2010 中按 F1 键即可打开帮助文档。

方法二：

如果安装 VS 2010 之后关闭了图 3-5 所示的界面，可以采取如下的方式安装 Help Library。

76

（1）运行 VS 2010，执行"帮助"/"管理帮助设置"菜单命令，打开如图 3-6 所示的"Help Library 管理器"对话框。

（2）选择"从磁盘安装内容"选项，在弹出的对话框中选择光盘中的 ProductDocumentation 的文件夹下的 helpcontentsetup.msha，然后单击"确定"按钮，打开如图 3-8 所示的对话框。

（3）单击需要安装的内容右侧的"添加"，然后单击"更新"按钮，即可更新本地库，如图 3-9 所示。

3.1.3 配置 Visual Studio 2010

VS2010 安装成功之后，用户可以根据自己的喜好和习惯对开发环境进行一些简单配置，以简化开发流程，提高工作效率。如果使用默认设置，可以跳过这一节。

（1）在"开始"菜单中选择"所有程序"/"Microsoft Visual Studio 2010"/"Microsoft Visual Studio 2010"菜单项启动 VS2010，显示如图 3-10 所示的起始页。

图 3-10　起始页

如果是第一次启动，将弹出一个默认的环境设置选择界面。ASP.NET 网页的源代码可使用多种编程语言编写，本书将使用 Microsoft 公司的 Visual Basic 编程语言进行实例讲解，因此选择"Visual Basic 开发设置"。

（2）选择"工具"/"选项"菜单命令，打开如图 3-11 所示的"选项"对话框。

（3）切换到"环境"/"字体和颜色"分类，打开如图 3-12 所示的界面。在"显示其设置"下拉列表中选择"文本编辑器"，可以更改默认字体、调整字体大小以及更改不同的文本显示项的前景色和背景色。

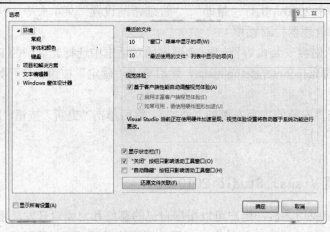

图 3-11 "选项"对话框

图 3-12 "字体和颜色"面板

（4）切换到"项目和解决方案"分类，在如图 3-13 所示的界面中设置用于在集成开发环境中开发和生成项目和解决方案的默认选项。

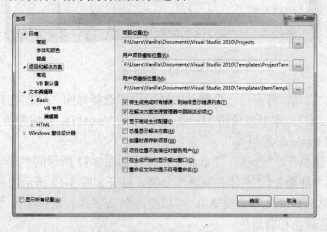

图 3-13 "项目和解决方案"面板

Chapter 03

（5）切换到"文本编辑器"分类，选择"Basic"下的"编辑器"，然后在如图 3-14 所示的界面右侧的选项区域勾选"行号"复选框，以显示代码中的行号。

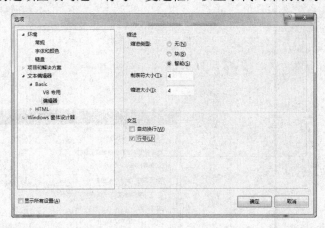

图 3-14   "编辑器"面板

（6）切换到"Windows 窗体设计器"分类，在这里 VS 2010 提供了大量有助于设计 Windows 窗体应用程序的选项。其中，"自定义数据 UI"面板用于设置要显示在"数据源"窗口中的每个表和列的控件；"常规"面板用于更改 VS 2010 中可视化设计器的默认设置，如图 3-15 所示。

图 3-15   "Windows 窗体设计器"面板

接下来将常用的工具（例如"开始执行（不调试）"）调出来，放置在工具栏上。

（7）在工具栏的空白区域单击鼠标右键，在弹出的快捷菜单中选择需要的工具栏，例如，如图 3-16 所示的"生成"。

此外，还可以自定义工具栏，添加或删除常用的工具按钮。

（8）单击工具栏右侧的倒三角，在弹出的下拉列表中选择"添加或删除按钮"/"自定义"菜单项，弹出如图 3-17 所示的"自定义"对话框。

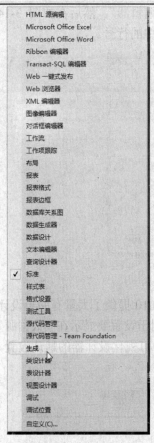

图 3-16　快捷菜单　　　　　　　图 3-17　"自定义"对话框

（9）单击"自定义"对话框右侧的"添加命令"按钮，弹出如图 3-18 所示的"添加命令"对话框，在对话框左侧选择类别，然后在右侧的"命令"列表中选择需要添加的命令。

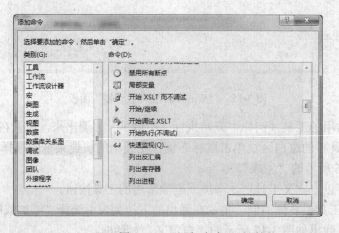

图 3-18　"添加命令"对话框

3.2　Visual Studio 2010 集成开发环境

"工欲善其事，必先利其器"，本节将简要介绍 Visual Studio 2010 集成开发环境，让读者对 ASP.NET 项目的开发环境和开发流程有一个初步的了解，对之后的开发过程将起到事半功倍的效果。

首先执行以下步骤进入 Visual Studio 2010 集成开发环境。

（1）启动 VS 2010 后，在起始页上单击"新建项目"，或者在工具栏上单击"新建项目"按钮 或"新建网站"按钮 ，即可打开对应的模板，图 3-19 所示为"新建网站"的模板对话框。

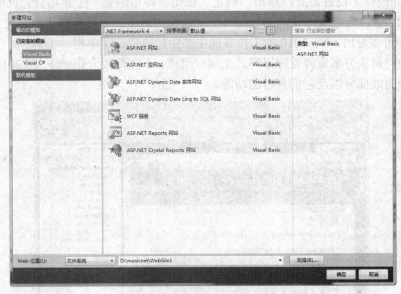

图 3-19　"新建网站"对话框

（2）在对话框左侧区域指定项目的源代码编程语言，本书选择 Visual Basic。

（3）在对话框顶部的下拉列表中选择.NET Framework 的版本，本书选择.NET Framework 4 作为目标框架。

VS2010 支持多定向，该功能提供了.NET Framework 向下版本兼容的支持。也就是说，用户可以根据自己的需要在 Visual Studio 2010 里开发基于.NET Framework 4、.NET Framework3.5、.NET Framework 3.0、.NET Framework 2.0 等相关版本的软件项目，也可以将任何.NET 2.0、.NET 3.0、.NET 3.5 版本的项目升级到.NET 4。

（4）选择项目模板。不论是使用新建网站模板创建 Web 项目，还是使用新建 Web 应用程序模板创建 Web 项目，VS2010 都会提供两种模板供用户选择。以新建网站模板为例，使用"ASP.NET 空网站"模板创建的是一个空的 Web 项目，新建的网站只包含一个文件——web.config。而使用"ASP.NET 网站"模板创建的 Web 项目是一个带有许多开发模板文件的项目，包含文件夹 Account、App_Data、Scripts 和 Styles，还包含 About.aspx、

Default.aspx 和 Global.asax 等文件。建议初学者使用"ASP.NET 空网站"模板创建网站。

（5）指定项目的位置。在本地计算机上创建新网站时，可以使用 3 种方式：文件系统、FTP 和 HTTP，在如图 3-19 所示的对话框左下角的下拉列表中可以选择。如果要在本地通过文件系统托管网站，则在"Web 位置"下拉列表中选择"文件系统"，然后单击"浏览"按钮，在弹出的"选择位置"对话框中指定网站的保存位置。本书中的所有项目都采取这种方式。

如果要在远程计算机上托管网站，可选择"FTP"或"HTTP"，并指定相关的配置设置，如服务器端口、远程服务器的 URL、用户名和密码等。读者有兴趣可以参阅相关书籍，本书不作介绍。

（6）完成以上设置之后，单击"确定"按钮，即可创建一个新项目，此时，在对话框右上角的"解决方案资源管理器"窗口中可以看到新建的项目及默认的配置文件，如图 3-20 所示。可以看出，VS 2010 的工作界面主要由标题栏、菜单栏、工具栏、工具箱、页面设计窗口与解决方案资源管理器等几个部分组成。下面简要介绍一下 VS 2010 集成开发环境的各个组成部分以及它们各自的功能。

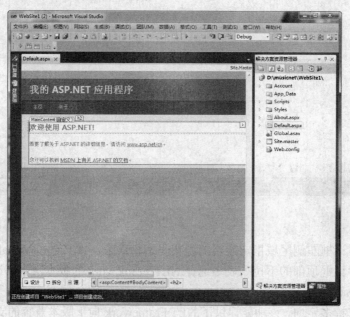

图 3-20　新建的项目

3.2.1　控件工具箱

控件工具箱为开发者提供了丰富的控件。在 Web 项目的开发中，利用工具箱不需要编写任何代码，只需使用鼠标"拖曳"就可轻松地进行 Web 表单的界面设计，并且这些控件都是跨浏览器和跨设备运行的。

在如图 3-21 所示的界面左侧单击 工具箱 选项板，即可展开工具箱。

工具箱的内容取决于当前正在使用的设计器，也取决于当前的项目类型。

用户可以根据自己的使用习惯自定义工具箱的标签以及标签内的项，在标签顶部单击鼠标右键，在弹出如图 3-22 所示的快捷菜单中选择"添加选项卡"、"删除选项卡"或者"重命名选项卡"命令。

在工具箱的空白处单击右键，然后在弹出的快捷菜单中选择"选择项"命令，可以添加一个或者多个项，如图 3-23 所示。

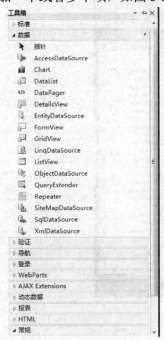

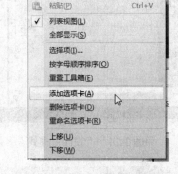

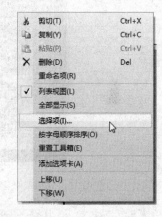

图 3-21 控件工具箱　　　　图 3-22 自定义标签以及项快捷菜单　　　　图 3-23 编辑项快捷菜单

3.2.2 页面编辑窗口

VS2010 工作界面的中间区域即为页面编辑窗口，在这里可以设计页面、编写 HTML 代码、编写 C#以及设计类图等。

Visual Studio 提供了三种 Web 页面的设计模式，分别适合于不同设计喜好的设计人员。单击页面编辑窗口底部的三个按钮："设计"、"拆分"和"源"，即可便捷地在不同设计模式之间进行切换。

（1）"设计"模式：如图 3-24 所示，它提供纯页面式的 WYSIWYG 设计，页面元素拖曳上去后就能实时看到设计的效果。

在 Web 应用程序的页面设计中，将工具箱中的 Web 服务器控件拖曳到页面设计窗口设计页面布局，同时会自动生成相应的页面 HTML 代码。若要修改 Web 服务器控件的相关属性，只需要选中该 Web 服务器控件，然后在控件的属性设置窗口设置控件的属性。

（2）"源"模式：如图 3-25 所示，它提供纯 HTML 代码方式的设计模式，适合于对

HTML 代码比较熟悉的设计人员。

（3）"拆分"模式：如图 3-26 所示，它合并了上面两种设计模式，使设计者既能够看到页面的设计效果又能看到页面的 HTML 代码。

在"设计"视图中选中页面元素，对应的 HTML 代码即可在"源"视图中以灰底显示。

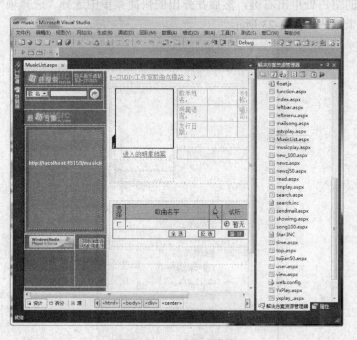

图 3-24 "设计"模式

图 3-25 "源"模式

Chapter 03

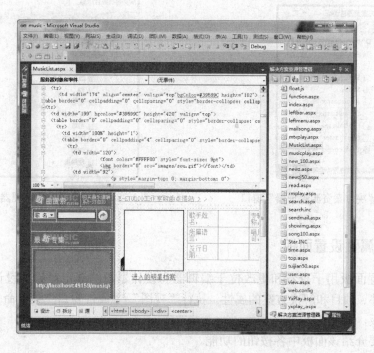

图 3-26　"拆分"模式

📖3.2.3　解决方案资源管理器

解决方案资源管理器默认位于 VS 集成开发环境的右侧，从本质上说是一个可视化的文档管理系统，如图 3-27 所示。

在这里，不仅可以查看整个项目的项目文件，还可以管理项目解决方案，并在项目解决方案下根据需要任意添加、修改、删除子项目或者其他杂项文件等，也可以对项目下的文件进行各种操作，所有的这些操作都可以通过鼠标右键完成。

📖3.2.4　服务器资源管理器

执行"视图"/"服务器资源管理器"菜单命令，即可打开服务器资源管理器，如图 3-28 所示。

服务器资源管理器提供了一个树状功能列表，它允许设计者使用当前机器上（以及网络上的其他服务器）各种类型的服务。类似于计算机管理工具，一般使用服务器资源管理器来了解机器上可用的事件日志、消息队列、性能计数器、系统服务和 SQL Server 数据库。

其实它不仅可以让设计者快速地浏览服务器资源，同时也可以和这些资源交互。例如，可以使用服务器资源管理器创建一个数据库，执行查询语句，并且编写存储过程，所有这些操作都类似于使用 SQL Server 提供的企业管理器的操作。若要了解对选定的项可进行的操作，用鼠标右击该项即可。

图 3-27　"解决方案资源管理器"窗口　　　　图 3-28　　"服务器资源管理器"窗口

3.2.5　属性设置面板

　　属性设置面板用于查看和更改位于编辑器和设计器中的选定对象的设计时属性及事件，以及文件、项目和解决方案的属性。执行"视图"/"属性窗口"菜单命令，即可打开属性设置面板，如图 3-29 所示。

　　下面简要介绍该面板中各按钮的功能。

　　（1）对象名："属性"窗口最顶端的下拉列表显示当前选定对象的名称。如果选择了多个对象，则显示所有选定对象的通用属性。

　　（2）按分类顺序：按字母顺序列出类别，并显示选定对象的所有属性及属性值。

　　（3）按字母顺序：按字母顺序对选定对象的所有设计时属性和事件排序。若要编辑可用的属性，请在它右边的单元格中单击并输入更改内容。

　　（4）属性：显示选定对象的属性。

　　（5）事件：显示选定对象的事件，如图 3-30 所示。

图 3-29　属性设置面板　　　　　　　　　　图 3-30　显示事件

　　（6）属性页：显示选定项的"属性页"对话框或"项目设计器"。使用该按钮可查看和编辑与项目的活动配置相关的属性。

　　（7）按属性源排序：　按源对属性进行分组，如继承、应用的样式，以及绑定。仅当在设计器中编辑 XAML 文件时该项可用。

📖3.2.6 错误列表

错误列表提供 Visual Studio 通过检测有问题的代码而产生的出错信息。

在 Visual Stuido 中生成一个有错误的项目时，错误列表会自动出现，如图 3-31 所示。

图 3-31 "错误列表"窗口

从上图可以看到，错误列表有三个选项按钮：

（1）"错误"：表示比较严重的错误，如果不修改这些错误程序将无法编译成功。

（2）"警告"：表示潜在性错误，比如定义了多余的变量、用到了不符合标准的 HTML 标签等，这种错误不影响程序的编译，但会带来潜在的错误。

（3）"消息"：显示编译器消息。

错误列表的每一项都由一个文本描述和一个链接组成，单击链接能定位到项目中出错程序代码的指定行。

3.3　创建 ASP. NET Web 应用程序

开发 ASP.NET 网站时，创建的 ASP.NET 网页保存在个人计算机上，为测试这些页面，计算机必须安装 Web 服务器。

早在 Visual Studio 2005 的时候，Visual Studio 开发环境中就内建了一个轻量级的 Web 服务器 ASP.NET Development Web Server，允许用户不用为 Web 应用程序创建 IIS 就能够调试和运行 Web 应用程序项目。它只在 Visual Studio 运行时才运行，并且只接受来自本地计算机的请求。

当 Visual Studio 启用集成的 Web 服务器时，将在系统托盘中添加一个图标，双击该图标可以获取关于内建 Web 服务器的更多信息，或者关闭内建 Web 服务器。

📖3.3.1　创建解决方案

在 Visual Studio 中创建任何一个项目时，都要先创建一个解决方案。一个解决方案可以包含多个项目，而一个项目通常可以包含多个项，项可以是项目的文件和项目的其他部分，如引用、数据连接或文件夹等。

在 Visual Studio 中创建解决方案非常简单，当使用 Visual Studio 创建一个新项目时，

Visual Studio 就会自动生成一个解决方案。然后根据需要将其他项目添加到该解决方案中。Visual Studio 将解决方案的定义分别存储在.sln 文件和 .suo 文件中。其中解决方案定义文件（.sln）存储定义解决方案的元数据，主要包括：解决方案相关项目；在解决方案级可用的、与具体项目不关联的项；设置各种生成类型中应用的项目配置的解决方案生成配置。

在 Visual Studio 中打开.sln 文件就能够打开整个项目的解决方案，而.suo 文件存储解决方案用户选项记录所有将与解决方案建立关联的选项，以便在每次打开时，都包含用户所做的自定义设置。

> 注意:
> .sln 文件可以在开发小组的开发人员之间共享，而.suo 文件是用户特定的文件，不能在开发人员之间共享。因此，.suo 文件默认处于隐藏状态。

尽管 Visual Studio 2010 提供了许多现成的解决方案帮助项目开发人员降低开发的工作量，加快开发进度，如多项目解决方案、临时项目解决方案、独立项目解决方案等。但是在实际项目开发中，还是建议使用空白解决方案。使用空白解决方案可以在一个解决方案中建立一个或者多个相关联的项目，以免除在多个解决方案之间不停转换、项目调试困难等麻烦；可以建立多项目解决方案，将多个项目纳入一个空白解决方案中，用解决方案文件夹进行统一管理；可以在解决方案中独立处理"杂项文件"文件夹中的文件，而不需要特定项目参与。总之，空白解决方案项对于管理单个解决方案的多个项目、杂项文件、解决方案项等提供了简便、独立的管理平台，因而可以在很大程度上降低开发人员的工作量，缩短项目开发的周期。

如果要创建不包含任何项目的空白解决方案，可以执行以下的步骤：

（1）启动 VS 2010。

（2）在 VS 2010 集成开发环境主窗体的工具栏中选择"文件"/"新建项目"菜单命令。

（3）在弹出的"新建项目"对话框左侧的"已安装的模板"列表中选择"其他项目类型"节点并展开，选中"Visual Studio 解决方案"列表，并在模板列表中选择"空白解决方案"模板，如图 3-32 所示。

图 3-32 "新建项目"对话框

（4）在"名称"文本框中输入解决方案的名称，单击"位置"文本框右侧的"浏览"按钮设置解决方案的存储路径，其他选项采用默认设置，然后单击"确定"按钮。

3.3.2 添加 Web 项目

在解决方案中添加 ASP.NET Web 项目的操作步骤如下：

（1）在解决方案资源管理器里选中要添加项目的解决方案。

（2）右击鼠标，在弹出的快捷菜单里选择"添加"/"新建项目"或"新建网站"命令，就会弹出"添加新项目"或"添加新网站"对话框。

（3）在"添加新项目"对话框左侧的"已安装的模板"列表中选择"Visual Basic"节点并展开，选中"Web"项，然后在模板列表中选择"ASP.NET 空 Web 应用程序"模板，如图 3-33 所示；或者在"添加新网站"对话框左侧的"已安装的模板"列表中选择"Visual Basic"节点，然后在模板列表中选择"ASP.NET 空网站"模板，如图 3-34 所示。

图 3-33　选择"ASP.NET Web 应用程序"模板

图 3-34　选择"ASP.NET 网站"模板

（4）在"名称"文本框中输入 ASP.NET Web 项目的名称，在"位置"文本框中选择项目的存储路径，其他选项默认，单击"确定"按钮。这样，一个完整的 ASP.NET Web 项目便创建完成了。

在 Visual Studio 2010 中，构建 ASP.NET Web 项目可以使用创建 Web 应用程序和创建 Web 网站两种方式，这是初学者经常感到迷茫的一个问题。下面简要介绍一下这两种构建方式的区别。

1．整体结构

Web 应用程序是按项目进行管理的，只有被项目文件所引用的文件才会在解决方案资源管理器中出现，而且只有这些文件才会被编译。项目的文件都是按照命名空间来管理的，Web 应用程序可以非常方便地引用其他的类库，并且自己本身也可以作为类库被引用，非常适合于项目分模板进行开发。

Web 网站采用了全新的开发结构，是完全面向 Web 开发的，一个目录结构就是一个 Web 项目，目录下的所有文件都作为项目的一部分而存在。它抛弃了命名空间的概念，并且 Web 网站不可以作为类库被引用。

2．编译部署

调试或者运行 Web 应用程序页面时，必须编译整个 Web 项目。所有的类文件被编译成一个应用程序集，部署的时候，只需要把这个应用程序集和.aspx 文件、.ascx 文件、配置文件以及其他静态内容文件一起部署。由于 Visual Studio 使用增量编译模式，仅仅只有文件被修改后，这部分才会被增量编译进去，这种模型下，.aspx 文件将不被编译，当浏览器访问这个页面的时候，才会被动态编译。而在 Web 网站项目中的所有的 Code-Behind 类文件和独立类文件都被编译成一个独立的应用程序集，这个应用程序集被放在 Bin 目录下。由于是一个独立的应用程序集，用户能够指定应用程序集的名字、版本、输出位置等信息。在默认情况下，当运行或调试任何 Web 页的时候，Visual Studio 会完全编译 Web 网站项目，开发者可以看到编译时的所有错误。但是，在开发进程中，完全编译整个站点会比较慢。推荐的做法是在开发调试中只编译当前页。

尽管在开发过程中，用户可以自行决定选择创建 Web 项目的方式。但如果在开发上有如下需求，建议使用创建 Web 应用程序的方式构建 Web 项目：

- ✓ 需要把一个大的 ASP.NET 项目拆分成多个小项目，并采用项目的管理方式。
- ✓ Web 页面或者 Web 用户控件中需要使用到单独的类，并且希望使用命名空间来进行管理，编译后要控制应用程序集的名字。

如果在开发上有下列需求，建议使用创建 Web 网站的方式构建 Web 项目：

- ✓ 使用 Single-Page Code 模型开发网站页面。
- ✓ 在编写页面时，可以快速地看到编写效果，而不用编译整个站点。
- ✓ 需要每个页面产生一个应用程序集。
- ✓ 希望把一个目录当做一个 Web 应用来处理，而不需要新建一个项目文件。

📖3.3.3 创建 Web 页面

创建 Web 项目之后，接下来就可以在网站中添加 ASP.NET 页面了。

（1）在"解决方案资源管理器"窗口中的网站名称上单击鼠标右键，在弹出的快捷菜单中选择"添加新项"，弹出如图 3-35 所示的"添加新项"对话框。

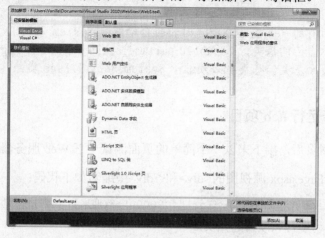

图 3-35 "添加新项"对话框

（2）若要创建一个 ASP.NET 网页，则选择模板"Web 窗体"。

（3）在对话框底部输入文件名称，例如 FirstPage.aspx。

（4）选中右下角的"将代码放在单独的文件中"复选框，最后单击"添加"按钮，即可创建一个网页文件，如图 3-36 所示。

图 3-36 创建的网页文件

"将代码放在单独的文件中"表示将一个 ASP.NET 网页分为两个文件，一个文件包含 HTML 标记和 Web 控件语法，另一个文件包含源代码。否则网页的源代码将与声明标记位于同一个文件中。例如，在"解决方案资源管理器"窗口中展开 FirstPage.aspx，将看到文件 FirstPage.aspx.vb，这就是 FirstPage.aspx 的源代码文件。

（5）使用工具箱中的 Web 控件设计页面，或使用 HTML 编辑页面代码。

与 Dreamweaver 的文档窗口类似，Visual Web Developer 可以三种视图显示页面：设计、拆分、源。

> **注意：**
> 所有的 Web 窗体在新建时都会自动继承 System.Web.UI.Page 类。当然也可以让它继承自己的基类，如 public partial class Login : MyPage。其中，MyPage 是自定义的页面基类，基类也必须继承 System.Web.UI.Page 类。

3.3.4 编译运行 Web 项目

创建项目和网页后，接下来以一个简单的页面测试一下 Web 服务器是否能正常运行。

（1）在 FirstPage.aspx 源视图的<div>和</div>中编写如下代码：

```
<h1><font face="华文行楷" color="#000000">欢迎来到 ASP.NET 世界!</font></h1>
```

（2）设置启动项目和项目起始页。

当一个解决方案中存在多个 Web 应用程序项目时，就需要设置其中的一个 Web 应用程序项目为启动项目。选择需要设置的 Web 应用程序项目，右击鼠标，在弹出的快捷菜单中选择"设为启动项目"选项即可。

当一个启动项目中有多个 Web 页面的时候，就需要设置其中的一个页面为项目的起始页。选择要设置的 Web 页面并右击鼠标，在弹出的快捷菜单中选择"设为起始页"命令。在本项目中，将 FirstPage.aspx 设置为项目的起始页。

> **注意：**
> Visual Studio 总是将 Default.aspx 默认为起始页，如果不设置，系统将默认为 Default.aspx 页面。

（3）保存文件。

（4）按 Ctrl+F5 键开始运行该 Web 项目。效果如图 3-37 所示。

> **注意：**
> 按 Ctrl+F5 键只运行程序，而不执行调试操作。

如果仅要预览某一个页面，在"解决方案资源管理器"窗口中的页面上单击鼠标右键，在弹出的快捷菜单中选择"在浏览器中查看"命令，此时将启动 ASP.NET Development Web Server 和浏览器显示页面效果。

图 3-37　显示效果

📖3.3.5　调试运行程序

通常编写的程序在编译的时候会出现一些错误或者异常导致编译不成功，或者编译成功了，运行结果却与预期不符等。这时就需要调试运行程序来查找错误的原因。

在 Visual Studio 中调试某个特定的网页时，只需要将该页面所在的项目设置为解决方案的启动项目，并将该页面设置为项目起始页，然后设置断点，单击工具栏上的"启动调试"按钮，或者使用快捷键 F5 就可以进行调试了。

需要注意的是，调试页面的运行还取决于项目所在的位置。如果项目保存在远程 Web 服务器或本地 IIS 的虚拟目录中，Visual Studio 将直接启动默认浏览器并导航到合适的 URL；如果没有为 Web 应用程序项目设置 IIS，而使用文件系统应用程序（Visual Studio 默认的方式），Visual Studio 将在一个动态随机选择的端口上启动整合的 Web 服务器，然后运行默认浏览器并向它传递页面指向本地 Web 服务器的 URL。在这两种方式下，编译页面并创建页面对象的工作都被交给了 ASP.NET 工作进程来管理。

调试程序的具体操作步骤如下：

（1）设置调试断点。单击代码旁的边界，或者在代码上单击鼠标右键，在弹出的快捷菜单中选择"断点"/"插入断点"命令，代码旁的边界上会显示一个红色的圆点，同时该语句的背景色也会变成红色，表示已经将该句设置成了调试断点，如图 3-38 所示。

> 注意：
> 　　断点可以设置在任何可执行的代码行上，但不可以设置在变量声明、注释或空行上。

（2）启动调试。单击工具栏上的"启动调试"按钮 ▶，或者按下 F5 键启动调试页面。此时程序运行到断点处时中断执行，并返回到 Visual Studio 的代码窗口，断点处的语句不会被执行。

（3）调试 Web 项目程序。常用的调试命令见表 3-1。

（4）查看调试结果。代码处于中断模式时，可以把光标停留在变量上查看它的当前内容，借此来验证变量是否包含预期的值。还可以在"即时"命令窗口输入相关程序功能语句来查看相关结果。

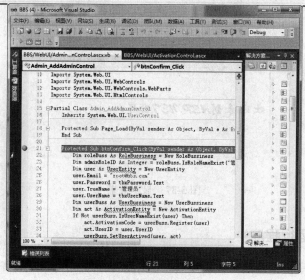

图 3-38　设置断点

表 3-1　调试命令

命令（快捷键）	描　　述
逐语句（F8）	执行当前高亮显示的行后中断。如果当前行是某个过程调用的结束，则执行到方法或函数中的下一个可执行处中断
逐过程（Shift + F8）	与 F11 相同，不同的是它把过程看作一行语句运行。如果在某个过程调用处执行 F10 命令，则整个过程将被执行，并中断于当前过程的下一条语句
跳出（Shift+F11）	执行完当前过程的全部代码后，在调用这个过程的方法或函数的语句的下一条语句处中断
继续（F5）	继续运行程序，除非遇到另一个断点
运行到光标处（Ctrl+F10）	运行到指定的行（光标当前所处位置）中断

（5）结束调试。可以使用单击工具栏上的"停止调试"按钮，或者使用 Shift+F5 停止程序的调试。

（6）取消断点。在菜单栏上选择"调试"/"删除所有断点"命令，或使用快捷键 Ctrl+Shift+F9。

3.4　配置 IIS 服务器

尽管 Visual Studio 2010 内置了一个轻量级的 Web 服务器，但它只接受来自开发者自己的计算机的请求，这在实际的大型应用程序开发过程中并不适用。本节介绍另一种初学者常用的服务器 IIS（Internet Information Server），该服务器能与 Windows 系列操作系统无缝结合，且操作简单。

📖 3.4.1　安装配置 IIS

本节简要介绍在 Windows 7 操作系统下安装 IIS 7.5 的步骤。

（1）依次选择"开始"/"控制面板"/"程序"/"程序和功能"/"打开或关闭 Windows 功能"，打开"Windows 功能"对话框，如图 3-39 所示。

（2）把"Internet 信息服务"的所有组件全部选中，然后单击"确定"按钮开始安装。如果要在 VS 2010 中调试站点，必须有"Windows 身份验证"。

✓　"摘要式身份验证"：使用 Windows 域控制器对请求访问 Web 服务器上内容的用户进行身份验证。

✓　"基本身份验证"：要求用户提供有效的用户名和密码才能访问内容。

安装完成后在安装操作系统的硬盘目录下多了一个 Inetpub 文件夹，这就说明刚才的安装成功了。接下来配置 IIS，以运行 ASP.NET 4 网站。

图 3-39　"Windows 功能"对话框

（3）选择"开始"/"控制面板"/"系统和安全"/"管理工具"，打开如图 3-40 所示的面板。

（4）在面板右侧的列表中双击"Internet 信息服务（IIS）管理器"，打开如图 3-41 所示的管理器面板。

（5）单击管理器面板左侧的根节点，展开树状目录。在"网站"上单击鼠标右键，然后在弹出的快捷菜单上选择"添加网站"命令，如图 3-42 所示，弹出如图 3-43 所示的"添加网站"对话框。

（6）在弹出的"添加网站"对话框中输入网站名称，单击"选择"按钮，在弹出的如图 3-44 所示的"选择应用程序池"对话框中选择需要的应用程序池，选择 ASP.NET v4.0，然后单击"确定"按钮关闭对话框。

图 3-40　"管理工具"面板

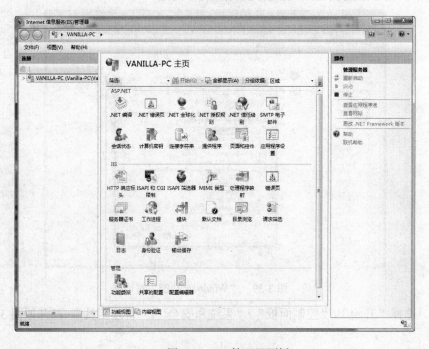

图 3-41　IIS 管理器面板

（7）在"物理路径"文本框中键入网站路径，例如 D:\WebSite。此时单击"测试设置"按钮，将弹出如图 3-45 所示的"测试连接"对话框。单击"关闭"按钮关闭对话框。

（8）单击"连接为"按钮，弹出如图 3-46 所示的"连接为"对话框，选择"特定用户"作为路径凭据，然后单击"设置"按钮打开如图 3-47 所示的"设置凭据"对话框。

在这里必须输入主机系统管理员的用户名和密码，否则无权访问硬盘分区，然后单击"确定"按钮关闭对话框。

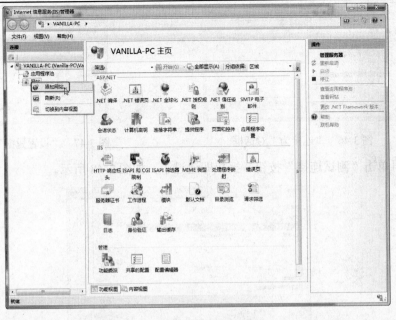

图 3-42　添加网站

图 3-43　"添加网站"对话框

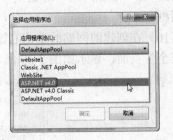

图 3-44　"选择应用程序池"对话框

图 3-45　"测试连接"对话框

图 3-46 "连接为"对话框   图 3-47 "设置凭据"对话框

此时再单击"测试连接"按钮，授权即通过了，如图 3-48 所示。

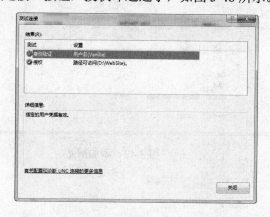

图 3-48 "测试连接"对话框

（9）在"添加网站"对话框中指定主机名为"localhost"。然后单击"确定"按钮关闭对话框。

（10）在创建的网站的单击右键，选择"编辑权限"命令，然后在弹出的对话框中单击"安全"页面，显示如图 3-49 所示的对话框。

图 3-49 "WebSite 属性"对话框

（11）单击"高级"按钮，弹出网站的高级安全设置对话框，如图 3-50 所示。单击"更改权限"按钮，在弹出的对话框中选择"Authenticated Users"，然后单击"编辑"按钮，弹出如图 3-51 所示的对话框。在"权限"列表中选择允许完全控制，单击"确定"按钮关闭对话框。

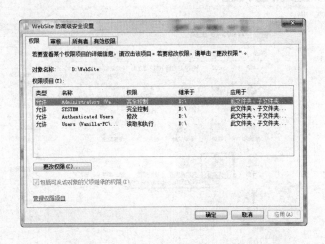

图 3-50　"WebSite 的高级安全设置"对话框

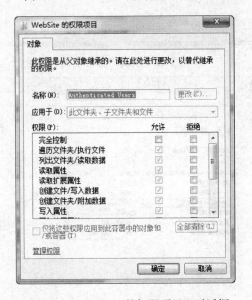

图 3-51　"WebSite 的权限项目"对话框

接下来检查网页的身份验证。

（12）单击"Internet 信息服务(IIS)管理器"面板左侧的网站节点，在中间列表的"IIS"部分双击"身份验证"图标，如图 3-52 所示，打开对应的身份验证面板。

（13）在要调试的站点上启用安装 IIS 时增加的身份验证，如图 3-53 所示。在对应的选项上单击鼠标右键，在弹出的菜单中选择"启用"即可。

注意:

是在要调试的站点上启用,而不是要调试的应用程序目录!

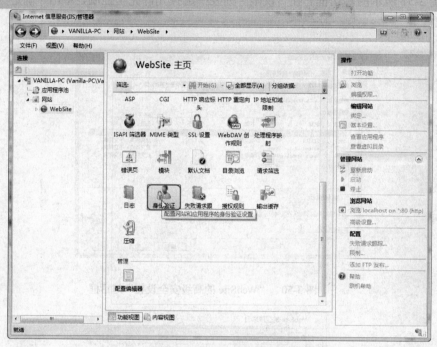

图 3-52　双击"身份验证"图标

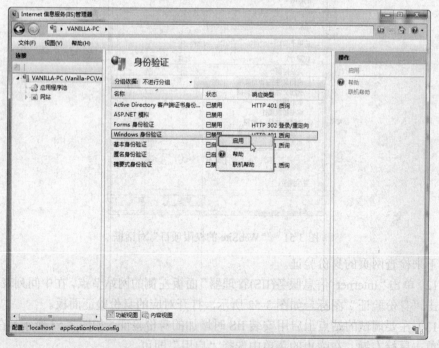

图 3-53　启用身份验证

Chapter 03

3.4.2 测试 Web 服务器

IIS 安装配置完成后，接下来测试一下 Web 服务器是否能正常运行。

（1）创建一个网站及网页用于测试。

（2）在 Visual Web Developer 中新建一个网站，指定网站的路径为 D:\WebSite，即在"添加网站"对话框中定义的网站物理路径。

（3）新建一个 Web 窗体文件，在"源"视图中输入<h1>Welcome to ASP.NET 4</h1>，即以标题 1 样式显示一行文本，最后将文件保存为 Default.aspx。

网站编辑完成后，接下来测试 IIS。

（4）在新创建的网站上单击鼠标右键，选择"管理网站"/"浏览"命令，如图 3-54 所示，或者单击面板右侧"浏览网站"下的"浏览 localhost on *:80(http)"。

图 3-54 浏览网站

如果得到如图 3-55 所示的页面则说明服务器运行正常。

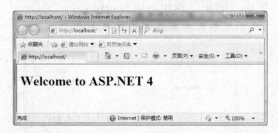

图 3-55 显示效果

📖3.4.3　创建虚拟目录

Web 站点默认的主目录是前面提到过的 X:\inetpub\wwwroot。可以将本地计算机上的其他目录设置为主目录，也可以将主目录设置为局域网上其他计算机的目录或者重定向到其他网址。

除非有必要，并不建议修改主目录。如果不希望把 ASP.NET 文件存放到\inetpub\wwwroot 目录下，可以设置虚拟目录。下面简要介绍创建虚拟目录的两种常用方法。

1．使用 IIS 管理器创建 IIS 虚拟目录

（1）单击 IIS 管理器窗口中的网站节点，在窗口右侧的任务列表中选择"查看虚拟目录"命令，出现虚拟目录管理面板，在右侧的任务列表中选择"添加虚拟目录"命令，弹出如图 3-56 所示的"添加虚拟目录"对话框。

图 3-56　"添加虚拟目录"对话框

（2）在"别名"文本框中输入所要建立的虚拟目录的名称。别名不区分大小写。

（3）单击 按钮，选择要建立虚拟目录的实际文件夹。在这里要注意的是，在 IIS 中添加虚拟目录时，一定要添加包含 Web.Config 文件的那层目录。

（4）在"传递身份验证"区域单击"测试设置"按钮，将弹出"测试连接"对话框，显示指定的用户凭据未授权，不可访问指定的物理路径。

（5）单击"连接为"按钮，弹出如图 3-57 所示的"连接为"对话框，单击"特定用户"单选按钮，然后单击"设置"按钮打开"设置凭据"对话框，输入登录本机的系统管理员用户名和密码后，单击"确定"按钮关闭对话框。

图 3-57　"连接为"对话框

此时在"编辑虚拟目录"对话框中再次单击"测试设置"按钮，即可看到指定的用户凭据已授权可访问指定的物理路径。

（6）单击"确定"按钮，完成虚拟目录的创建。此时在"Internet 信息服务（IIS）管理器"窗口的左侧可以看到创建的虚拟目录，如图 3-58 所示。

选中一个虚拟目录，在"Internet 信息服务（IIS）管理器"窗口右侧的任务栏可以对选定的虚拟目录进行编辑，例如设置虚拟目录默认值、编辑权限、浏览虚拟目录等。

在调试网页源代码时，如果出现" 在应用程序级别之外使用注册为 allowDefinition='MachineToApplication' 的节是错误的"信息，原因可能是在 IIS 中没有将虚拟目录配置为应用程序。在虚拟目录上单击鼠标右键，在弹出的快捷菜单中选择"转换为应用程序"选项，弹出"添加应用程序"对话框，然后单击"确定"按钮即可。

图 3-58　创建的虚拟目录

2．直接对文件夹操作

（1）在资源管理器中，浏览到要设置为虚拟目录的文件夹并选中，然后单击鼠标右键，从弹出的快捷菜单中选择"属性"选项，打开对应的属性对话框，单击"共享"选项卡，如图 3-59 所示（注意：IIS 服务器必须在启动状态）。

（2）在"高级共享"区域单击"高级共享"按钮，出现如图 3-60 所示的"高级共享"对话框。勾选"共享此文件夹"复选框，然后设置该文件夹的共享名。

（3）在"高级共享"对话框中单击"权限"按钮，打开对应的权限设置对话框，如图 3-61 所示。

（4）在"组或用户名"区域选中 Everyone，然后在对话框下方设置 Everyone 的权限为允许完全控制，单击"确定"按钮关闭对话框。

主目录和虚拟目录都是 IIS 服务器的服务目录，这些目录下的文件都能够被访客访问。当用户在浏览器地址栏中输入一个 URL 时，例如 http://localhost/aspx/test.aspx，本地主机上的 IIS 服务器首先查找是否存在名为 aspx 的虚拟目录，如果有，就显示虚拟目录 aspx 对应的实际路径下的 test.aspx 文件；如果没有，则查找主目录下 aspx 文件夹中的 test.aspx 文件，如果没有找到该文件，则服务器返回出错信息。

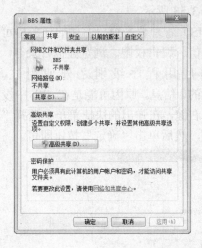

图 3-59　"共享"选项卡　　　　　　　　　图 3-60　"高级共享"窗口

图 3-61　权限设置对话框

　　创建虚拟目录之后，将应用程序放在虚拟目录下有以下两种方法。

　　（1）直接将网站的根目录放在虚拟目录下面。例如应用程序的根目录是"test"，直接将它放在虚拟目录下，路径为"[硬盘名]:\Inetpub\wwwroot\test"。此时对应的 URL 是"http://localhost/test"。

　　（2）将应用程序目录放到一个物理目录下(例如，D:\test)，同时用一个虚拟目录指向该物理目录。此时用户不需要知道对应的物理目录，即可通过虚拟目录的 URL 来访问它。这样做的好处是用户无法修改文件，一旦应用程序的物理目录改变，也只需更改虚拟目录与物理目录之间的映射，仍然可以用原来的虚拟目录来访问它们。

第 4 章 ASP.NET 4.0 简介

 本章导读

本章将介绍 ASP.NET 的一些基础知识和关键技术，详细介绍 ASP.NET 常用的 Web 控件、母版页和主题、ASP.NET 的内建对象。

- ASP.NET 4.0 概述
- VB.NET 语言基础
- Web 窗体
- 常用的 ASP.NET 控件
- 母版页和主题
- ASP.NET 的内建对象
- AJAX 服务器控件

4.1 ASP.NET 4.0 概述

什么是 ASP.NET? ASP.NET 是一个统一的 Web 开发模型，作为.NET Framework 的一部分，它在任何安装该框架的地方都可以使用。熟悉 ASP 的人会发现 ASP.NET 编程略有差别，但是在创建 Web 应用之后使用的概念基本一致。

那么什么是.NET 呢？它包括哪些技术和产品？实际上说出.NET 的精确定义并不是那么简单，对于到底什么是.NET 也是众说纷纭。2000 年微软的白皮书是这样定义.NET 的：.NET 就是 Microsoft 的 XML Web 服务平台。不论操作系统或编程语言有何差别，XML Web 服务能使应用程序在 Internet 上传输和共享数据。

Microsoft® .NET 平台包含广泛的产品系列，它们都是基于 XML 和 Internet 行业标准构建，提供从开发、管理、使用到体验 XML Web 服务的每一方面。XML Web 服务将成为您今天正在使用的 Microsoft 的应用程序、工具和服务器的一部分，并且将要打造出全新的产品以满足用户所有业务需求。

总的来说，.NET 是很多技术的合集，是 Microsoft 公司的一个战略。在.NET 战略中，.NET Framework 占有很重要的地位，是一个多语言组件开发和执行环境。.NET 框架的目的是便于开发人员更容易地建立 Web 应用和 Web 服务，使得 Internet 上的各种应用之间可以使用 Web 服务进行沟通。开发人员可以将远程应用提供的服务和单机应用的服务结合起来，组成一个新的应用，改善了应用程序的可靠性、可扩展性以及安全性。它包括 Web 服务、Web 应用（ASP.NET）、数据存储技术（ADO.NET）、Windows Forms 等。

📖4.1.1 ASP.NET 的特点

ASP.NET 是一个统一的 Web 开发模型，它提供了为建立和部署企业级 Web 应用所必需的服务。同时 ASP.NET 是 Microsoft .NET Framework 的一部分，是一种可以在高度分布的 Internet 环境中简化应用程序开发的计算环境。当编写 ASP.NET 应用程序的代码时，可以访问.NET Framework 中的类。可以使用与公共语言运行库（Common Language Runtime，CLR）兼容的任何语言来编写应用程序的代码，这些语言包括 Microsoft Visual Basic、C#、JScript .NET 和 J#。使用这些语言，可以开发利用公共语言运行库、类型安全、继承等方面的优点的 ASP.NET 应用。因此它有如下特点：

（1）与 Microsoft .NET Framework 集成在一起，运行在 CLR 运行库环境之内。

ASP.NET 建立在 .NET Framework 的编程类之上，它提供了一个 Web 应用程序模型，并且包含使生成 ASP Web 应用程序变得简单的控件集和结构。另外 ASP.NET 能让开发人员以服务的形式交付软件。使用 XML Web Services 功能，ASP.NET 开发人员可以编写自己的业务逻辑并使用 ASP.NET 结构，最后通过 SOAP 交付该服务。

（2）编译执行，支持多种编程语言，同时它是面向对象的。

（3）跨浏览器和跨设备。在开发中完全使用 ASP.NET 自带的 Web 服务器控件，这些 Web 服务器控件将会根据客户端的浏览器自动生成相应的 HTML，不用编写任何其他的额外代码就能够实现跨浏览器支持。

（4）易于配置与部署。这是任何一个开发平台所不能够比拟的，尤其是在 Windows 7 和 Windows Server 2008 操作系统中自带了.NET，通过复制程序的方式就能够让程序自由运行。

4.1.2 ASP.NET 的版本变迁

迄今为止，ASP.NET 经历了多个版本，已经是非常成熟的一项 Web 开发技术。可以把它的发展历程分为以下几个阶段。

1. ASP.NET 1.0 与 ASP.NET 1.1

2002 年，随着微软.NET 口号的提出与 Windows XP、Office XP 的发布，微软发布了代号为"Rainier"的 Visual Studio .NET（内部版本号为 7.0）。它最大的改进就是使用.NET 框架（v1.0）。与此同时，ASP.NET 这种新型 Web 开发技术也闪亮登场（v1.0）。它的前身是 ASP，但与 ASP 相比，ASP.NET 发生了质的变化：

（1）改变了传统 ASP 的开发模式，使用了设计与代码分离的代码隐藏模型。

（2）消除了对脚本引擎的依赖性，支持多语言开发，如 C#、Visual Basic 等。

（3）提供了丰富的 Web 服务器控件和代码调试等工具，用户通过"拖曳"的方式就能够设计出自己的网页。

（4）功能强大的身份确认模型。

2003 年，微软对 Visual Studio 2002 进行了部分修订，发布了代号为"Everett"的 Visual Studio 2003（内部版本号为 7.1）。它将.NET 框架由 1.0 版升级到 1.1 版，同时为使用 ASP.NET 或 .NET Compact Framework 来开发移动设备程序提供了内置支持。

2. ASP.NET 2.0

2005 年，微软发布了 Visual Studio 2005，同时也将 ASP.NET 升级到 2.0 版本。相对于 ASP.NET 1.1，ASP.NET 2.0 做了很多方面的改进，在原来的基础上增加了许多新的控件、母版页、主题和皮肤、个性化用户配置、成员资格和角色管理、配置和管理工具（ASP.NET MMC 管理单元和 Web 网站管理工具）。

3. ASP.NET 3.5

2008 年 2 月微软发布了 Visual Studio 2008 简体中文专业版，ASP.NET 也升级到 3.5。相对其他的版本来说，ASP.NET 3.5 取得了更大的技术突破，为开发者提供了一系列新技术：内置对 ASP.NET AJAX 的支持、引入了重量级对象—LINQ 技术、对 Silverlight 的支持等。

4. ASP.NET 4.0

相对于 ASP.NET 3.5 SP1 来说，ASP.NET 4.0 算是一个功能性增强版本，它引入了多项可改进 ASP.NET 核心服务的功能。

（1）Web.config 文件重构。随着.NET 技术的发展，包含 Web 应用程序配置信息的 Web.config 文件也得到了很大的发展。在.NET Framework 4 中，主要配置元素已移到 machine.config 文件中，应用程序可继承这些设置，从而使 Web.config 比以前的版本更简洁和清晰。ASP.NET 4 应用程序中的 Web.config 文件可以为空，或仅指定应用程序面向的框架版本。

（2）可扩展输出缓存。ASP.NET 4 为输出缓存增加了扩展性，可以配置一个或多个自定义输出缓存提供程序。输出缓存提供程序可使用任何存储机制保存 HTML 内容。这些存储选项包括本地或远程磁盘、云存储和分存式缓存引擎。借助 ASP.NET 4 中的输出缓存提供程序扩展性，可以为网站设计更主动且更智能的输出缓存策略。

（3）预加载 Web 应用程序。某些 Web 应用程序在为第一项请求提供服务之前，必须加载大量数据或执行开销很大的初始化处理。在 ASP.NET 早期版本中，对于此类情况，必须采取自定义方法"唤醒"ASP.NET 应用程序，然后在 Global.asax 文件的 Application_Load 方法中运行初始化代码。

为处理这种情况，当 ASP.NET 4 在 Windows Server 2008 R2 上的 IIS 7.5 中运行时，可以使用一种新的应用程序预加载管理器（自动启动功能）。预加载功能提供了一种可控方法来启动应用程序池，初始化 ASP.NET 应用程序，然后接受 HTTP 请求。通过这种方法，可以在处理第一项 HTTP 请求之前执行开销很大的应用程序初始化。值得注意的是，该技术只能够在 Windows Server 2008 R2 上的 IIS 7.5 中运行。

（4）永久重定向页面。在应用程序的生存期内，Web 应用程序中的内容经常发生移动，这可能会导致链接过期。在 ASP.NET 中，开发人员对旧 URL 请求的传统处理方式是使用 Redirect 方法将请求转发至新的 URL。然而，Redirect 方法会发出 HTTP 302（"找到"）响应（用于临时重定向），这会产生额外的 HTTP 往返。

ASP.NET 4 增加了一个 RedirectPermanent 帮助方法，使用该方法可以方便地发出 HTTP 301（"永久移动"）响应。

识别永久重定向的搜索引擎及其他用户代理将存储与内容关联的新 URL，从而消除浏览器用于临时重定向的不必要的往返。

（5）会话状态压缩。默认情况下，ASP.NET 提供两个用于存储整个 Web 页中会话状态的选项。第一个选项是一个调用进程外会话状态服务器的会话状态提供程序。第二个选项是一个在 Microsoft SQL Server 数据库中存储数据的会话状态提供程序。

由于这两个选项均在 Web 应用程序的工作进程之外存储状态信息，因此在将会话状态发送至远程存储器之前，必须对其进行序列化。如果会话状态中保存了大量数据，序列化数据的大小可能会变得很大。

ASP.NET 4 针对这两种类型的进程外会话状态提供程序引入了一个新的压缩选项。使用此选项，在 Web 服务器上有多余 CPU 周期的应用程序可以大大缩减序列化会话状态数据的大小。

可以使用配置文件中 sessionState 元素的新的 compressionEnabled 特性设置此选项。当 compressionEnabled 配置选项设置为 true 时，ASP.NET 使用.NET Framework

GZipStream 类对序列化会话状态进行压缩和解压缩。

（6）扩展允许的 URL 范围。以前版本的 ASP.NET 根据 NTFS 文件路径限制，将 URL 路径长度约束为不超过 260 个字符。ASP.NET 4 引入了一些新选项，可以根据应用程序的需要，使用 httpRuntime 配置元素的两个新特性选择扩展或缩小 URL 的范围。此外，ASP.NET 4 还允许配置 URL 字符检查所用的字符，而在以前版本中，URL 字符检查限于固定字符集。

（7）定义浏览器功能的新方式。在 ASP.NET 3.5 中若需要定义浏览器功能，需要编写一个 XML 文件，位于计算机级文件夹或应用程序级文件夹中。ASP.NET 4 包含一项称为"浏览器功能提供程序"的新功能，用于构建一个提供程序，该提供程序又可用于编写自定义代码以确定浏览器功能。对于需要的人员，使用提供程序的方法比处理复杂的 XML 语法更为简便。

（8）在数据控件中保持行选择。在 ASP.NET 的早期版本中，行选择是基于页面的行索引进行的。ASP.NET 4 支持持久化选择，这项新功能最初仅在 .NET Framework 3.5 SP1 中的动态数据项目中提供。启用此功能后，将基于行数据键选择项。这意味着，如果选择页面 1 上的第三个行，然后移至页面 2，则不会选定页面 2 上的任何内容。当您移回页面 1 时，仍将选定第三个行。与 ASP.NET 早期版本中的行为相比，这种行为自然得多。目前针对所有项目中的 GridView 和 ListView 控件支持持久化选择。

（9）FormView 控件增强功能。FormView 控件已改进，使用 CSS 简化了控制内容的样式设置。在 ASP.NET 的早期版本中，FormView 控件使用项模板呈现内容。这使得在标记中进行样式设置十分困难，因为控件会呈现意外的表行和表单元格标记。FormView 控件支持 ASP.NET 4 中的属性 Render-OuterTable。当此属性设置为 false 时，不会呈现表标记，这样更容易对控件内容应用 CSS 样式。

（10）ListView 控件增强功能。ASP.NET 3.5 中引入的 ListView 控件具备 GridView 控件的所有功能，同时可以全面控制输出。在 ASP.NET 4 中，简化了此控件的使用。该控件的早期版本指定布局模板，其中包含一个具有已知 ID 的服务器控件。而在 ASP.NET 4 中，ListView 控件不需要布局模板。

（11）使用 QueryExtender 控件筛选数据。在数据驱动的网页中筛选数据的传统执行方法是在数据源控件中生成 Where 子句。这种方法可能十分复杂，而且在某些情况下，通过 Where 语法无法充分利用基础数据库的全部功能。为简化筛选操作，ASP.NET 4 中增加了一个新的 QueryExtender 控件。可以将此控件添加到 EntityDataSource 或 LinqDataSource 控件以筛选这些控件返回的数据。QueryExtender 控件依赖于 LINQ，但用户无需了解如何编写 LINQ 查询即可使用该查询扩展程序。

（12）清除不需要的外部表。在 ASP.NET 3.5 中，FormView、Login、PasswordRecovery 和 ChangePassword 控件呈现的 HTML 包装在一个 table 元素中，该元素的用途是将内联样式应用于整个控件。如果使用模板自定义这些控件的外观，则可以在用户的模板所提供的标记中指定 CSS 样式。在这种情况下，不需要额外的外部表。在 ASP.NET 4 中，通过将新的 RenderOuterTable 属性设置为 false，可以避免呈现表。

（13）向导控件的布局模板。在 ASP.NET 3.5 中，Wizard 和 CreateUserWizard 控件

可生成用于可视格式设置的 HTML table 元素。在 ASP.NET 4 中，可以使用 LayoutTemplate 元素指定布局。如果这样做，将不生成 HTML table 元素。在模板中，可创建占位符控件来指示应在该控件中动态插入项的位置。这与 ListView 控件的模板模型的工作方式类似。

（14）用于 CheckBoxList 和 RadioButtonList 控件的新增 HTML 格式设置选项。ASP.NET 3.5 使用 HTML 表元素为 CheckBoxList 和 RadioButtonList 控件的输出设置格式。为提供不使用表进行可视格式设置的替代方法，ASP.NET 4 为 RepeatLayout 枚举增加了两个选项：UnorderedList 和 OrderedList。UnorderedList 指定使用 ul 和 li 元素而不是表对 HTML 输出进行格式设置；OrderedList 指定使用 ol 和 li 元素而不是表对 HTML 输出进行格式设置。

📖 4.1.3 ASP.NET 4 的逻辑结构

创建 ASP.NET 4 应用程序之前，先要了解 ASP.NET 4 的逻辑结构。

ASP.NET 4 系统的逻辑结构可以是两层结构也可以是三层结构。所谓两层结构是指表示层直接连接到数据层。所谓三层结构是在表示层和数据层的中间增加一个业务逻辑层。如图 4-1 所示。

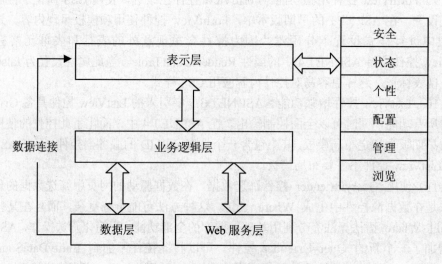

图 4-1 ASP.NET 4 的逻辑结构

如果系统比较简单，采用两层结构比较合适。当系统比较复杂或者系统有特殊要求时适合于采用三层结构。三层结构中中间层从物理上看可能还包括多个层次，但从逻辑上看都属于中间层。

上图的右边是系统提供的多种服务，包括安全、状态、个性、网站配置、网站管理和浏览等。正是在系统提供的这些服务的基础上，才可能快速地开发出功能强大而健壮的应用系统。

📖4.1.4　ASP.NET 应用程序的组成

一个 ASP.NET 4 应用程序是程序运行的基本单位，也是程序部署的基本单位。应用程序由多种文件组成，通常包括以下 6 部分：

（1）一个在 IIS 信息服务器中的虚拟目录。这个虚拟目录被配置为应用程序的根目录。虚拟目录是以服务器作为根的目录，默认安装时，IIS 服务器被安装在 [硬盘名]:\Inetpub\wwwroot 目录下，该目录对应的 URL 为"http://localhost"或者"http://服务器域名"。在 Internet 中，向外发布信息或接受信息的应用程序必须放在虚拟目录或其子目录下面。

（2）一个或多个后缀为.aspx 的网页文件，也可以含有扩展名为.html 的网页文件。在 ASP.NET 中的基本网页是以.aspx 作为后缀的文件。除此以外，应用程序中还可以包括以.html 或.asp 为后缀的网页，但系统执行这些网页的内部过程是有区别的。

当服务器打开后缀为.html 的网页时，不经过任何处理就直接送往浏览器，由浏览器下载并解释执行。而打开后缀为.aspx 的网页时，则需先创建服务器控件，运行服务器端的代码，然后再将结果转换成 HTML 的代码形式送往浏览器。当然也不是每次都要在服务器端重新解读和运行，对于那些曾经请求过而又没有改变的 ASPX 网页，服务器会直接从缓冲区中取出结果而不需要再次运行。

（3）一个或多个 Web.config 配置文件。Web.config 是一个基于 XML 的配置文件，对应用程序进行配置，比如规定客户的认证方法，基于角色的安全技术的策略，数据绑定的方法，远程处理对象等。所有的 ASP.NET 配置信息都驻留在该文件的 configuration 元素中。此元素中的配置信息分为两个主区域：配置节处理程序声明区域和配置节设置区域。

每个 Web.config 文件都以标准的 XML 声明开始，但是没有这个声明也不会出错。文件中包括<configuration>的开始标记和结束标记。它的内部是<system.web>的开始和结束标记，表示其中的内容是 ASP.NET 特有的配置信息。这些配置信息的标记就是元素 (element)。元素可以由一个或多个子元素组成，这些子元素带有开始和结束标记，元素的内容用"名字/值"对来描述。

可以在网站的根目录和子目录下分别建立自己的 Web.config 文件，也可以一个 Web.config 文件都不建，这是因为服务器有一个名为 Machine.config 的配置文件，默认安装在"[硬盘名]:\windows\Microsoft.NET\Framework\（版本号）\CONFIG\ "目录下。这个配置文件已经确定了所有 ASP.NET 应用程序的基本配置，通常情况下不要去修改这个文件，以免影响其他应用程序的正常运行。

相对于.NET Framework 4 之前的版本，在新的 machine.config 中注册了所有的 ASP.NET 标识部分（section）、处理器（hanlder）和模块。除了 machine.config 之外，ASP.NET 还使用了根 Web.config 文件，与 machine.config 在同一个目录下。它提供额外的设置，这些设置注册 ASP.NET 的核心 HTTP 处理程序和模块，为浏览器支持建立规则，定义安全策略等。计算机上的所有 Web 应用程序都继承这两个文件的设置。在

Machine.config 与 Web.config 文件之间，以及各个目录的 Web.config 文件之间存在着一种层次关系。根目录的 Web.config 继承 Machine.config 的配置，子目录继承父目录 Web.config 的配置。只有在某个子目录的 Web.config 中有新的配置时，才会自动覆盖父目录的同名配置。

（4）一个以 Global.asax 命名的全局文件。Global.asax 文件又称为全局应用程序类，包含响应 ASP.NET 或 HTTP 模块所引发的应用程序级别和会话级别事件的代码，是一个可选的文件。一个应用程序最多只能建立一个 Global.asax 文件，而且必须放在应用程序的根目录下。这是一个全局性的文件，用来处理应用程序级别的事件，例如 Application_Start、Application_End 和 Session_Start、Session_End 等事件的处理代码。当打开应用程序时系统首先执行的就是这些事件处理代码。运行时分析 Global.asax 并将其编译到一个动态生成的 .NET Framework 类，该类从 HttpApplication 基类派生。

在 Visual Studio 中加入 Global.asax 文件后，它里面包含了常用的应用程序事件的空事件处理程序，用户只需要在相应的方法中加入自己的处理程序即可。

（5）App_Code 和 App_Data 共享目录。放在 APP_Code 目录中的文件会自动成为应用程序中各个网页的共享文件。当创建三层架构时，中间层的代码将放在这个目录下以便共享。系统使用的数据库和一些专用的数据表将自动放在 App_Data 目录中，以实现客户管理和个性化服务。

App_Code 目录包含用户希望作为应用程序一部分（可进行编译的）实用工具类和业务对象的源代码。在动态编译的应用程序中，当对应用程序发出首次请求时，ASP.NET 编译 App_Code 文件夹中的代码，然后在检测到任何更改时重新编译该文件夹中的项。在应用程序中将自动引用 App_Code 文件夹中的代码。此外，App_Code 文件夹可以包含需要在运行时编译的文件的子目录。

App_Data 目录包含应用程序数据文件，包括 MDF 文件、XML 文件和其他数据存储文件。ASP.NET 4 使用 App_Data 文件夹来存储应用程序的本地数据库，该数据库可用于维护成员资格和角色信息。

（6）Bin 目录。该目录包含用户要在应用程序中引用的控件、组件或其他代码的已编译程序集（.dll 文件）。在应用程序中将自动引用 Bin 文件夹中的代码所表示的任何类。

📖4.1.5 常用的 Web.config 配置节

在实际开发中经常需要用到如下 3 个配置节：<customErrors>、<connectionStrings>、<appSettings>。

1. <customErrors>

<customErrors>属于<system.web>里的节，它允许用户在发生各种 HTTP 错误时配置应用程序的行为，如下所示：

```
<!--如果在执行请求的过程中出现未处理的错误，则通过 <customErrors>节可以配置相应的处理步骤。具体来说，开发人员通过该节可以配置要显示的 html 错误页以代替错误堆栈跟踪。-->
```

```
<customErrors mode="RemoteOnly" defaultRedirect="CommonErrorPage.aspx">
<error statusCode="403" redirect="NoAccess.html" />
<error statusCode="404" redirect="FileNotFound.html" />
</customErrors>
```

为应用程序创建<customErrors>节重定向 403、404 等错误到特定的错误信息提示页面，可以使程序提示更加友好。在上面的代码中，如果错误码是 403 或 404，页面将重定向到指定页面；如果发生 403 和 404 以外的错误，用户将被重定向到 CommonErrorPage.aspx 页面。因为 mode 属性被设置为 RemoteOnly，所以本地的管理员可以看到真实的错误信息而不被重定向，但远程用户只能够看到被定向的信息提示页面。其中 mode 可以设置为三种模式：

（1）On：自定义错误被启用，如果没有提供 defaultRedirect 属性，用户将看到一个一般的错误。

（2）Off：自定义错误被禁用，用户将看到错误的详细信息。

（3）RemoteOnly：本地的管理员能够看见真实的错误信息而不被重定向，而远程用户只能够看到被定向的信息提示页面。

在使用时读者需要注意两点：一是在配置文件中自定义的错误设置只在 ASP.NET 处理请求时才有效；二是如果自定义页面发生错误，ASP.NET 将不能够处理。它不会再次把用户转送到同一页面，相反，它将会显示一个带有一般信息的普通客户端错误页面。

2．<connectionStrings>

<connectionStrings>属于<configuration>里的节，主要用于设置项目的数据库连接字符串，可以在里面添加一个或者多个数据库连接字符串，如下所示：

```
<connectionStrings>
  <add name="ConnectString" connectionString="server=.;
  database=Eipsoft.Test;uid=sa;pwd=mawei;"
  providerName="System.Data.SqlClient"/>
  <add name="ConnectString1" connectionString="server=.;
  database=Eipsoft.Test1;uid=sa;pwd=mawei;"
  providerName="System.Data.SqlClient"/>
</connectionStrings>
```

3．<appSettings>

<appSettings>属于<configuration>里的节，主要用于信息的自定义的设置，可以在里面添加项目的版权信息、项目名称等，如下所示：

```
<appSettings>
<!--系统用户配置信息-->
```

```
<add key="CustomerName" value="默认用户"/>

<add key="Title" value="系统名称"/>

<add key="LoginPhoto" value="Images/LoginPhoto.jpg"/>

<add key="FrameTopPhoto" value="Images/FrameTopPhoto.jpg"/>

<add key="CopyRight" value="版权信息说明"/>

<add key="Power" value="
Eipsoft.PowerManagement.AppCode.PowerInterface,bin\Eipsoft.PowerManage
ment.dll"/>

<add key="DefaultPage" value="Login.aspx"/>

<add key="Isviewmenu" value="false"/>

<add key="Template" value="E:/Eipsoft 工作目录/upFiles"/>

<add key="FCKeditor:BasePath" value="~/fckeditor/"/>

<add key="FCKeditor:UserFilesPath" value="~/FCKeditorfiles/"/>

</appSettings>
```

> **注意:**
> 虽然可以通过多种手段去修改配置文件里的配置节,但这样做是非常不理想的:修改配置所花的代价很大,文件的访问速度会很慢,而且它所需要的同步化增加了许多额外的开销,新程序域创建(在每次配置设置修改时发生)会花很大代价。所以除非特殊情况,建议不要轻易去修改配置文件。

4.2 VB. NET 语言基础

ASP.NET 的开发语言有很多种,任何被.NET CLR 支持的语言都可以用来编写 ASP.NET 应用程序。目前使用比较普遍的是 VB.NET、C#、J#等等。在.NET 中,各种开发语言通过 IL(中间语言)相互之间可以调用,因此使用什么语言并不影响对系统进行开发,本书所使用的代码均采用 VB.NET 编写。

本节简要介绍 VB.NET 语言的基础知识,包括数据类型、操作符、控制语句等内容,实例比较丰富,希望读者能够上机调试每一个程序。

4.2.1 ASP. NET 与 VB. NET

前面提到过,ASP.NET 不仅仅是 ASP 的一个简单升级,更提供了一个全新而强大的服务器控件结构。ASP.NET 基于组件和模块化,每一个页面、对象和 HTML 元素都是一个运行的组件对象。在开发语言上,ASP.NET 抛弃了 VBScript 和 Jscript,而是使用.NET 框架所支持的.NET 语言,如 VB.NET、C#.NET 等语言作为其开发语言,这些语言生成的网页在后台转换成类，并编译成一个 DLL。

虽然 ASP.NET 在宣传上似乎是独立的技术，实际上它是.NET 框架的一部分，而且完全依赖该框架。也许读者曾经听说过，可以使用"记事本"写 ASP.NET 应用，的确如此。同样也可以使用"记事本"编写 VB.NET 应用。但是在 Visual Studio 中书写 ASP.NET 应用的最大优点是能够使用一些有用的工具，包括：语法高亮显示、IntelliSense、宏和插件、ToolBox、HTML、XML、代码编辑器、Server Explorer 等等。需要记住的是：ASP.NET 项目与 VB.NET Web 应用项目完全相同，当创建 VB.NET Web 应用时，实际上就是创建 ASP.NET 项目，只不过是通过特定的语言和 IDE 来实现这种技术。

4.2.2　数据类型

数据类型指程序中数据的类型以及计算机如何存储这些类型的数据。每个变量、文本、常数、属性、过程参数和过程返回值都具有数据类型。除非使用无类型编程，否则必须声明所有编程元素的数据类型。

.NET 中类型的两个基本类别是"值类型"和"引用类型"。两者的区别是：值类型的变量包含数据，而引用类型的变量包含的是对象的引用，下面分别进行介绍。

1. 值类型

VB.NET 语言中的值类型可以分为基础类型（Primitive Types）、枚举类型（Enum Types）和结构类型（Struct Types）。下面分别介绍这几种类型。

（1）基础类型（Primitive Types）

简单地讲，如果一个类型的值可以使用常数描述，该类型就是基础类型。基础类型总是有初始值的。

VB.NET 常用的基础类型有：整数，浮点、布尔、日期和字符串。各种类型的存储分配如表 4-1 所示。

1）整数类型是只表示整数的数据类型，该类型共有 4 种不同的数据类型。有符号的整型数据类型是 Short、Integer 和 Long。无符号整型是 Byte，如果某个变量包含二进制数据或未知种类的数据，则将其声明为此类型。由于 Byte 是 0~255 范围内的无符号类型，它无法表示负数。如果将一元负 (-) 运算符用于取值为 Byte 类型的表达式，则 Visual Basic 首先将表达式转换为 Integer 类型。

表 4-1　值类型

分类	类型	存储分配
整数类型	Short	2
	Integer	4
	Long	8
浮点类型	Single	4
	Double	8

	Decimal	16
布尔	Boolean	2
日期	Date	8
字符串	String	取决于实现平台

如果试图将整型变量设置为其类型范围以外的数字将会出错。如果试图将它设置为小数，则数字将四舍五入，如下例所示：

```
Dim K As Integer        ' K 的合法取值范围为-2147483648~+2147483647
' ...
K = 2147483648          ' 出错
K = CInt(5.9)           ' K 为 6
```

存储在 Byte 变量和数组中的二进制数据在格式转换中被保留。不应对二进制数据使用 String 变量，因为在 ANSI 和 Unicode 格式之间转换时其内容会损坏。当 Visual Basic 读取文件或写入文件，或调用 DLL、方法和属性时，这种转换会自动发生。

对于整型，文本类型字符用 S 表示 Short，用 I 表示 Integer，用 L 表示 Long。没有文本类型字符表示 Byte。

2）浮点类型主要用来表示小数，在 VB.NET 中采用三种数据类型来表示：Decimal、Single 和 Double。它们都是有符号类型。

Decimal 数据类型最多支持 29 位有效位数，可表示最大为 7.9228×1028 的值，主要用于方便货币和金融方面的计算。它需要记录的位数很大，但又不容许四舍五入误差。为 Decimal 变量或常量赋一个很大的值时，如果该值太大，不能用 Long 数据类型，必须将字符类型追加到数字类型，如下例所示：

```
Dim DecVar As Decimal
DecVar = 9223372036854775808    ' Long 类型，溢出.
DecVar = 9223372036854775808D   ' Decimal 类型，不溢出.
```

对于小数类型的数据，要在数据的后面加上"m"，例如：

```
Dim X As Decimal
x = 80603.454327m
```

如果省略了"m"，在变量赋值之前将被编译器当作 Double 类型处理。

Single 和 Double 数字的范围比 Decimal 数字大，但可能会导致四舍五入错误。

浮点可以用 mmmEeee 表示，其中 mmm 是尾数（有效数字），eee 是指数（10 的幂）。Single 数据类型的最大正值为 3.4028235E+38，精度为 7 位数；而 Double 数据类型的最大正值为 1.79769313486231570E+308，精度为 15 位~16 位数。

对于非整型，文本类型字符用 D 表示 Decimal，用 F 表示 Single，用 R 表示 Double。

3）布尔和日期类型。VB.NET 提供了几种不是面向数字或字符的数据类型。它们用于处理特殊的数据，如是/否和日期/时间值。

Boolean 数据类型是被解释为 True 或 False 的无符号值。如果某个变量只能包含真/假、是/否或开/关信息，则将它声明为 Boolean 类型，Boolean 的默认值是 False。在下例中，RunningVB 是一个存储简单的是/否的 Boolean 变量。

```
Dim RunningVB As Boolean
' Check to see if program is running on VB engine.
If ScriptEngine = "VB" Then
   RunningVB = True
End If
```

Boolean 没有文本类型字符。

Date 数据类型是 64 位（8 字节）有符号整数。每个增量表示从公历第 1 年的 1 月 1 号（12:00 AM）开始经过的 100 毫微秒时间。Date 数据类型的变量或常数包含日期和时间，如下例所示：

```
SomeDate = #1/28/2003 6:00 PM#
```

如果在日期/时间文本中未包含日期，则 VB.NET 将该值的日期部分设置为 0001 年 1 月 1 号；如果在日期/时间文本中未包含时间，则 VB.NET 将该值的时间部分设置为当天的开始时间（即午夜）。

将数字数据类型转换为 Date 类型时，VB.NET 将它的值视为有符号整数。如果试图转换负数，则会出错。

Date 没有文本类型字符。但是，编译器将包含在数字符号（##）字符中的文本视为 Date。

4）字符和字符串类型。VB.NET 提供字符（Char）和字符串（String）类型用来处理可打印和可显示的字符。当它们处理的都是 Unicode 字符时，Char 包含单个字符，而 String 包含任意个数的字符。

Char 数据类型是单个双字节（16 位）Unicode 字符。可将如 IsDigit 和 IsPunctuation 这样的方法用于 Char 变量来确定其 Unicode 分类。VB.NET 不在 Char 类型和数字类型之间直接转换。可以通过函数实现类型转换，如 AscW 和 ChrW。

如果打开类型检查开关（Option Strict），必须将文本类型字符追加到单字符字符串，以将其标识为 Char 数据类型，如下例所示：

```
Option Strict On
 ' ...
Dim CharVar As Char
CharVar = "@"     '类型检查开关打开时，不能将串转换为字符.
CharVar = "@"C    '成功地将单个字符赋值给 CharVar.
```

Char 类型是无符号的，其文本类型字符是 C。

String 数据类型是零个或更多个双字节（16 位）Unicode 字符的序列。如果某个变量总是包含字符串而从不包含数值，则将它声明为 String 类型，如下例所示：

```
Private S As String
```

然后可以将字符串赋给这个变量，并使用字符串函数操作此变量，如下例所示：

```
S = "Database"
```

```
S = Microsoft.VisualBasic.Left(S, 4)    ' S 的值赋值为"Data".
```

String 数据类型包含 Unicode 字符，而每个 Unicode 字符都可在 0 和 65 535 之间取值。String 变量或参数总是"变长字符串"，它随着给它指派的新数据增大或缩小。

字符串有时由前导空格或尾随空格填充。Trim、LTrim 和 RTrim 函数可移除这些空格。使用字符串时可能会发现这些函数很有用。

String 没有文本类型字符。但是，编译器会将包含在双引号（" "）中的文本视为字符串。

（2）枚举类型（Enum Type）是从 System.Enum 继承的类型，表示某个基元整型的值集。一般而言，对于枚举类型 E，默认值为表达式 Ctype（0, E）产生的值。

枚举的基础类型必须为一个可表示枚举中定义的所有枚举值的整型。如果指定基础类型，它必须为 Byte、Short、Integer 或 Long。如果未显式指定基础类型，则默认值为 Integer。

下面的示例声明了一个基础类型为 Long 的枚举：

```
Enum Color As Long
    Red
    Green
    Blue
End Enum
```

枚举成员列表中的标识符被声明为常数，可出现在需要常数的任何位置。用"="进行的枚举成员定义将常数表达式所指示的值赋给关联的枚举成员。常数表达式必须计算为整型，而且必须位于可由基础类型表示的值范围内。常数表达式必须计算为可隐式转换为基础类型的类型，而且必须位于可由基础类型表示的值范围内。在下面的示例中，常数值 1.5、2.3 和 3.3 不能被隐式转换为基础整型 Long，因此出错。

```
Option Strict On
Enum Color As Long
    Red = 1.5
    Green = 2.3
    Blue = 3.3
End Enum
```

多个枚举成员可共享同一关联值，如下所示：

```
Enum Color
    Red
    Green
    Blue
    Max = Blue
End Enum
```

此例显示了一个有两个枚举成员 Blue 和 Max 的枚举，两个枚举成员有相同的关联值。

如果第一个枚举数没有初始值设定项，则相应常数的值为零。无初始值设定项的枚举成员定义使前一枚举成员的值增加 1，并将增加的值赋给当前的枚举数。此增加的值必须位于可由基础类型表示的范围内，否则将发生编译时错误。

```
Imports System
Enum Color
   Red
   Green = 10
   Blue
End Enum

Class Test
   Shared Sub Main()
     Console.WriteLine(StringFromColor(Color.Red))
     Console.WriteLine(StringFromColor(Color.Green))
     Console.WriteLine(StringFromColor(Color.Blue))
   End Sub

   Shared Function StringFromColor(c As Color) As String
     Select Case c
       Case Color.Red
         Return [String].Format("Red = " & CInt(c))
       Case Color.Green
         Return [String].Format("Green = " & CInt(c))
       Case Color.Blue
         Return [String].Format("Blue = " & CInt(c))
       Case Else
         Return "Invalid color"
     End Select
   End Function
End Class
```

上例中，枚举成员 Red 没有设置初始值，但由于它是第一个枚举成员，所以被自动赋值为 0。枚举成员 Green 被显式地赋值为 10，枚举成员 Blue 前面的成员值增加 1，并将增加的值自动赋给枚举成员 Blue。所以上例打印出的枚举成员名称及其关联值为：

```
  Red = 0
  Blue = 11
  Green = 10
```

（3）结构类型（Structure Type）通常是一组相关的信息合成的单一实体，其中的每个信息成为它的一个成员。结构类型在创建诸如点结构、文件类型结构、IP 地址结构等小型对象时特别灵活。结构类型从 System.ValueType 继承，并且不能被继承。结构类型的变量直接包含结构的数据。

例如可以这样定义点的坐标的结构：

```
Structure Point
   Public x, y As Integer
   Public Sub New(x As Integer, y As Integer)
```

```
    Me.x = x
    Me.y = y
  End Sub
End Structure
```

对结构类型的成员的访问可通过结构变量名加上 "."，后面跟成员的名称来完成，例如：

```
Point a = new Point(10, 10)
Point b = a
a.x = 100
Console.WriteLine(b.x)
```

其中，a 和 b 都是 Point 结构类型的变量。结构类型包含的成员的数据类型可以相同，也可以不同，并没有限制。结构类型的成员本身也可以是结构类型的数据。

对于结构，每个变量都有自己的数据副本，因此对一个变量进行的操作不可能影响另一个变量。例如上面的示例，将 a 赋给 b 将创建该值的一个副本，因此 b 不会受到对 a.x 进行的赋值的影响，代码片段输出值为 10。假如 Point 被改而声明为类，则由于 a 和 b 将引用同一对象，因此输出将为 100。有关类的介绍将在下一小节中介绍。

2. 引用类型

引用类型指的是该类型的变量不直接存储所包含的值，而是指向它所要存储的值，也就是说，引用类型存储的是实际数据的引用地址。VB.NET 中的引用类型有如下几种：类（Class Type）、接口（Interface Type）、数组（Array Type）和代理（Delegate Type）类型。下面主要介绍类和数组这两种常用的引用类型。

（1）类类型（Class Type）。类是面向对象编程的基本单位，是一种包含数据成员、函数成员以及嵌套类型的数据结构，其中数据成员包括常数、变量和事件，函数成员包括方法、属性、索引器、运算符和构造函数等。

类类型支持继承，继承是派生类用以扩展和专用化基类的机制。对于类，两个变量引用同一个对象是可能的，因此对一个变量进行的操作可能影响另一个变量所引用的对象。

下面的示例显示了一个包含各种类成员的类：

```
Imports System
Class AClass

  Public Sub New()
    Console.WriteLine("Constructor")
  End Sub

  Public Const MyConst As Integer = 12
  Public MyVariable As Integer = 34
```

```
Public Sub MyMethod()
    Console.WriteLine("MyClass.MyMethod")
End Sub


Public Property MyProperty() As Integer
    Get
        Return MyVariable
    End Get
    Set (ByVal Value As Integer)
        MyVariable = value
    End Set
End Property


Default Public Property Item(index As Integer) As Integer
    Get
        Return 0
    End Get
    Set (ByVal Value As Integer)
        Console.WriteLine("item(" & index & ") = " & value)
    End Set
End Property
Public Event MyEvent()
Friend Class MyNestedClass
End Class
End Class
```

下面的示例显示了这些成员的使用：

```
Module Test

    Dim WithEvents aInstance As AClass

    Sub Main()

        ' 构造函数的用法
        Dim a As New AClass()
        Dim b As New AClass()

        ' 常量的用法
        Console.WriteLine("MyConst = " & AClass.MyConst)
```

```
    ' 变量的用法
    a.MyVariable += 1
    Console.WriteLine("a.MyVariable = " & a.MyVariable)

    ' 方法的调用方法
    a.MyMethod()

    ' 属性的使用方法
    a.MyProperty += 1
    Console.WriteLine("a.MyProperty = " & a.MyProperty)
    a(1) = 2

    ' 事件处理方法
    aInstance = a
  End Sub

  Sub MyHandler Handles aInstance.MyEvent
    Console.WriteLine("Test.MyHandler")
  End Sub
End Module
```

运行结果为：

```
Constructor
Constructor
MyConst = 12
a.MyVariable = 35
MyClass.MyMethod
a.MyProperty = 36
item(1) = 2
```

（2）数组类型（Array Type）。数组是指同类数据组成的集合，它包含多个通过"索引"访问的变量，该索引以一对一的方式对应于数组中的变量顺序，是数据最常用的存储方式之一。

数组中包含的变量（又称数组的"元素"）必须具有相同的类型，该类型称为数组的"元素类型"。数组元素在数组实例创建时出现，在数组实例销毁时消失。每个数组元素都初始化为其类型的默认值。类型 System.Array 是所有数组类型的基类型，不能实例化。每个数组类型继承由 System.Array 类型声明的成员，并且可以转换为 Array 或 Object。

数组有一个"秩"，用于确定同每个数组元素关联的索引数。数组的秩还等于数组的"维度"数。例如，秩为 1 的数组称为一维数组，秩大于 1 的数组称为多维数组。

Chapter 04

定义数组时，可以在"（）"中定义数组的元素个数。如：

```
Dim arr(5) As Integer
```

使用数组时可以在"（）"中加入下标来取得对应的数组元素。与 VB 的早期版本不同，在 VB.NET 中，数组索引的编号总是从零开始，一直到数组元素个数减去 1。例如上面定义的整数型一维数组 arr 的元素个数是 5，它的第一个元素是 arr（0），第二个和第三个分别是 arr（1）和 arr（2）。

下面的示例创建一个整数值的一维数组，初始化数组元素并将它们分别打印出来：

```
Module Test
  Sub Main()
    Dim arr(5) As Integer
    Dim i As Integer
    For i = 0 To arr.GetUpperBound(0)
      arr(i) = i * i
    Next i
    For i = 0 To arr.GetUpperBound(0)
      Console.WriteLine("arr(" & i & ") = " & arr(i))
    Next i
  End Sub
End Module
```

程序输出结果如下：

```
arr(0) = 0
arr(1) = 1
arr(2) = 4
arr(3) = 9
arr(4) = 16
```

下面来看看代码。首先通过如下代码新建了长度为 5 的 Integer 类型数组 arr：

```
Dim arr(5) As Integer
```

接着给 arr 数组的元素赋初值，这个操作是通过一个 for 循环完成的，需要注意的是 arr.GetUpperBound(0)，该属性返回数组第一维的上界。

该循环执行完以后，arr 数组中的每个元素都有自己的值，其值为数组元素下标的平方数，如 arr 数组的第 4 个元素 arr[3]的值为 3 的平方，即 9。赋值完成后通过另外一个 for 循环来读取并显示 arr 数组中元素的值。

数组的每个维度都有一个关联的长度。数组长度并不是数组类型的一部分，而是在运行时创建数组类型的实例时确定。维度的长度确定该维度的有效索引范围，对于长度为 N 的维度，索引范围可为从 0~N - 1。如果维度的长度为零，则该维度没有有效索引。数组中的元素总数是数组中各维度长度的积。如果数组的维度长度中有任何为零，就说明该数组为空。数组的元素类型可以是任何类型。

指定数组类型的方法是向现有类型名添加修饰符，修饰符由一个左括号、由零个或多个逗号组成的集合和一个右括号组成。经修饰的类型为数组的元素类型，维度数是逗号的数目加 1。如果指定了一个以上的修饰符，则数组的元素类型是数组。修饰符的读取顺序是自左向右，最左边的修饰符是最外层的数组。在下面的示例中：

```
Module Test
  Dim arr As Integer(,)(,,)()
End Module
```

arr 的元素类型是一维 Integer 数组的三维数组的二维数组。

还可在变量名上放置数组类型修饰符或数组初始化修饰符，将变量声明为数组类型。在这种情况下，数组元素类型为声明中给定的类型，数组的维度由变量名修饰符确定。为清楚起见，在同一声明中的变量名和类型名上都放置数组类型修饰符是无效的。

下面的示例显示各种将 Integer 数组类型用作元素类型的局部变量声明：

```
Module Test
  Sub Main()
    Dim a1() As Integer    ' 声明Integer 类型的一维数组
    Dim a2(,) As Integer    '声明Integer 类型的二维数组
    Dim a3(,,) As Integer    '声明Integer 类型的三维数组
  End Sub
End Module
```

4.2.3 常用的操作符

运算符是程序中用来执行计算操作的符号，VB.NET 有一套完整的运算符，包括算术运算符、赋值运算符、比较运算符、连接运算符和逻辑运算符。表 4-2 列举了 VB.NET 所支持的操作符。下面分别予以介绍。

算术运算符是对表达式作算术操作，如加、减、乘、除，如表 4-3 所示。

赋值运算符用于给对象赋值，如表 4-4 所示。

比较运算符用于比较数值和字符串，如表 4-5 所示。

表 4-2 VB.NET 中的操作符

操作符类别	操作符
算术	+ - * / \ Mod ^
赋值	= += -= *= /= %= |= ^= <<= >>= &=
比较	IS = <> < > <= >=
连接	+ &
逻辑/按位运算符	And Not Or Xor AndAlso OrElse
移位	<< >>
其他运算符	AddressOf GetType

表 4-3 算术运算符

运算符	实现操作	示例	
+	加法	A=3,B=2	A+B 的结果是 5
-	减法	A=3,B=2	A-B 的结果是 1
*	乘法	A=3,B=2	A*B 的结果是 6
/	除法	A=3,B=2	A/B 的结果是 1.5
\	整除	A=3,B=2	A\B 的结果是 1
^	指数运算	A=3,B=2	A^B 的结果是 9
Mod	求余运算	A=3,B=2	A mod B 的结果是 1

表 4-4 赋值运算符

运算符	示例	说明
=	A=B	将 B 的值赋给 A
+=	A+=B	将 A+B 的值赋给 A
-=	A-=B	将 A-B 的值赋给 A
*=	A*=B	将 A*B 的值赋给 A
/=	A/=B	将 A/B 的值赋给 A
\=	A\=B	将 A\B 的值赋给 A
&=	A&=B	将 A&B 的值赋给 A
^=	A^=B	将 A^B 的值赋给 A

连接运算符用于连接字符串，如表 4-6 所示。

逻辑运算符用于连接多个条件式，并判断结果的真假以决定程序流程，如表 4-7 所示。

表 4-5 比较运算符

运算符	实现操作	示例	
=	等于	A=3,B=2	A=B 的结果是 False
<>	不等于	A=3,B=2	A+<>B 的结果是 True
<	小于	A=3,B=2	A<B 的结果是 False
>	大于	A=3,B=2	A>B 的结果是 True
<=	小于等于	A=3,B=2	A<=B 的结果是 False
>=	大于等于	A=3,B=2	A>=B 的结果是 True
Is	是否为同一对象	A,B 均为 Object1 类型	A is B 的结果是 True
Like	是否符合字符串规则	"asd234fgh" like "zx?bn*"的结果是 True	

表 4-6　连接运算符

运算符	示例	说明
+	Result=A+B	当 A 与 B 都是 String 型，或者一个是 String 型，一个是 Object 型，或者都是存储字符串的 Object 型时，Result 为 A 与 B 的合并字符串
&	Result=A&B	无论 A 与 B 为何种类型，都会自动转化为 String 型，Result 为 A 与 B 的合并字符串

表 4-7　逻辑运算符

运算符	实现操作	示例
And	与运算	Result=A And B　　A 与 B 都是布尔型，如果有一个为 False，则 Result 为 False，否则为 True
Not	非运算	Result=A Not B　　A 是布尔型，如果 A 为 True，则 Result 为 False，否则为 True
Or	或运算	Result=A Or B　　A 与 B 中有一个为 True，则 Result 为 True，否则为 False
Xor	异或运算	Result=A Xor B　　A 与 B 同时为 True，或同时为 False，则 Result 为 False，否则为 True

　　当表达式包含多个运算符时，将按预定顺序计算每一部分，这个顺序被称为运算符优先级。可以使用括号越过这种优先级顺序，强制首先计算表达式的某些部分。运算时，总是先执行括号中的运算符，然后再执行括号外的运算符。但是，在括号中仍遵循标准运算符优先级：首先计算算术运算符，然后计算比较运算符，最后计算逻辑运算符。所有比较运算符的优先级相同，即按照从左到右的顺序计算比较运算符。算术运算符和逻辑运算符的优先级从高到低如表 4-8 所示。

　　字符串串联运算符（&）不是算术运算符，但它在优先级方面与算术运算符属于一组。当具有相同优先顺序的运算符（例如乘法和除法）在表达式中一起出现时，每个运算符将按其出现的顺序从左至右进行计算。可以使用括号来改写优先顺序，以强制优先计算表达式的某些部分。

　　建议在书写表达式时，如果无法确定操作符的有效顺序，应尽量使用括号来保证运算顺序的正确性。遇到比较复杂的表达式，即使能理清操作符的顺序，也要使用括号，因为这样可以使程序一目了然，而且可以保证在若干天后对程序的修改能够顺利进行。

表 4-8　运算符优先级

算术运算符		比较运算符		逻辑运算符	
描述	符号	描述	符号	描述	符号
求幂	^	等于	=	逻辑非	Not
正、负号	+、-	不等于	<>	逻辑与	And

乘、除	*、/	小于	<	逻辑或	Or
整除	\	大于	>	逻辑异或	Xor
求余	Mod	小于等于	<=	逻辑等价	Eqv
加、减	+、-	大于等于	>=	逻辑隐含	Imp
		对象引用比较	Is		
字符串连接	&	字符串连接	+		

📖4.2.4 数据类型的转换

类型转换使得一个类型的表达方式可以作为另一种类型来使用。在 VB.NET 中有两种方式转换数据类型。下面分别进行简要介绍。

（1）转换函数。VB.NET 提供了多个简单易记的类型转换函数，如表 4-9 所示。例如，将输入的数值进行运算后，转换为字符串输出。

表 4-9　类型转换函数

函数名称	说　　明
CBool(Value)	将 Value 值转换为布尔值。若 Value 为 0，则转换为 False，否则转换为 True
CShort(Value) CInt(Value) CLong(Value)	将 Value 值转换为短整数类型/整数类型/长整数类型
CSng(Value) CDbl(Value) CDec(Value)	将 Value 值转换为单精度浮点数类型/双精度浮点数类型/小数类型。若 Value 为 0，则转换为 False，否则转换为 True
CByte(Value)	将 Value 值转换为字节类型
CChar(Value) CStr(Value)	将 Value 值转换为字符/字符串类型
CObj(Value)	将 Value 值转换对象类型
CDate(Value)	将 Value 值转换为日期时间类型

```
Dim A As Integer
A=10
Response.Write("一共有" & CStr(A) " 行代码! ")
```

（2）类型转换方法 To。在.NET 中，所有的东西都是对象，变量是对象，常量是对象，叙述也是对象。这些对象本身就提供了类型转换的方法。

类型转换方法的语法如下：

变量=变量.To 类型

例如，将数值类型的变量转换为字符串类型的代码如下：

```
Dim Odata As Short
```

```
Odata=37241
Response.Write("变量 Odata 中的值是: "+Odata.ToString())
```

VB.NET 中常用的 To 类型转换方法如表 4-10 所示。

表 4-10　常用的 To 类型转换方法

方法	说明
ToString()	转换为字符串
ToChar()	转换为字符
ToLower()、ToUpper	字符串转小写/大写
ToInt32()、ToInt64()	转换为整数/长整数
ToDecimal()、ToSingle()、ToDouble()	转换为数值/单精度/双精度
ToBoolean()、ToDateTime()	转换为布尔型/日期

4.2.5　程序的注释及续行

任何程序语言都支持注释，因为适当的注释会使程序更加易于阅读和修改，被注释的内容对程序的编译和执行没有任何实际作用，事实上一般的编译程序在编译源代码时首先就会忽略源代码的注释内容。

VB.NET 支持两种注释风格，第一种是使用单引号"'"，另外一种是使用关键字 REM。这两种注释都用于注释单行文本，也就是单引号或 REM 后的内容就是注释的内容。由于只能注释单行文本内容，一旦需要注释的内容过多需要分行显示时就必须在另外的行前面也加上 "'" 或 REM，比如下面的代码：

```
REM 用户姓名
Dim userName As [String]

Dim userEmail As [String]    '用户的 Email 地址
                             'Email 的格式应该是 name@hotst.xxx
```

VB.NET 的每一行表示语句结束，如果需要在一行编写多条语句，应该使用冒号 ":" 将语句隔开。如果一条语句过长，需要分行编写，则应该在第一行最后加上下划线 "_" 表示语句未结束，下一行仍然属于该语句。

需要注意的是，本书由于排版原因，原本一行编写的代码可能分为两行显示，此时代码后面并没有添加 "_"。

4.2.6　选择与循环

程序不可能永远顺序执行，必要的时候必须使用循环和判断语句来改变程序的执行方式，因此大多数程序设计语言提供了分支和循环语句。VB.NET 也提供了许多控制语句，下面分别进行简要介绍。

1. 选择控制

选择语句使程序控制基于某个条件是否为真传递给特定的语句。VB.NET 中的选择控制语句有 If...Then 语句和 Select...Case 语句。

（1）If...Then 语句是根据布尔表达式的值选择要执行的语句，它的形式为：

```
If condition [ Then ]
    [ statements ]
[ ElseIf elseifcondition [ Then ]
    [ elseifstatements ] ]
[ Else
    [ elsestatements ] ]
End If
```

或者：

```
If condition Then [ statements ] [ Else elsestatements ]
```

其中，condition 是计算结果为 True 或 False，或者计算结果为能够隐式转换为 Boolean 的数据类型的条件表达式，是必选项。Elseifcondition 的意义与此相同，当存在 ElseIf 时，则是必选项。

Statements 是当 condition 为 True 时将执行的语句块，在多行格式中是可选项，在没有 Else 子句的单行格式中是必选项。Elseifstatements 的意义与此相同。

End If 用于终止 If...Then 块。

下面通过一个简单实例演示条件选择语句的用法，代码如下：

```
Dim Number, Digits As Integer
Dim MyString As String
Number = 53   ' 变量初始化
If Number < 10 Then
    Digits = 1
ElseIf Number < 100 Then
' 由于 Number 满足此条件，因此下面将给 Digits 赋值为 2
    Digits = 2
Else
    Digits = 3
End If
```

在上面的代码中，第三行将变量 Number 初始化为 53，接下来根据条件给变量 Digits 赋值。如果 Number 小于 10，则 Digits 为 1；如果不小于 10 但小于 100，则 Digits 为 2；否则 Digits 为 3。

（2）Select...Case 语句，当一个条件有多种可能，且每一种可能对应不同的操作时，可以使用多个 if...else 语句来实现。但这种表示方法并不直观，尤其是条件的可能性比较多时，很容易出错。利用 Select...Case 语句则可直观、简便地实现。它的形式为：

```
Select [ Case ] testexpression
  [ Case expressionlist
    [ statements ] ]
```

```
[ Case Else
    [ elsestatements ] ]
End Select
```

其中，testexpression 是计算结果为某个基本数据类型的表达式，必选项。

Expressionlist 是可以隐式地转换为 testexpression 类型的表达式列表，表示 testexpression 的匹配值，在 Case 语句中是必选项。多个表达式子句用逗号隔开，每个子句可以采取下面的某一种形式：

1）expression1 To expression2。使用 To 关键字指定 testexpression 的匹配值范围的边界。expression1 的值必须小于或等于 expression2 的值。

2）[Is] comparisonoperator expression。使用 Is 关键字指定对 testexpression 的匹配值的限制。如果没有提供 Is 关键字，则自动将它在 comparisonoperator 的前面插入。

3）expression。作为 Is 格式的特殊情况来处理，在此情况下 comparisonoperator 是等号（=）。此格式作为 testexpression = expression 计算。

Statements 是 Case 后面的一条或多条语句，当 testexpression 匹配 expressionlist 中的任何子句时执行。Elsestatements 是 Case Else 后面的一条或多条语句，当 testexpression 不匹配任何 Case 语句的 expressionlist 中的任何子句时执行。

End Select 终止 Select...Case 块。

Select 语句可以包含任意数量的 case 实例，但同一 Select 语句中的两个 case 常数不能具有相同的值。

下面的例子使用 Select Case 语句写入对应于变量 Number 的值的行。第二个 Case 语句包含匹配 Number 当前值的值，因此执行写入 "Between 6 and 8" 的语句。

```
Dim Number As Integer = 8
' ...
Select Number    ' 要比较的数值
  Case 1 To 5    '是否在1~5之间
    Debug.WriteLine("Between 1 and 5")
  ' The following is the only Case clause that evaluates to True
  Case 6, 7, 8    '是否为6、7或8
    Debug.WriteLine("Between 6 and 8")
  Case 9 To 10    '是否为9或10
    Debug.WriteLine("Greater than 8")
  Case Else    ' 其他情况
    Debug.WriteLine("Not between 1 and 10")
End Select
```

2. 循环控制

通过使用循环语句可以创建循环。例如，需要输出 1～100 这 100 个数字，显然不应该写 100 条输出语句，这时就需要使用循环。

（1）do 语句重复执行一个语句或一个语句块，直到指定的表达式的值为 false 为止。它的形式如下：

```
Do { While | Until } condition
    [ statements ]
[ Exit Do ]
    [ statements ]
Loop
```

或者：

```
Do
    [ statements ]
[ Exit Do ]
    [ statements ]
Loop { While | Until } condition
```

其中，While 或 Until 是关键字，但只能选其一。使用 While 时，重复循环直到 condition 为 False；使用 Until 时，重复循环直到 condition 为 True。

Condition 是计算结果为 True 或 False 值的表达式。

Statements 一条或多条语句，它们在 condition 为 True 时或直到 condition 为 True 之前重复执行。

Exit Do 语句经常用在计算某个条件（例如，用 If...Then...Else）之后，将控制立即传送到 Loop 语句后面的语句。可以在 Do 循环中的任何位置放置任何数量的 Exit Do 语句。

下面的例子显示如何使用 Do...Loop 语句。内层的 Do...Loop 语句循环 10 次，将标志值设置为 False，并使用 Exit Do 语句提前退出循环。外层循环则在检查标志值后立即退出。

```
Dim Check As Boolean = True
Dim Counter As Integer = 0
Do    ' 外层循环
  Do While Counter < 20           ' 内层循环
    Counter += 1                  ' 计数器加1
    If Counter = 10 Then          ' 如果条件为真
      Check = False               ' 将标记设置为 false
      Exit Do                     ' 跳出内层循环
    End If
  Loop
Loop Until Check = False          ' 跳出外层循环
```

（2）while 语句执行一个语句或语句块，直到指定的表达式值为 false 为止。它的形式如下：

```
While condition
```

```
    [ statements ]
  End While
```

其中，condition 是值为布尔型的表达式。如果为 Nothing，则将 condition 作为 False 处理。当 condition 为 True 时，执行所有的 statements 直到遇到 End While 语句，随后返回到 While 语句并再次检查 condition。如果 condition 仍为 True，则重复上面的过程。如果为 False，则从 End While 语句后面的语句开始恢复执行。

下面的示例使用 While...End While 语句来增加计数器变量的值。只要条件计算为 True，就执行循环内的语句。

```
Dim Counter As Integer = 0
While Counter < 20              ' 测试 Counter 的值
   Counter += 1                 ' Counter 加 1
End While                       ' 当 Counter > 19 时停止循环
Debug.WriteLine (Counter)       ' 输出 Counter 值
```

（3）for 语句循环重复执行一个语句或语句块，直到指定的表达式值为 false。它的形式如下：

```
  For counter [ As datatype ] = start To end [ Step stepnumber ]
      [ statements ]
  [ Exit For ]
      [ statements ]
  Next [ counter ]
```

其中 counter 的数据类型通常是 Integer，但也可以是任何支持大于或等于（>=）、小于或等于（<=）和相加（+）运算符的基本数值类型。如果尚未声明 counter 的数据类型，则应用 As datatype 声明其数据类型。

start 和 end 分别表示 Counter 的初值和终值，通常是结果为 Integer 类型的表达式。

stepnumber 指定每次循环后 counter 的增量，通常是结果为 Integer 类型的表达式。如果没有指定，则 stepnumber 的值默认为 1。

每次进入循环前，将 counter 变量和 end 进行比较，包括第一次执行 For 语句。如果 start 的值超过 end 的值，则循环不执行，并且立即将执行传递到 Next 语句后面的语句。否则循环语句执行后，将 stepnumber 添加到 counter，然后再次比较 counter 和 end。比较的结果或是再次执行循环中的语句，或是终止循环并继续执行 Next 语句后面的语句。

Exit For 语句经常在计算某个条件（例如，用 If...Then...Else 语句）之后使用，将控制立即传送到 Next 语句后面的语句。可以在 For...Next 循环中放置任何数量的 Exit For 语句。

下面的示例使用 For...Next 语句创建字符串，字符串包含 10 个从 0~9 的数字，字符串之间用一个空格隔开。外层循环使用一个循环计数器变量，每循环一次，变量值减 1。

```
Dim Words, Digit As Integer
Dim MyString As String
For Words = 10 To 1 Step -1
```

```
For Digit = 0 To 9
    MyString = MyString & CStr(Digit)   ' 将数字转化为字符串
  Next Digit   ' Increment counter.
  MyString = MyString & " "   ' 添加一个空格
Next Words
```

（4）for each...in 语句枚举集合类型中的元素，为每个元素执行一次语句块，用于循环访问集合以获取所需信息，但不应用于更改集合内容，以避免产生不可预知的副作用。此语句的形式如下：

```
For Each element [ As datatype ] In group
      [ statements ]
[ Exit For ]
      [ statements ]
  Next [ element ]
```

其中，element 是数据类型为 group 元素的数据类型能够隐式转换到的类型的变量，用于循环访问集合的元素。当尚未声明 element 的类型时，datatype 用于声明其数据类型，否则不能使用 As 子句来重新声明它。

Group 是引用对象集合或数组的对象变量。 如果在 group 内至少有一个元素，则进入 For Each...Next 循环。一旦进入该循环，则针对 group 内的第一个元素执行语句，如果 group 内有更多元素，则继续针对每个元素执行循环内的语句。当没有更多元素时，终止循环并且继续执行 Next 语句后面的语句。

下面的示例使用 For Each...Next 语句搜索集合中所有元素的 Text 属性以查找 Hello 字符串。在该示例中，MyObject 是与文本相关的对象，并且是集合 MyCollection 的一个元素。它们两个都是仅用于说明目的的一般名称。

```
Dim Found As Boolean = False
Dim MyCollection As New Collection
For Each MyObject As Object In MyCollection   ' 遍历所有元素
  If CStr(MyObject.Text) = "Hello" Then   ' 如果元素的 Text 属性为 Hello
    Found = True   ' 将标记 Found 设置为 true
    Exit For   ' 跳出循环
  End If
Next
```

4.3 Web 窗体

在 ASP.NET 中，一个网页或窗口被看成是一个 Web 窗体，Web 窗体是一个被赋予属性、方法和事件的对象。作为 ASP 的逻辑演变，Web 窗体框架创建和使用可封装常用功能的可重用 UI 控件，并由此减少网页开发人员必须编写的代码量的能力。

Web 窗体的后缀名是 ASPX，当浏览器客户端请求.aspx 资源时，ASP.NET 运行库分析目标文件并将其编译为一个.NET Framework 类，此类可用于动态处理传入的请求。Web 页的逻辑由代码组成，这些代码由用户创建，以与窗体进行交互。编程逻辑位于与用户界面文件不同的文件中，该文件称为"代码隐藏"文件，并具有.aspx.vb 或.aspx..cs 扩展名。

4.3.1　编写第一个 Web 窗体

下面来看一个简单的 Web 页面，以加快读者对 web 页面的熟悉。在 Dreamweaver 或 Visual Web Developer 中新建一个 ASP.NET 页面，语言为 VB.NET，切换到"代码"视图或"源"视图，添加如下代码：

```
<!-- myfirstpage.aspx-->
<form action="myfirstpage.aspx" method="post">
        <h3> 姓名: <input id="name" type=text>
        所在城市: <select id="city" size=1>
                    <option>北京</option>
                    <option>上海</option>
                    <option>重庆</option>
                </select>
        <input type=submit value="查询">
</form>
```

属性 method 决定如何将收集的用户输入组成的字符串发送给 Web 服务器。如果 method 为 get，将通过查询字符串发送。查询字符串是一个可选字符串，位于网页的 URL 末尾。如果网站的 URL 中包含问号（？），则问号后的所有内容都是查询字符串。

如果 method 设置为 post，收集的用户输入内容将通过 HTTP 发送，则 URL 末尾没有查询字符串。

使用浏览器预览该页面的效果，如图 4-2 所示。

由于没有对提交表单做任何响应，所以单击表单中的"查询"按钮后，页面的内容没有什么改变。

图 4-2　页面效果

与所有的服务器端进程一样，当 ASPX 页面被客户端请求时，页面的服务器端代码被执行，执行结果被送回到浏览器端。这一点和 ASP 并没有太大的不同。但是 ASP.NET 的架构可以为客户做许多别的事情。比如它会自动处理浏览器的表单提交，把各个表单域的输入值变成对象的属性，使得用户可以像访问对象属性那样来访问客户的输入。

📖 4.3.2　ASP.NET Web 窗体语法元素

ASP.NET Web 窗体除静态内容之外，还可以使用 6 个独特的语法标记元素。下面分别进行简要介绍。

（1）代码呈现。代码呈现块由<%...%>元素表示，允许自定义控制内容的显示，并且在 Web 窗体页执行的呈现阶段执行。只执行由<%...%>元素括起来的代码，并将结果显示为内容。

<%="Hello,World! "%>与代码<% Response.Write("Hello,World! ")%>的功能相同。

（2）代码声明。ASP.NET 所有的函数和全局页变量都必须在<script runat="server">标记中声明。例如：

```
<script language="vb" runat="Server">
  Sub PageLoad()
...
End Sub
</script>
```

（3）声明服务器控件。声明 HTML 服务器控件和 Web 服务器控件时，必须包含"runat=server"属性，例如：

```
<img ID="Image1" src="images/4.gif" runat="server"/>
<asp:label id="Message" runat="server"/>
```

（4）数据绑定。ASP.NET 中内置的数据绑定支持网页开发人员以分层方式将控件属性绑定到数据容器值。数据绑定的格式为：<%#... %>，位于<%#... %>代码块中的代码只有在其父控件容器的 DataBind 方法被调用时才执行，例如：

```
<img src="<%# DataSet1.FieldValue("id", Container) %>" alt="pic" />
```

（5）服务器端注释。服务器端注释使网页开发人员能够防止服务器代码和静态内容执行或呈现。格式如下：

```
<%--注释--%>
```

（6）服务器端包含。服务器端包含使网页开发人员能够将指定文件的原始内容插入 ASP.NET 网页内的任意位置，格式如下：

```
<--#include File="Location.inc"-->
```

📖 4.3.3　ASP.NET 页面指令

页面指令在程序的设计过程中十分有用。本节将介绍几种常用的页面指令，这些指令是通过诸如 HTML 这样的标记语言来实现的。然而，它们都使用@符号，因此并非真正意义上的 HTML，而是页面级的伪指令。这些标记通常位于 ASP.NET 页面的顶部，实际上它们可以位于页面上的任何地方。

（1）@Assembly 指令。这条指令标识连接到页面的其他部件。它在编译期间将部件连接到当前的页面，并且在页面上可以使用部件的所有类和接口。它的语法形式如下：

```
<%@ Assembly Name="AssemblyName" %>
<%@ Assembly Src="AssemblySourceCodeFile.vb" %>
```

其中，Name 参数是一个表示连接到页面的部件名称的字符串。需要注意的是，这个名称不包含文件路径或者扩展名。Src 参数指定到源文件的路径，以便再次动态编译和链接文件。

需要提请注意的是，上述两个参数在同一条@Assembly 指令中不能同时出现。

（2）@Control 指令。该指令定义在页面上包含和编译用户控件所用的属性。该指令不仅包含另一个文件提供的功能，而且可以编写代码处理控件中声明的任何属性。由于该指令可以使用用户控件文件，所以@Control 指令的功能几乎和稍后介绍的@Page 指令的功能一样强大。其语法形式如下：

```
<%@ Control Language="vb" EnableViewState="true" %>
```

其中，Language 指定在编译所有内联视图时所用的代码语言，其有效值包括.NET 支持的任何语言。EnableViewState 说明是否在多个页面请求期间保存视图状态。@Control 指令还包含如下几个常用的参数：

- AutoEventWireup：该参数指出是否自动执行页面的事件。
- ClassName：该参数指定在请求页面时为页面自动编译的类名称。
- CompilerOptions：为页面提供编译选项。
- Debug：该参数表示是否使用调试符号来编译页面。
- Description：该参数为页面提供文本说明。ASP.NET 解析程序将忽略该参数的值。
- Inherits：定义当前页面将继承的页面，其值可以是从 Page 类派生的任何类。
- Src：指定在请求页面时动态编译的源代码类的文件名。

（3）@Implements 指令。这条指令说明当前页面将实现具体的.NET 框架接口，一旦实现了这个接口，页面就可以在<Script>与</Script>标记之间访问所实现接口的接口元素。该指令的语法形式如下：

```
<%@ Implements Interface="System.Web.IPostBackEventHandler" %>
```

其中 Interface 参数指明在页面上实现的接口。

（4）@Import 指令。这条指令从.NET 类库或用户自定义的命名空间导入命名空间。它的语法形式如下：

```
<%@ Import NameSpace="UserDefinedNameSpace" %>
<%@ Import NameSpace="System.NET" %>
```

其中 NameSpace 参数用于指定命名空间的名称。一条@Import 指令可以导入一个命名空间，ASP.NET 页面中可以使用多条@Import 指令。

此外，下列命名空间无需使用@Import 指令，即可自动导入到 ASP.NET 页面中：
System、System.Collections、System.Collections.Specialized、System.Configuration、
System.IO、System.Text、System.Text.RegularExpressions、System.Web、
System.Web.Caching、System.Web.Security、System.Web.SessionState、System.Web.UI、
System.Web.UI.HtmlControls 和 System.Web.UI.WebControls。

（5）OutputCache 指令。这条指令指定 ASP.NET 在特定时间内的缓存页面结果。如
果要输出缓存 ASP.NET 页面或者用户控件，则需要使用这个控件。

页面输出缓存将指定页面的完整内容存储在缓存中，当再次请求该页面时，直接从
内存中静态提供页面，而不必再执行 ASP.NET 页面，从而可以保存工作，并大大提高性
能。该指令的语法形式如下：

```
<%@ OutputCache Duration="6" VaryParam="none" %>
```

其中，Duration 参数指定了页面或页面元素保存在缓存中的时间，单位为秒。
VaryParam 参数允许根据 HTTP GET 或者发送给服务器的 POST 数据来缓存页面的不同
形式。

（6）@Page 指令。这条指令定义页面属性。ASP.NET 页面分析程序和编译程序使
用这些属性来编译 ASP.NET 页面。要注意的是，这条指令只能在 ASPX 文件中使用，其
语法形式如下：

```
<%@ Page Buffer="true" Language="vb" %>
```

其中 Buffer 参数指定是否启用 HTTP 响应缓冲。Language 指定在编译所有内联视图
时所用的代码语言，其有效值包括.NET 支持的任何语言。

@Page 指令的参数远不止以上两个，常用的参数可以参见@Control 的参数说明，此
外还有如下几个：

- ContentType：该参数作为标准 MIME 类型，定义页面响应的 HTTP 内容类型。
- ErrorPage：当出现无法处理的页面异常时，页面重定向到该参数定义的目标
  URL。
- EnableSessionState：指定页面访问会话状态的方式。
- EnableViewStateMac：确定是否用 MAC 检查页面的视图状态。
- Explicit：指定是否用 VB Option Explicit 模式编译页面，默认值为 false。
- WarningLevel：指定编译器在什么警告级别上放弃编译页面。

（7）@Reference 指令。该指令指出在运行时将要动态编译另一个用户控件或者页
面源文件，并链接到当前页面上，然后将其添加到 ControlCollection 对象上。随后通过
页面或者服务器控件的 Control 属性就可以访问元素。其语法形式如下：

```
<%@ Reference Control="control.ascx" %>
```

其中 Control 参数指定用户控件。

（8）@Register 指令。该指令以声明方式将自定义的 ASP.NET 服务器控件添加到页
面上，为自定义控件和用户控件定义了别名、标记和其他的参数，以减少自定义服务器

控件语法中的文档说明。其语法形式如下：

```
<%@ Register
    TagPrefix="MyTagPrefix"
    TagName="MyTagName"
    Src="MyPage.ascx" %>
<MyTagPrefix:MyTagName id="ID" runat="server"/>
```

其中 TagPrefix 参数指定了与命名空间相关的别名。TagName 参数表示与类相关的别名。Src 参数表示与 TagPrefix: TagName 相关的用户控件，或者用户自定义控件的相对或者绝对位置。

4.4 常用的 ASP.NET 控件

本节介绍制作动态网页时，常用到的一些 ASP.NET 控件。

📖4.4.1 标准控件

ASP.NET 常用的标准控件包括文本、图片、按钮等控件，下面分别简单介绍它们的使用方法。

（1）Label。Label 控件在页面的设定位置显示文本。与静态文本不同，Label 的 Text 属性可以编程方式设置。其语法形式如下：

<asp:Label id="对象名称" runat="server" Text="要显示的文本" />

例如：

```
<asp:Label id="Label1" runat="server" Text="Label Controls"/>
```

（2）TextBox。该控件使用户可以输入文本。其语法形式如下：

```
<asp:TextBox
    id="对象名称"
    runat="server"
    TextMode="文本显示方式"
    Text="要显示的文本"
    MaxLength="可输入字符串的最大长度"
    Rows="可显示的行数"
    Columns="可显示的列数"
    Wrap="是否自动换行"
    AutoPostBack="是否自动回发"
    OnTextChanged="处理事件的程序名称"
    />
```

TextBox 的 TextMode 属性有 3 种设置值，分别表示不同的外观和作用。默认情况下，TextMode 为 SingleLine，表示单行文本框。用户可通过将 TextMode 属性设置为 Password

或者 MultiLine 来修改 textbox 的行为，分别表示输入密码和多行文本框。

MaxLength 属性可用于限制用户在 TextBox Web 控件中输入的字符数。需要注意的是，如果将 MaxLength 属性设置为 0，表示对用户在文本框中可输入的字符数没有限制，而不是不能输入字符。此外 MaxLength 属性只适用于单行文本框和密码文本框。

Columns 属性决定 TextBox 的显示宽度，当 TextMode 为 MultiLine 时，Rows 属性决定其显示高度。默认情况下，对用户可在文本框中输入的文本量没有限制。在多行文本框中，行数和列数只影响文本框的外观。如果多行文本框的可视空间容纳不下用户输入的文本量，将出现垂直滚动条。

AutoPostBack 属性与 OnTextChanged 事件配合使用，用于设置当用户改变控件的内容，并按下 Enter 或 Tab 键时，是否自动将改变后的内容送回服务器。

（3）Image。该控件在页面上显示由 ImageUrl 属性指定的图片。其语法形式如下：

```
<asp:Image id="对象名称" runat="server" ImageUrl="图片所在的位置"
    AlternateText="图片不显示时显示的替代文字"
    ImageAlign="图片与周围文字的对齐方式"/>
```

（4）Button、ImageButton 和 LinkButton。Button 控件的作用是提供命令按钮，用于将 Web 窗体页面回传给服务器。其语法形式如下：

```
<asp:Button id="对象名称" runat="server" Text="按钮上的文本" OnClick="处理 Click
事件的程序名称"/>
```

在使用 Button 控件时，只有指定了 OnClick 的事件处理程序，才能使用 Click 事件。此外该控件只有放在<Form>和</Form>标记之间才能发挥作用。

ImageButton 和 LinkButton 在功能上与 Button 控件基本相同，不同之处在于 ImageButton 是图形形式的按钮，LinkButton 是使用超级链接形式的按钮。LinkButton 的语法形式与 Button 相同，在此不再赘述。下面简要介绍一下 ImageButton 的语法形式：

```
<asp:ImageButton id="对象名称" runat="server" ImageUrl="图像按钮的位置"
OnClick="处理 Click 事件的程序名称"/>
```

与 Button 和 LinkButton 相比，ImageButton 的单击事件还提供了单击图像位置的 x、y 坐标，也就是说，单击图像不同的位置可以有不同的响应方式。还有一点值得读者注意的是，在编写 ImageButton 的 Click 事件程序时，须将变量 e 的类型改为 ImageClickEventArgs，否则会出错。

（5）RadioButton 和 RadioButtonList。RadioButton 应用于多选一的情况，允许用户将某个组中的单选按钮与页面中的其他内容交错。因此可以通过将具有相同意义的选项共享相同的 GroupName，在逻辑上将它们组成一个组。其语法形式如下：

```
<asp:RadioButton
    id="对象名称"
    runat="server"
    Checked="是否默认选中"
    Text="选项名称"
    TextAlign="文字对齐方式"
```

```
    GroupName="组名"
    AutoPostBack="是否自动回发"
    OnCheckedChanged="事件处理程序的名称"
    />
```

RadioButtonList 控件的语法形式如下：

```
<asp:RadioButtonList
    id="对象名称"
    runat="server"
    RepeatColumns="字段数量"
    RepeatDirection="控件排列方式"
RepeatLayout="是否以表格方式呈现控件的排列"
    TextAlign="文字对齐方式"
    AutoPostBack="是否自动回发"
    OnSelectedChanged="事件处理程序的名称"
>
<asp:ListItem
    Text="选项名称"
    Value="选项值"
    Selected="是否选中"
/>
</asp:RadioButtonList>
```

在实际运用中，如果要取得 RadioButtonList 的值，只需使用 SelectedItem.Text 或者 SelectedItem.Value 即可获取被选取项的 Text 或 Value 值。Text 属性与 Value 属性的不同之处在于，Text 能显示在网页中，而 Value 不能。另外，当显示在网页上的内容与实际要运算的内容不同时，可以通过 Value 属性加以设置。

（6）CheckBox 和 CheckBoxList。CheckBox 控件用于在一组选项中选择多个选项，其语法形式如下：

```
<asp:CheckBox
    id="对象名称"
    runat="server"
    Checked="是否默认选中"
    Text="选项名称"
    TextAlign="文字对齐方式"
    AutoPostBack="是否自动回发"
    OnCheckedIndexChanged="事件处理程序的名称"
    />
```

CheckBoxList 控件与 CheckBox 类似，不同之处在于，每一个 CheckBox 都是一个独立的控件，因此必须逐一判断是否被选中；而 CheckBoxList 用组的方式管理各个选项，各个选项由 ListItem 产生。其语法形式如下：

```
<asp:CheckBoxList
    id="对象名称"
    runat="server"
    RepeatColumns="字段数量"
    RepeatDirection="控件排列方式"
RepeatLayout="是否以表格方式呈现控件的排列"
    TextAlign="文字对齐方式"
    AutoPostBack="是否自动回发"
    OnSelectedIndexChanged="事件处理程序的名称"
>
<asp:ListItem
    Text="选项名称"
/>
</asp:CheckBoxList>
```

如果要取得 CheckBoxList 的值，可以使用 for 循环，例如：

```
for i=0 to CheckBoxList1.Items.Count-1
     If CheckBoxList1.Items(i).Selected Then
     ...
```

其中，CheckBoxList1 是 CheckBoxList 的一个对象的名称。

（7）HyperLink。该控件用于从客户端定位到另一页面，相当于 HTML 中的超链接标记<a>，但与<a>标记不同的是，使用 HyperLink 控件可以轻松地实现图片超级链接，不必分别编写<a>和<Img>标记。其语法形式如下：

```
<asp:HyperLink
    id="对象名称"
    runat="server"
    Text="超链接的文字"
    NavigateUrl="要链接的网址"
    Target="目标窗口"
    ImageUrl="图片位置"
    />
```

如果设置了 ImageUrl 属性和 Text 的值，则将光标移到图片上时，显示 Text 定义的文本。

（8）ListBox。ListBox 控件提供单选或多重选择列表，该控件与 DropDownList 控件的功能基本相同，不同的是 DropDownList 控件一次只能显示一个选项，而 ListBox 一次可以显示多个选项，也允许用户选择多个选项。ListBox 的语法形式如下：

```
<asp: ListBox
    id="对象名称"
```

```
    runat="server"
    Rows="可显示的行数"
    SelectionMode="设置多选或单选"
    AutoPostBack="是否自动回发"
    OnSelectedIndexChanged="事件处理程序的名称"
>
<asp:ListItem
    Text="选项名称"
Value="选项值"
    Selected="是否选中"
/>
</asp: ListBox>
```

如果希望可以选择多项，请将 SelectionMode 属性设置为 Multiple。其他属性的说明与 RadioButtonList 相同，在此不再一一叙述。

（9）Calendar。Calendar 控件显示一个日历，用户可以从中选择、查看日期。该控件的属性非常丰富，利用这些属性可以呈现形式多变的日历。下面简要介绍其常用的几个属性：

- DayNameFormat：设置星期的显示格式。
- FirstDayOfWeek：设置一周开始是星期几。
- NextMonthText、PrevMonthText：下一个月（上一个月）的链接文字。
- SelectionMode：设置选择日期的方式，可以是一天、一周或一月。
- SelectWeekText、SelectMonthText：设置选择整周、整月的命令文本。
- ShowGridLines：确定是否显示网格线。
- ShowNextPrevMonth：是否显示下一个月、上一个月的链接。
- TitleFormat：设置标题栏所要显示的日期格式。

Calendar 控件的一部分属性还可以利用 Style 对象改变控件的外观，常用的属性如下：

- DayStyle：当前月每天的风格。
- OtherMonthDayStyle：除了当前日期的其他日期的风格。
- SelectedDayStyle：被选中日期的风格。
- TodayDayStyle：当天日期的风格。
- NextPrevStyle：设置月份导航标志的风格。
- WeekendDayStyle：周末的风格。

例如，下面的代码呈现的日历标题为灰色，显示完整的星期名称，当前日期显示为红底绿字，可以选择整周和整月。

```
<asp:Calendar Id="MyCalendar" runat="server"
  DayNameFormat="Full"
  TitleStyle-Backcolor="#CCCCCC"
```

```
TitleStyle-ForeColor="White"
TodayDayStyle-BackColor="#FFCC99"
TodayDayStyle-ForeColor="#009900"
ShowGridLines="true"
TitleFormat="Month"
NextPrevFormat="CustomText"
NextMonthText="下月"
PrevMonthText="上月"
SelectionMode="DayWeekMonth"
SelectWeekText="选择整周"
/>
```

（10）AdRotator。AdRotator 控件是 ASP.NET 提供的一种广告控件，用于交替呈现多个广告图像，单击这些图像将会定位到一个新的位置。每次加载该页面到浏览器时，都会从预定义列表中随机选择一个广告图像显示。其语法形式如下：

```
<asp:AdRotator id = "对象名称"
AdvertisementFile="广告文件名称"
KeywordFilter="过滤广告文件的关键字"
......
OnAdCreated = "事件处理程序名称"
runat="server"/>
```

其中，AdvertisementFile 属性用于指定广告文件的路径。广告文件是一个定义广告画面和链接地址等内容的 XML 文件。其格式如下：

```
<?xml version="1.0" encoding="gb2312"?>
<Advertisements>
  <Ad>
<ImageUrl>URL1</ImageUrl>
<AlternateText>替代文字 1</AlternateText>
<NavigateUrl>Nurl1</NavigateUrl>
<Impressions>加权 1</Impressions>
  </Ad>
<Ad>
<ImageUrl>URL2</ImageUrl>
<AlternateText>替代文字 2</AlternateText>
<NavigateUrl>Nurl2</NavigateUrl>
<Impressions>加权 2</Impressions>
  </Ad>
<Ad>
<ImageUrl>URL3</ImageUrl>
<AlternateText>替代文字 3</AlternateText>
```

```
<NavigateUrl>Nurl2</NavigateUrl>
<Impressions>加权 3</Impressions>
</Ad>
</Advertisements>
```

其中，ImageUrl 指定广告图片的位置；NavigateUrl 指定广告图片的链接地址；AlternateText 指定图片未载入时显示的替代文字；Impressions 指定广告图片出现的概率。

对于 Impressions 属性的取值，举例来说，某一广告滚动板含有 4 则广告，每一则广告的加权都等于 1，那么每一则广告的出现机率就等于 25%。但如果第一则广告的加权等于 3，而其他三则广告的加权都等于 1，则第一则广告的出现机率将为 50%。读者需要注意的是："出现机率"并非实际出现次数。例如，上述广告的出现机率为 25%，是指进入网页无限多次之后，平均 4 次会出现 1 次，而并不是说每 4 次就一定会出现 1 次。

📖4.4.2 数据验证控件

过去在开发 ASP Web 应用程序时，验证用户输入的信息是否有效虽然技术难度不是很高，但是非常繁琐。在 ASP.NET 中，这种现象不再存在，因为有了数据验证控件。

验证服务器控件是一个控件集合，这些控件允许验证关联的输入服务器控件（例如 TextBox），并在验证失败时显示自定义消息，每个验证控件执行特定类型的验证。由于在验证控件中显示错误信息，可通过将验证控件放置在所需位置来控制在 Web 页中显示消息的位置，还可以显示页上所有验证控件的结果摘要。

数据验证控件共有以下 6 种：

◆ RequiredFieldValidator：确保用户在 Web 窗体页上输入数据时不会跳过必填字段。

◆ CompareValidator：将用户的输入与常数值、另一个控件的属性值或数据库值进行比较。

◆ RangeValidator：确保用户输入的值在指定的上下限范围之内。

◆ RegularExpressionValidator：确保用户输入信息匹配正则表达式定义的模式。

◆ CustomValidator：确保用户输入的内容符合您自己创建的验证逻辑。

◆ ValidationSummary：提供一个集中显示验证错误信息的地方。

其中，常用的为前 5 种控件，最后一个主要用于集中显示信息。默认情况下，当单击按钮控件时，即执行页验证。将按钮控件的 CausesValidation 属性设置为 false 可以阻止在单击按钮控件时执行验证。"取消"或"清除"按钮的该属性通常设置为 false，以防止在单击按钮时执行验证。

此外，很多初学者在使用验证控件时不为验证控件设置 ID 属性，而使其 ID 属性为默认值，这不是一个好习惯，不便于代码的维护。建议初学者一定要为每个控件指定具备一定实际意义的 ID 属性。

下面通过实例演示验证控件的用法。该实例模拟一个用户注册的功能，要求用户必须输入姓名和密码信息，密码必须输入两次且两次输入的密码必须匹配。另外用户可以选择性地输入邮箱，如果用户输入了邮箱信息，则验证控件检查邮箱是否合法，如果不输入，则不进行检查。若输入完整、正确时，转向另一网页，若输入错误时，除分别显示以外，还需要汇总显示错误。假定密码为 111111。

本例的操作步骤如下：

（1）启动 Dreamweaver，新建一个名为 DataValidator.aspx 的 ASP.NET VB 网页。

（2）在页面中插入一个表单，然后单击"常用"插入面板上的"标签选择器"按钮🔲，在弹出的"标签选择器"对话框左侧单击"ASP.NET 标签"/"Web 服务器控件"，在页面上插入 6 个 Label 控件，4 个 TextBox 控件和 1 个按钮控件，并按照表 4-11 设置控件属性。

表 4-11　控件属性

控件类型	ID 属性	Text 属性	其他属性
Label	lblHead	请输入您的个人信息	前景色：#0000FF；字号：30
Label	lblName	姓名：	
TextBox	txtName	空	
Label	lblPsw	密码：	
TextBox	txtPsw	空	文本模式：密码
Label	lblPswCheck	确认密码：	
TextBox	txtPswCheck	空	文本模式：密码
Label	lblMail	E-Mail：	
TextBox	txtMail	空	
Button	btnOK	提交	
Label	lblResult	空	

（3）单击🔲图标打开"标签选择器"对话框，在左侧单击"ASP.NET 标签"/"验证服务器控件"，然后选择添加三个 RequiredFieldValidator 控件、两个 CompareValidator 控件和一个 RegularExpressionValidator 控件，将其前景色均设置为红色，属性设置见表 4-12。并按图 4-3 调整控件位置。

由于用户姓名和密码必须填写，所以分别为 txtName 和 txtPsw 控件添加了 RequiredFieldValidator 控件，以避免用户不填写数据而直接提交。同时，为了保证两次输入的密码匹配，还为 txtPswCheck 控件添加了 CompareValidator 控件，并指定该 CompareValidator 控件的"要验证的控件"为 txtPsw，表示 txtPswCheck 的数据必须和 txtPsw 中输入的数据相同。为了保证用户输入的邮箱地址合法，使用了 RegularExpressionValidator。

表 4-12　验证控件属性

控件类型	ID 属性	文本	要验证的控件	错误信息
RequiredFieldValidator	rForName	*必填项	txtName	姓名必须填写
RequiredFieldValidator	rForPsw	*必填项	txtPsw	密码必须填写
CompareValidator	cForPsw		txtPsw	密码不正确

RequiredFieldValidator	rForRPsw	*必填项	txtPswCheck	确认密码必须填写
CompareValidator	cForPsw		txtPsw	两次密码不匹配
RegularExpressionValidator	rForMail		txtMail	邮箱格式错误

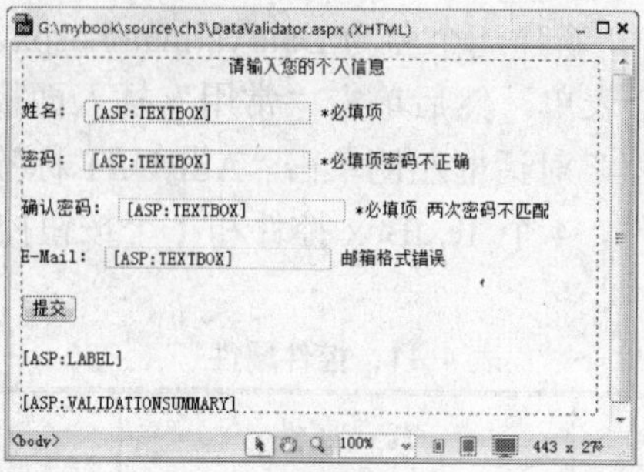

图 4-3　调整控件位置

　　另外设置 cForPsw 控件的"要比较的值"为 111111，操作为"等于"；设置 rForMail 的验证表达式为："[a-zA-Z0-9]+@[.a-z0-9]+"。

　　（4）选择"提交"按钮，单击右键，选择"编辑标签"命令，在弹出的对话框中单击"OnClick"事件，在右侧的文本框中输入"btnOK_Click"，然后单击"确定"按钮。

　　（5）切换到代码视图，在 HTML 头部注册按钮单击事件，编写如下代码：

```
<script runat="server">
Private Sub btnOK_Click(ByVal sender As System.Object,ByVal e As
System.EventArgs) Handles btnOK.Click
    If Page.IsValid Then
        Me.lblResult.Text += Me.txtName.Text + "<br>"
        Me.lblResult.Text += Me.txtPsw.Text + "<br>"
        Me.lblResult.Text += Me.txtMail.Text
    End If
End Sub
</script>
```

　　每个页面都有 Page.IsValid 属性，没有输入数据时，Page.IsValid 为 false，有数据输入时为 true。因此在按钮单击事件中首先要判断验证控件是否通过了验证。

　　（6）保存页面，按 F12 键在浏览器中预览页面效果，如图 4-4。

　　（7）输入部分信息后单击"提交"按钮，测试验证控件，如图 4-5 所示。输入符合规则的信息以后再单击"提交"按钮，得到如图 4-6 所示界面。

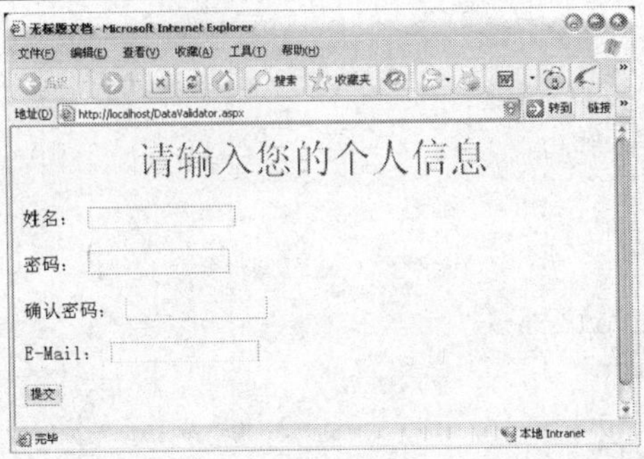

图 4-4 DataValidator.aspx 初始界面

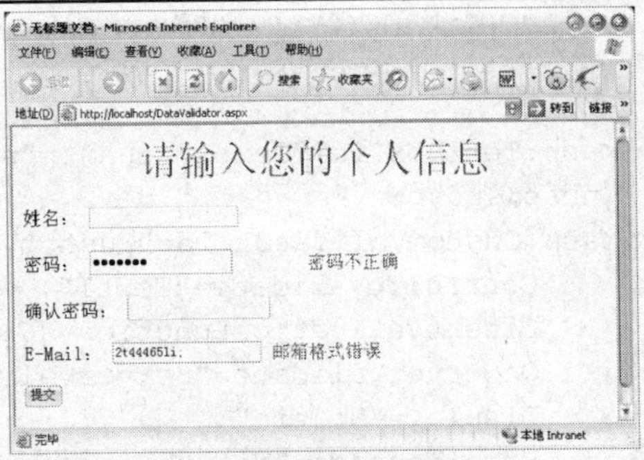

图 4-5 测试验证控件界面

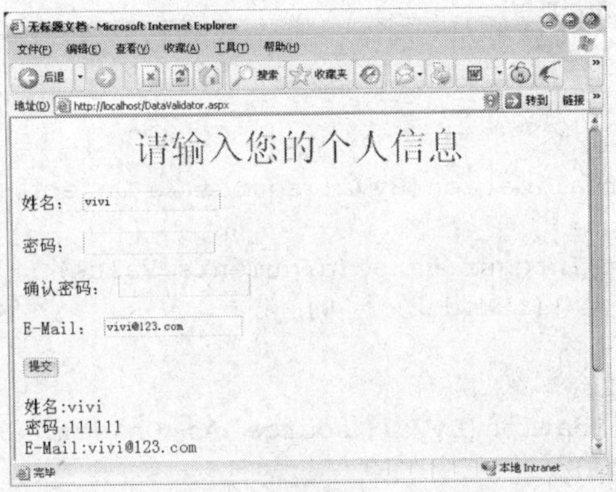

图 4-6 信息合法界面

如果需要限定输入值的范围，可以使用 RangeValidator 控件检查用户输入的数字、字母或日期是否在指定的上限与下限之间。边界表示为常数，例如，下面的代码使用 RangeValidator 控件验证在文本框中输入的值是否介于 1 和 10 之间。

```
<asp:TextBox id="TextBox1" runat="server"/>
<asp:RangeValidator id="Range1"
    ControlToValidate="TextBox1"
    MinimumValue="1"
    MaximumValue="10"
    Type="Integer"
    EnableClientScript="false"
    Text="The value must be from 1 to 10!"
    runat="server"/>
```

此外还可以自定义验证逻辑，使用 CustomValidator 控件计算输入控件的值以确定它是否通过验证。该控件主要属性有 ClientValidationFunction：指定与 CustomValidator 控件相关联的客户端验证脚本函数的名称。

例如，下面的代码使用 CustomValidation 控件在客户端上验证在文本框中输入的值是否为偶数：

```
<asp:Label id=lblOutput runat="server"
    Text="Enter an even number:"
```

```
        Font-Name="Verdana"
        Font-Size="10pt" /><br>
  <p>
  <asp:TextBox id="Text1" runat="server" />
    
  <asp:CustomValidator id="CustomValidator1"
      ControlToValidate="Text1"
      ClientValidationFunction="ClientValidate"
      OnServerValidate="ServerValidation"
      Display="Static"
      ErrorMessage="Not an even number!"
      ForeColor="green"
      Font-Name="verdana"
      Font-Size="10pt"
      runat="server"/>
```

其相应的脚本如下：

```
  <script runat="server">
    Private Sub ServerValidation(ByVal source As Object, ByVal arguments As
ServerValidateEventArgs)
    Dim i As Integer = Integer.Parse(arguments.Value)
    arguments.IsValid = ((i Mod 2) = 0)
End Sub

Private Sub ClientValidation(ByVal source As Object, ByVal arguments As
ClientValidateEventArgs)
    If (arguments.Value mod 2) = 0 Then
      arguments.IsValid=true
    Else
      arguments.IsValid=false
    End If
  End Sub
```

前面提到过可以使用 ValidationSummary 控件在单个位置概述 Web 页上所有验证控件的错误信息。该控件的主要属性如下：

● DisplayMode：基于 DisplayMode 属性的值，该摘要可显示为列表、项目符号列表或单个段落。

● ErrorMessage：ValidationSummary 控件中为页面上每个验证控件显示的错误信息，是由每个验证控件的 ErrorMessage 属性指定的。如果没有设置验证控件的 ErrorMessage 属性，则在 ValidationSummary 控件中不显示该验证控件错误信息。

● HeaderText：在 ValidationSummary 控件的标题部分指定一个自定义标题。

● ShowSummary：控制是否显示 ValidationSummary 控件。

● ShowMessageBox：该属性设置为 true 时，可以在消息框中显示摘要。

继续采用本小节的第一个例子，使用 ValidationSummary 控件来显示所有未通过验证的输入控件。在代码中添加如下代码：

```
<asp:ValidationSummary id="valSum"
```

```
                DisplayMode="BulletList"
                EnableClientScript="true"
                HeaderText="由于下面这些原因您不能成功登录："
                runat="server"/>
```

预览修改后的页面，并输入验证数据，此时的页面效果如图 4-7 所示：

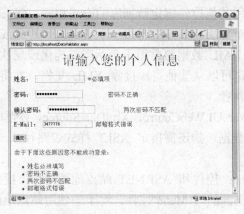

图 4-7　页面效果

📖4.4.3　数据控件

数据展示是一个网站最常见的任务之一，在 ASP.NET 网页中显示数据需要使用两种类型的 Web 控件。首先需要使用数据源控件来访问数据，然后使用数据 Web 控件显示数据源控件检索的数据。

（1）数据源控件。在动态网页中，用户常常需要从数据库中检索数据，并在网页中显示。ASP.NET 提供了 7 个名称都以 DataSource 结尾的数据源控件，位于 Visual Web Developer 工具箱的"数据"部分，这些控件用于访问底层数据库中的数据。在后台数据源控件使用结构化查询语言 SQL 向数据库发送命令。

ASP.NET 数据访问系统的核心是数据源控件。一个数据源控件代表一个备份数据存储（数据库、对象、xml、消息队列等），页面并不显示数据源控件，但是它确实可以为任何数据绑定的 UI 控件提供数据访问。为了支持数据源控件并使用自动数据绑定，利用一个事件模型以便在更改数据时通知控件，各种 UI 控件都进行了重新设计。此外，数据源还提供了包括排序、分页、更新、删除和插入在内的功能，执行这些功能无需任何附加代码。

ASP.NET 4 附带以下数据源控件：

- AccessDataSource：可以通过指定文件名的方式来方便地操作 Microsoft Access 数据库。如果在应用程序中使用 Microsoft Access 数据库，则能够通过 System.Web.UI.WebControls.AccessDataSource 执行插入、更新和删除数据的操作。
- SqlDataSource：配置比 AccessDataSource 的更为复杂，用于企业级应用程序，

这些应用程序需要一个真正的数据库管理系统 (DBMS) 所拥有的功能。例如可以访问 SQL Server、OLE DB、Oracle 等数据库系统。

- ObjectDataSource：用于实现一个数据访问层，从而提供更好的封装和抽象。ObjectDataSource 控件支持绑定到一个特定的数据层，而非绑定到一个数据库，其绑定方式与使用其他控件绑定数据库的方式相同。ObjectDataSource 控件能够绑定到任何一个方法，该方法返回一个 DataSet 对象或 IEnumerable 对象。
- XmlDataSource：XML 数据通常用于表示半结构化或层次化数据。使用 XML 文档作为数据源，可以从其他资源接收 XML 文档，并将 XML 数据格式化，以便与应用程序兼容。

要配置一个 System.Web.UI.WebControls.XmlDataSource，必须指定 XML 文件的路径，如果 XML 需要传输数据，则还需指定 XSLT 样式表路径或 XPath 查询路径（可选）。

- SiteMapDataSource：控件和 ASP.NET 站点地图协作，提供站点的导航数据。最经常使用该数据源的时 Menu 控件。对于想使用站点地图数据和使用非导航控件（如 TreeView、DropDowList）的用户来说，SiteMapDataSource 也是非常有用的。
- EntityDataSource：控件在使用 ADO.NET Entity Framework 的 Web 应用程序中支持数据绑定方案。EntityDataSource 控件的编程图面与 SqlDataSource、LinqDataSource、XmlDataSource 和 ObjectDataSource 控件的编程图面类似。与其他 Web 服务器数据源控件一样，EntityDataSource 控件也代表同一页上的数据绑定控件管理对数据源的创建、读取、更新和删除操作，可用于可编辑的网格、具有用户控制的排序和筛选功能的窗体、双重绑定的下拉列表控件以及主-详细信息页。
- LinqDataSource：控件通过 ASP.NET 数据源控件结构向 Web 开发人员公开语言集成查询 (LINQ)。 LINQ 提供一种用于在不同类型的数据源中查询和更新数据的统一编程模型，并将数据功能直接扩展到 C# 和 Visual Basic 语言中。LINQ 通过将面向对象编程的准则应用于关系数据，简化了面向对象编程与关系数据之间的交互。

有关使用数据源控件访问数据库的方法将在下一章详细介绍。

数据 Web 控件的唯一用途是显示数据。ASP.NET 4 工具箱的"数据"部分有 6 个数据 Web 控件，它们之间的差别在于显示底层数据的方法不同。

（2）GridView 控件。用于显示特定查询返回的全部记录。每一列代表一个字段，每一行代表一个记录。GridView 控件支持以下功能：
- 绑定到数据源控件，例如 SqlDataSource。
- 内置排序功能。
- 内置更新和删除功能。
- 内置页面功能。
- 内置行选择功能。

- 可以编程访问 GridView 对象模型，动态设置属性，处理事件等等。
- 支持多个关键字段。
- 支持用多个数据字段创建超级链接列。
- 可以通过主题和风格调整外观。

在 ASP.NET 网页中添加 GridView 控件，并将其与数据源控件相关联需要两个步骤：

1）添加数据源控件到网页中，并将其配置为检索要显示的数据。

2）添加 GridView 控件到网页中，并将其配置为上一步添加的数据源控件。

除显示数据源控件检索的每条记录外，GridView 控件还默认显示标题行，列出所显示字段的名称。GridView 控件的每一列由一个 DataControlField 对象来表示。默认情况下，属性 AutoGenerateColumns 值为 true，为每一个数据源中的对象生成一个 AutoGenerateField 字段。也可以将 AutoGenerateColumns 值设为 false 以自定义列字段的类型。表 4-13 显示可用的字段类型。

表 4-13　可用字段类型

列字段类型	描　　述
BoundField	显示数据源中字段的值。默认列类型
ButtonField	为 GridView 控件中的每一项显示命令按钮。允许创建一列用户按钮控件，例如添加和移除按钮
CheckBoxField	为 GridView 控件中的每一项显示一个复选框。该列字段类型通常用来显示布尔类型的字段
CommandField	显示预定义的命令按钮来执行选择、编辑、或者删除操作
HyperLinkField	显示数据源中字段的值为超级链接。该字段允许将第二个字段绑定之超级链接的 URL
ImageField	为 GridView 控件中的每一项显示一张图片
TemplateField	在 GridView 控件中根据指定的模板来显示用户自定义的内容。该字段 unxu 创建用户列字段

GridView 控件可以绑定至数据源控件，例如 SqlDataSource、ObjectDataSourc，等等。也可以绑定至任何实现了 System.Collections.IEnumerable 接口的数据源，例如 System.Data.DataView、 System.Collections.ArrayList、System.Collections.Hashtable 等。有三种方法实现绑定：

- 将 GridView 控件的 DataSourceID 属性的值设置为数据源的 ID。
- 将 GridView 控件绑定至实现了 System.Collections.IEnumerable 接口的数据源。设置 GridView 的 DataSource 属性为该数据源并调用 DataBind 方法。
- GridView 控件绑定至指定的数据源控件后，可以实现分类、更新、删除等操作。

下面的代码演示如何使用 GridView 控件来展示数据。

```
<%@ Page language="VB" %>
<html>
  <body>
   <form runat="server">
    <h3>GridView Example</h3>
```

```
    <asp:gridview id="CustomersGridView"
      datasourceid="CustomersSource"
      autogeneratecolumns="true"
      emptydatatext="No data available."
      allowpaging="true"
      runat="server">
    </asp:gridview>
    <asp:sqldatasource id="CustomersSource"
      selectcommand="Select [CustomerID], [CompanyName], [Address], [City],
[PostalCode], [Country] From [Customers]"

connectionstring="<%$ ConnectionStrings:NorthWindConnectionString%>"
      runat="server"/>
    </form>
  </body>
</html>
```

下面的代码演示如何使用 GridView 控件的更新、删除功能。

```
<%@ Page language="C#" %>
<html>
  <body>
    <form runat="server">
      <h3>GridView Edit Example</h3>

      <asp:gridview id="CustomersGridView"
        datasourceid="CustomersSqlDataSource"
        autogeneratecolumns="true"
        autogeneratedeletebutton="true"
        autogenerateeditbutton="true"
        datakeynames="CustomerID"
        runat="server">
      </asp:gridview>

      <asp:sqldatasource id="CustomersSqlDataSource"
        selectcommand="Select [CustomerID], [CompanyName], [Address], [City],
[PostalCode], [Country] From [Customers]"
        updatecommand="Update    Customers    SET    CompanyName=@CompanyName,
Address=@Address, City=@City, PostalCode=@PostalCode, Country=@Country WHERE
(CustomerID = @CustomerID)"
        deletecommand="Delete from Customers where CustomerID = @CustomerID"

connectionstring="<%$ ConnectionStrings:NorthWindConnectionString%>"
        runat="server">
      </asp:sqldatasource>
    </form>
  </body>
</html>
```

注意:

GridView 还有更多新鲜功能，由于篇幅所限在此不能一一演示，有兴趣的读者可以参看相关书籍或者参阅 MSDN。

（3）DetailsView 控件。如果用户希望每次只显示一条检索记录，可以使用 DetailsView 控件。DetailsView 控件用来显示表中数据源单条记录的值，表的每一行中显示记录的每个字段。DetailsView 控件支持以下功能：

- 绑定到数据源控件，例如 SqlDataSource。
- 内置插入功能。
- 内置更新和删除功能。
- 内置页面功能。
- 内置行选择功能。
- 可以编程访问 DetailsView 对象模型，动态设置属性，处理事件等等。
- 可以通过主题和风格调整外观。

DetailsView 控件的每一个数据行都是通过声明字段控件来创建的。不同的字段类型确定了控件中行的行为。表 4-14 显示可用的行字段类型。

表 4-14 行字段类型

列字段类型	描 述
BoundField	以文本显示数据源中字段的值
ButtonField	为 DetailsView 控件中的每一项显示命令按钮。允许创建一行用户按钮控件，例如添加和移除按钮
CheckBoxField	为 DetailsView 控件中的每一项显示一个复选框。该行字段类型通常用来显示布尔类型的字段
CommandField	显示预定义的命令按钮来执行选择，编辑。插入或者删除操作。
HyperLinkField	显示数据源中字段的值为超级链接。该行字段允许将第二个字段绑定之超级链接的 URL
ImageField	在 DetailsView 控件中显示一张图片
TemplateField	在 DetailsView 控件中根据指定的模板来显示用户自定义的行。该字段允许创建用户行字段

DetailsView 控件可以绑定至数据源控件，也可以绑定至任何实现了 System. Collections.IEnumerable 接口的数据源，例如 System.Data.DataView、System.Collections. ArrayList、System.Collections.Hashtable，等等。

DetailsView 控件绑定至数据源控件的方法与 GridView 相同，绑定数据源后，可以实现更新，插入、删除等操作。下面的代码演示如何用 GridView 控件来显示 DetailsView 控件中选中数据的详细信息。

```
<%@ Page Language="VB" %>
<html>
<body>
 <form runat="server">
```

```
    <div>
      <table>
        <tr>
          <td>
            <asp:GridView ID="GridView1" runat="server"
              AutoGenerateColumns="False" DataSourceID="Customers"
              DataKeyNames="CustomerID">
              <Columns>
                <asp:CommandField ShowSelectButton="True" />
                <asp:BoundField                    DataField="ContactName"
HeaderText="ContactName" />
                <asp:BoundField                    DataField="CompanyName"
HeaderText="CompanyName" />
              </Columns>
            </asp:GridView>
          </td>
          <td valign="top">
            <asp:DetailsView ID="DetailsView1" runat="server"
              AutoGenerateRows="True" DataKeyNames="CustomerID"
              DataSourceID="Details" Height="50px" Width="301px">
            </asp:DetailsView>
          </td>
        </tr>
      </table>
         
      <asp:SqlDataSource ID="Details" runat="server"

ConnectionString="<%$ ConnectionStrings:NorthwindConnectionString %>"
        SelectCommand="SELECT * FROM [Customers] WHERE ([CustomerID] =
@CustomerID)">
        <SelectParameters>
          <asp:ControlParameter ControlID="GridView1" Name="CustomerID"
            PropertyName="SelectedValue"
            Type="String" />
        </SelectParameters>
      </asp:SqlDataSource>
      <asp:SqlDataSource ID="Customers" runat="server"

ConnectionString="<%$ ConnectionStrings:NorthwindConnectionString %>"
        SelectCommand="SELECT [CompanyName], [ContactName], [CustomerID] FROM
[Customers]">
      </asp:SqlDataSource>
    </div>
  </form>
</body>
</html>
```

下面的代码演示如何使用 DetailsView 控件实现对数据源的添加、删除和更新。

```
<%@ Page Language="VB" %>
<script runat="server">
```

```
 Private Sub CustomerDetail_ItemInserted(ByVal sender As Object, ByVal e As
DetailsViewInsertedEventArgs)
' 当通过 DetailsView 控件新纪录插入时, 刷新 GridView 控件
    CustomersView.DataBind()
End Sub
Private Sub CustomerDetail_ItemInserting(ByVal sender As Object, ByVal e As
DetailsViewInsertEventArgs)
    For i As Integer = 0 To e.Values.Count - 1
    ' 遍历用户输入的被 HTML 编码的数据。这样可以阻止乱七八糟的数据储存在数据源
        If e.Values(i) IsNot Nothing Then
            e.Values(i) = Server.HtmlEncode(e.Values(i).ToString())
        End If
    Next
End Sub
Private Sub CustomerDetail_ItemUpdated(ByVal sender As Object, ByVal e As
DetailsViewUpdatedEventArgs)
' 当数据在 DetailsView 控件中更新是, 刷新 GridView 控件。
    CustomersView.DataBind()
End Sub
Private Sub CustomerDetail_ItemUpdating(ByVal sender As Object, ByVal e As
DetailsViewUpdateEventArgs)
    For i As Integer = 0 To e.NewValues.Count - 1
    ' 遍历用户输入的被 HTML 编码的数据。这样可以阻止乱七八糟的数据储存在数据源
        If e.NewValues(i) IsNot Nothing Then
            e.NewValues(i) = Server.HtmlEncode(e.NewValues(i).ToString())
        End If
    Next
End Sub
Private Sub CustomerDetail_ItemDeleted(ByVal sender As Object, ByVal e As
DetailsViewDeletedEventArgs)
'当数据在 DetailsView 控件中更新是, 刷新 GridView 控件。
    CustomersView.DataBind()
End Sub

</script>
<html>
<body>
  <form id="Form1" runat="server">
    <h3>
      DetailsView Example</h3>
    <table cellspacing="10">
      <tr>
        <td>
          <!-- Use a GridView control in combination with     -->
          <!-- a DetailsView control to display master-detail -->
          <!-- information. When the user selects a store from -->
          <!-- GridView control, the customers//s detailed     -->
          <!-- information is displayed in the DetailsView     -->
          <!-- control.                                        -->
```

155

```
<asp:GridView ID="CustomersView" DataSourceID="Customers"
  AutoGenerateColumns="False"
  DataKeyNames="CustomerID" runat="server">
  <HeaderStyle BackColor="Blue" ForeColor="White" />
  <Columns>
    <asp:CommandField ShowSelectButton="True" />
    <asp:BoundField DataField="ContactName"
      HeaderText="ContactName" />
    <asp:BoundField DataField="CompanyName"
      HeaderText="CompanyName" />
  </Columns>
</asp:GridView>
</td>
<td valign="top">
  <asp:DetailsView ID="CustomerDetail"
    DataSourceID="Details" AutoGenerateRows="false"
    AutoGenerateInsertButton="true"
    AutoGenerateEditButton="true"
    AutoGenerateDeleteButton="true"
    EmptyDataText="No records."
    DataKeyNames="CustomerID" GridLines="Both"
    OnItemInserted="CustomerDetail_ItemInserted"
    OnItemInserting="CustomerDetail_ItemInserting"
    OnItemUpdated="CustomerDetail_ItemUpdated"
    OnItemUpdating="CustomerDetail_ItemUpdating"
    OnItemDeleted="CustomerDetail_ItemDeleted"
    runat="server">
    <HeaderStyle BackColor="Navy" ForeColor="White" />
    <RowStyle BackColor="White" />
    <AlternatingRowStyle BackColor="LightGray" />
    <EditRowStyle BackColor="LightCyan" />
    <Fields>
      <asp:BoundField DataField="CustomerID" HeaderText="CustomerID"
ReadOnly="True" />
      <asp:BoundField                        DataField="ContactName"
HeaderText="ContactName" />
      <asp:BoundField                        DataField="ContactTitle"
HeaderText="ContactTitle" />
      <asp:BoundField                        DataField="CompanyName"
HeaderText="CompanyName" />
      <asp:BoundField DataField="Address" HeaderText="Address" />
      <asp:BoundField DataField="City" HeaderText="City" />
      <asp:BoundField DataField="Region" HeaderText="Region" />
      <asp:BoundField DataField="PostalCode" HeaderText="PostalCode"
/>
      <asp:BoundField DataField="Country" HeaderText="Country" />
      <asp:BoundField DataField="Phone" HeaderText="Phone" />
      <asp:BoundField DataField="Fax" HeaderText="Fax" />
    </Fields>
```

```
        </asp:DetailsView>
      </td>
    </tr>
  </table>
  <!-- This example uses Microsoft SQL Server and connects -->
  <!-- to the Northwind sample database.                    -->
  <!-- It is strongly recommended that each data-bound       -->
  <!-- control uses a separate data source control.          -->
  <asp:SqlDataSource ID="Customers" runat="server"
    ConnectionString=
      "<%$ ConnectionStrings:NorthwindConnectionString %>"
    SelectCommand="SELECT [CompanyName], [ContactName], [CustomerID]
      FROM [Customers]">
  </asp:SqlDataSource>
  <!-- Add a filter to the data source control for the      -->
  <!-- DetailsView control to display the details of the    -->
  <!-- store selected in the GridView control.              -->
  <asp:SqlDataSource ID="Details"
    ConnectionString=
      "<%$ ConnectionStrings:NorthwindConnectionString %>"
    runat="server"
    SelectCommand="SELECT * FROM [Customers]
      WHERE ([CustomerID] = @CustomerID)"
    DeleteCommand="DELETE FROM [Customers]
      WHERE [CustomerID] = @CustomerID"
    InsertCommand="INSERT INTO [Customers] ([CustomerID],
      [CompanyName], [ContactName], [ContactTitle], [Address],
      [City], [Region], [PostalCode], [Country], [Phone], [Fax])
      VALUES (@CustomerID, @CompanyName, @ContactName, @ContactTitle,
      @Address, @City, @Region, @PostalCode, @Country, @Phone, @Fax)"
    UpdateCommand="UPDATE [Customers] SET [CompanyName] = @CompanyName,
      [ContactName] = @ContactName, [ContactTitle] = @ContactTitle,
      [Address] = @Address, [City] = @City, [Region] = @Region,
      [PostalCode] = @PostalCode, [Country] = @Country,
      [Phone] = @Phone, [Fax] = @Fax
      WHERE [CustomerID] = @CustomerID">
    <SelectParameters>
      <asp:ControlParameter ControlID="CustomersView"
        Name="CustomerID" PropertyName="SelectedValue"
        Type="String" />
    </SelectParameters>
    <DeleteParameters>
      <asp:Parameter Name="CustomerID" Type="String" />
    </DeleteParameters>
    <UpdateParameters>
      <asp:Parameter Name="CompanyName" Type="String" />
      <asp:Parameter Name="ContactName" Type="String" />
      <asp:Parameter Name="ContactTitle" Type="String" />
      <asp:Parameter Name="Address" Type="String" />
```

```
    <asp:Parameter Name="City" Type="String" />
    <asp:Parameter Name="Region" Type="String" />
    <asp:Parameter Name="PostalCode" Type="String" />
    <asp:Parameter Name="Country" Type="String" />
    <asp:Parameter Name="Phone" Type="String" />
    <asp:Parameter Name="Fax" Type="String" />
    <asp:Parameter Name="CustomerID" Type="String" />
  </UpdateParameters>
  <InsertParameters>
    <asp:Parameter Name="CustomerID" Type="String" />
    <asp:Parameter Name="CompanyName" Type="String" />
    <asp:Parameter Name="ContactName" Type="String" />
    <asp:Parameter Name="ContactTitle" Type="String" />
    <asp:Parameter Name="Address" Type="String" />
    <asp:Parameter Name="City" Type="String" />
    <asp:Parameter Name="Region" Type="String" />
    <asp:Parameter Name="PostalCode" Type="String" />
    <asp:Parameter Name="Country" Type="String" />
    <asp:Parameter Name="Phone" Type="String" />
    <asp:Parameter Name="Fax" Type="String" />
  </InsertParameters>
  </asp:SqlDataSource>
 </form>
</body>
</html>
```

在这里，读者可能会发现 DetailsView 控件在默认情况下没有提供查看下一条记录的机制，如果要浏览其他记录，可以在 DetailsView 的智能标签中选中"启用分页"复选框，这将在 DetailsView 底部添加一个分页行。默认情况下，分布界面使用页码跳转到特定记录。

（4）FormView 控件。用来显示数据源的单条记录。与 DetailsView 控件相似，只是显示的是用户自定义的模板，而不是行字段。创建模板可以使控制数据显示更加灵活。FormView 控件支持以下特征：

- 绑定至数据源控件，例如 SqlDataSource 和 ObjectDataSource。
- 内置插入功能。
- 内置更新和删除功能。
- 内置分页功能。
- 可以编程访问 FormView 对象模型，动态设置属性，处理事件等等。
- 可以通过用户自定义的模板、主题和风格调整外观。

FormView 显示内容时，必须为其创建模板。表 4-15 列出了不同的模板类型。

表 4-15　模板类型

类型名称	类型意义
EditItemTemplate	当 FormView 控件处于编辑模式下，为数据行定义内容。该模板通常包含输

	入控件和命令按钮，以便于用户编辑鲜有记录
EmptyDataTemplate	当 FromView 控件绑定至不包含任何记录的数据源时，为显示的空数据行定义内容。该模板通常包含内容，以声明该数据源不包含任何内容
FooterTemplate	为页脚行定义内容。该模板通常包含希望在页脚显示的内容
HeaderTemplate	为标题行定义内容。该模板通常包含希望在标题行显示的附加内容
ItemTemplate	当 FormView 控件处于只读模式时定义数据行的内容。该模板通常包含显示现有记录的值
InsertItemTemplate	当 FormView 控件处于插入模式时定义数据行的内容。该模板通常包含输入控件和命令按钮，以便于用户编辑鲜有记录
PagerTemplate	当分页功能激活时，定义分页行的内容。该模板通常包含用户可以导航之其他记录的控件

与 GridView 控件类似，FormView 控件绑定至指定的数据源控件后，可以实现插入、更新、删除等操作。下面的代码演示使用 FormView 控件显示 SqlDataSource 的数据。

```vb
<%@ Page language="VB" %>
<html>
  <body>
    <form runat="server">
     <h3>FormView Example</h3>
     <asp:formview id="EmployeeFormView"
      datasourceid="EmployeeSource"
      allowpaging="true"
      datakeynames="EmployeeID"
      runat="server">
      <itemtemplate>
       <table>
        <tr>
         <td>
          <asp:image id="EmployeeImage"
           imageurl='<%# Eval("PhotoPath") %>'
           alternatetext='<%# Eval("LastName") %>'
           runat="server"/>
         </td>
         <td>
          <h3><%# Eval("FirstName") %> <%# Eval("LastName") %></h3>
          <%# Eval("Title") %>
         </td>
        </tr>
       </table>
      </itemtemplate>
      <pagersettings position="Bottom"
       mode="NextPrevious"/>
     </asp:formview>
     <asp:sqldatasource id="EmployeeSource"
      selectcommand="Select [EmployeeID], [LastName], [FirstName], [Title],
[PhotoPath] From [Employees]"
```

```
connectionstring="<%$ ConnectionStrings:NorthWindConnectionString%>"
    runat="server"/>
  </form>
 </body>
</html>
```

下面的代码演示使用 FormView 编辑记录。

```vb
<%@ Page language="VB" %>
<script runat="server">
Private Sub EmployeeFormView_ItemUpdating(ByVal sender As Object, ByVal e As
FormViewUpdateEventArgs)
    ' 检查用户输入的数据是非有效。本例检查用户输入的数据是否有空白
    ' 使用 NewValues 属性来获取用户新输入的数据。
    Dim emptyFieldList As ArrayList = ValidateFields(e.NewValues)
    If emptyFieldList.Count > 0 Then
    ' 如果用户输入的数据有空白，显示错误信息。使用 Keys 属性获取关键字字段的值
        Dim keyValue As String = e.Keys("EmployeeID").ToString()
        MessageLabel.Text = "You must enter a value for each field of record
" + keyValue + ".<br/>The following fields are missing:<br/><br/>"
        ' 显示没填的信息。.
        For Each value As String In emptyFieldList
            ' 使用 OldValues 属性来获取字段的原始值
            MessageLabel.Text += value + " - Original Value = " +
e.OldValues(value).ToString() + "<br>"
    Next
        ' 取消更新过程。
        e.Cancel = True
    Else
        ' 字段有效性检查通过，清除错误信息标签。
        MessageLabel.Text = ""
    End If
End Sub
Private Function ValidateFields(ByVal list As IOrderedDictionary) As
ArrayList
    ' 创建一个 ArrayList 对象来存储任何空字段的名称。
    Dim emptyFieldList As New ArrayList()
    ' 遍历用户输入的值的字段，检查空字段。空字段包含 null 值。
    For Each entry As DictionaryEntry In list
        If entry.Value = [String].Empty Then
            ' 为 ArrayList 对象添加字段名。
            emptyFieldList.Add(entry.Key.ToString())
        End If
    Next
    Return emptyFieldList
End Function
Private Sub EmployeeFormView_ModeChanging(ByVal sender As Object, ByVal e As
FormViewModeEventArgs)
    If e.CancelingEdit Then
        ' 用户取消更新过程，清除错误信息标签。
```

Chapter 04

```
            MessageLabel.Text = ""
        End If
End Sub
</script>
<html>
  <body>
    <form runat="server">
      <h3>FormView Example</h3>
      <asp:formview id="EmployeeFormView"
        datasourceid="EmployeeSource"
        allowpaging="true"
        datakeynames="EmployeeID"
        headertext="Employee Record"
        emptydatatext="No employees found."
        onitemupdating="EmployeeFormView_ItemUpdating"
        onmodechanging="EmployeeFormView_ModeChanging"
        runat="server">
        <headerstyle backcolor="CornFlowerBlue"
          forecolor="White"
          font-size="14"
          horizontalalign="Center"
          wrap="false"/>
        <rowstyle backcolor="LightBlue"
          wrap="false"/>
        <pagerstyle backcolor="CornFlowerBlue"/>
        <itemtemplate>
          <table>
            <tr>
              <td rowspan="6">
                <asp:image id="EmployeeImage"
                  imageurl='<%# Eval("PhotoPath") %>'
                  alternatetext='<%# Eval("LastName") %>'
                  runat="server"/>
              </td>
              <td colspan="2">
                   
              </td>
            </tr>
            <tr>
              <td>
                <b>Name:</b>
              </td>
              <td>
                <%# Eval("FirstName") %> <%# Eval("LastName") %>
              </td>
            </tr>
            <tr>
              <td>
                <b>Title:</b>
```

```
        </td>
        <td>
          <%# Eval("Title") %>
        </td>
      </tr>
      <tr>
        <td>
          <b>Hire Date:</b>
        </td>
        <td>
          <%# Eval("HireDate","{0:d}") %>
        </td>
      </tr>
      <tr height="150" valign="top">
        <td>
          <b>Address:</b>
        </td>
        <td>
          <%# Eval("Address") %><br/>
          <%# Eval("City") %> <%# Eval("Region") %>
          <%# Eval("PostalCode") %><br/>
          <%# Eval("Country") %>
        </td>
      </tr>
      <tr>
        <td colspan="2">
          <asp:linkbutton id="Edit"
            text="Edit"
            commandname="Edit"
            runat="server"/>
        </td>
      </tr>
    </table>
  </itemtemplate>
  <edititemtemplate>
    <table>
      <tr>
        <td rowspan="6">
          <asp:image id="EmployeeEditImage"
            imageurl='<%# Eval("PhotoPath") %>'
            alternatetext='<%# Eval("LastName") %>'
            runat="server"/>
        </td>
        <td colspan="2">
           
        </td>
      </tr>
      <tr>
        <td>
```

```
    <b>Name:</b>
  </td>
  <td>
    <asp:textbox id="FirstNameUpdateTextBox"
      text='<%# Bind("FirstName") %>'
      runat="server"/>
    <asp:textbox id="LastNameUpdateTextBox"
      text='<%# Bind("LastName") %>'
      runat="server"/>
  </td>
</tr>
<tr>
  <td>
    <b>Title:</b>
  </td>
  <td>
    <asp:textbox id="TitleUpdateTextBox"
      text='<%# Bind("Title") %>'
      runat="server"/>
  </td>
</tr>
<tr>
  <td>
    <b>Hire Date:</b>
  </td>
  <td>
    <asp:textbox id="HireDateUpdateTextBox"
      text='<%# Bind("HireDate", "{0:d}") %>'
      runat="server"/>
  </td>
</tr>
<tr height="150" valign="top">
  <td>
    <b>Address:</b>
  </td>
  <td>
    <asp:textbox id="AddressUpdateTextBox"
      text='<%# Bind("Address") %>'
      runat="server"/>
    <br/>
    <asp:textbox id="CityUpdateTextBox"
      text='<%# Bind("City") %>'
      runat="server"/>
    <asp:textbox id="RegionUpdateTextBox"
      text='<%# Bind("Region") %>'
      width="40"
      runat="server"/>
    <asp:textbox id="PostalCodeUpdateTextBox"
      text='<%# Bind("PostalCode") %>'
```

```
                    width="60"
                    runat="server"/>
                <br/>
                <asp:textbox id="CountryUpdateTextBox"
                    text='<%# Bind("Country") %>'
                    runat="server"/>
            </td>
        </tr>
        <tr>
            <td colspan="2">
                <asp:linkbutton id="UpdateButton"
                    text="Update"
                    commandname="Update"
                    runat="server"/>
                <asp:linkbutton id="CancelButton"
                    text="Cancel"
                    commandname="Cancel"
                    runat="server"/>
            </td>
        </tr>
    </table>
  </edititemtemplate>
  <pagersettings position="Bottom"
    mode="Numeric"/>
</asp:formview>
<br/><br/>
<asp:label id="MessageLabel"
    forecolor="Red"
    runat="server"/>
<!-- This example uses Microsoft SQL Server and connects  -->
<!-- to the Northwind sample database. Use an ASP.NET     -->
<!-- expression to retrieve the connection string value   -->
<!-- from the Web.config file.                            -->
<asp:sqldatasource id="EmployeeSource"
    selectcommand="Select [EmployeeID], [LastName], [FirstName], [Title],
[Address], [City], [Region], [PostalCode], [Country], [HireDate], [PhotoPath]
From [Employees]"
    updatecommand="Update    [Employees]    Set    [LastName]=@LastName,
[FirstName]=@FirstName, [Title]=@Title, [Address]=@Address, [City]=@City,
[Region]=@Region,   [PostalCode]=@PostalCode,   [Country]=@Country   Where
[EmployeeID]=@EmployeeID"

connectionstring="<%$ ConnectionStrings:NorthWindConnectionString%>"
    runat="server"/>
  </form>
 </body>
</html>
```

ASP.NET 4 提供的用于数据操作的控件比 ASP.NET 3.5 的数据控件方便许多，大大减少了需要开发的代码量。由于篇幅所限，本节只是对这些数据控件进行简单介绍，数据源展示控件的功能远比介绍的更强大、更灵活，相信读者在以后的开发实践过程中一定能够获取更多的乐趣！

📖4.4.4 Web 用户控件

在开发 Web 应用程序时，经常遇到这样的问题：一个网站有多个页面的顶部是相同的以保证整个网站风格一致。在 ASP 中可以采用更先进的技术——Web 用户控件将顶部做成单独的文件，在其他页面中用 include 语法来包含顶部文件。

Web 用户控件是程序员根据应用程序的需要，使用与编写 Web 窗体相同的编程技术定义的控件。用户控件可以包含 HTML、服务器控件和事件处理逻辑。创建用户控件的步骤与创建 Web 窗体页的步骤非常相似。

下面通过实例来演示 Web 用户控件的编写和使用方法。本例的具体步骤如下：

（1）启动 Dreamweaver CS6，新建一个 ASP.NET VB 页面，然后保存文件，并将其命名为 UserControlTest.ascx，注意文件的后缀为 ascx，而不是 aspx。

（2）切换到代码视图，删除所有的<HTML><body><title>标签。

（3）在设计视图中插入一张表单，然后单击"常用"插入面板上的"标签选择器"按钮，在弹出的对话框左侧单击"ASP.NET 标签"/"Web 服务器控件"，在页面上插入一个 TextBox 控件、一个 Button 控件和一个 Label 控件，设置 TextBox 的 ID 属性为 txtName，Button 控件的 ID 属性为 btnOK，Text 属性为"提交"，设置 Label 控件的 ID 属性为 lblResult。此时 UserControl.ascx 界面如图 4-8 所示。

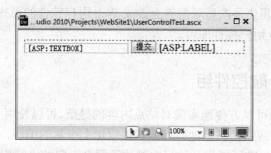

图 4-8 UserControl.ascx 界面

（4）选中按钮，并打开其标签编辑器，选中 OnClick 事件，并在对话框右侧的文本框中键入按钮单击事件的名称 btnOK_Click，然后切换到代码视图编写如下代码：

```
<script runat="server">
Private Sub btnOK_Click(ByVal sender As System.Object,
    ByVal e As System.EventArgs) Handles btnOK.Click
    Me.lblResult.Text = Me.txtName.Text
End Sub
</script>
```

至此，一个用户控件制作完成。但用户控件是不能单独显示的，如果要在其他页面中使用该控件，需要在页顶部添加如下语句引入用户控件。

（5）在 Dreamweaver 中新建一个名为 UserControlTest.aspx 的 ASP.NET VB 页面，然后切换到"代码"视图，光标停留在页面顶部，输入如下代码：

```
<%@          Register          TagPrefix="TT"          TagName="UserControl"
Src="UserControlTest.ascx" %>
```

（6）在 UserControlTest.aspx 页面中需要显示控件的地方添加以下语句：

```
<TT:UserControl id="showname" runat="server" ></TT:UserControl>
```

（7）在浏览器中查看 UserControlTest.aspx。在文本框中输入姓名以后单击"提交"按钮，则用户输入的姓名将被显示出来，如图 4-9 所示。

图 4-9　UserControlTest.aspx 运行效果

显然，在 UserControlTest.aspx 中所做的事情非常简单，仅仅是添加了一个 Web 用户控件。至于图 4-8 中显示的控件以及对应的事件处理程序都是用 Web 用户控件完成的。在实际开发中，可以将需要多次显示的界面做成 Web 用户控件的形式，在需要使用该界面的页面中引用该 Web 用户控件即可。

📖 4.4.5　站点导航控件组

利用站点导航控件可以方便地实现对站点内容的导航。可以使用 ASP.NET 默认的基于 XML 的方法来指定网站的站点地图。或者仅仅加上少量的编码，就能使用现有的定制方法和其他一些方法。除了提供一种可定制的手段来指定站点结构外，导航 Web 控件使得显示站点地图就像拖放一个控件到 ASP.NET 页面一样简单。

站点导航控件组中包括三个控件：SiteMapPath、TreeView 和 Menu 控件，显示在 Visual Web Developer 工具箱的"导航"部分。显示站点导航时，TreeView 控件和 Menu 控件都使用 SiteMapPath 控件来读取站点地图的内容。在底层实现上，这些控件调用了 ASP.NET 的站点导航 API。既然该站点导航部分是用提供者模型来实现的，那么该控件在怎样串行化站点地图的内部实现原理是易于理解的。不管是否使用默认的站点地图或滚动自己定制的站点地图逻辑，导航控件都可以用于同站点地图一道工作。

由于导航 Web 控件的内容总是基于访问的网页及网站地图的内容，因此更新网站地图将立即更新网站使用的导航控件。如果要在网站中新增一个部分，只需要创建对应的 ASP.NET 网页，并将创建的网页与网站地图进行关联。保存对网站地图所做的修改之后，在网站内使用的导航控件将自动更新。

要使用导航 Web 控件，首先需要使用网站地图定义网站的结构，即在网站的根目录中必须有一个名为 Web.sitemap 的文件。

下面对导航控件组中的控件进行简单介绍。

（1）SiteMapPath 控件。这个控件提供一个面包条（breadcrumb），它是一行文本，指出用户当前在网站结构中的位置。面包条的每一个节点都显示为返回到前一部分的链接。面包条让用户能快速了解他/她在当前网站中的位置，并提供一种快速返回到较高层次的方法。

SiteMapPath 控件根据网站地图中的值以及当前网页在网站地图中的位置显示布局。

该控件显示终端用户相对于站点结构的位置，并且根据站点地图定义的站点结构、被访问的页面以及该控件的属性值决定 SiteMapPath 控件的输出。

SiteMapPath 由多个节点和路径分隔符构成。路径中的每一个元素都称为一个节点，并由一个 SiteMapNodeItem 对象表示。表 4-16 为不同的节点类型列表。

表 4-16　节点类型表

节点类型	描　　　述
根节点(root)	网站地图层次结构最顶层的节点
父节点(parent)	拥有一个或者多个子节点，但是不是当前节点
当前节点(current)	该节点表示当前显示的页面

该控件的主要属性如下：

- PathSeparator：指定用于分开 SiteMapPath 中的每个结点的字符串（默认为>）。
- PathSeparatorStyle：获取 PathSeperator 字符串使用的样式。
- PathSeparatorTemplate：获取或设置一个站点路径分隔符的控件模板。
- Provider：获取或设置所使用的 SiteMapProvider。
- RenderCurrentNodeAsLink：指定 CurrentNode 是否生成为一个链接，默认为 False。
- ParentLevelsDisplayed：设置或者获取相对于当前显示的节点，控件显示的父节点的层数。
- PathDirection：设置或者获取导航路径节点呈现的顺序。
- NodeStyle：定制在面包条中的节点的外观。
- RootNodeStyle：获取或者设置根节点使用的样式。
- RootNodeTemplate：获取或者设置根节点使用的模版。
- ShowToolTips：获取或者设置是否 SiteMapPath 控件中超级链接类型的导航节点的一个额外的属性。根据客户端是否支持，当光标悬浮在已设置了该属性的超级链接上面时，会显示一个 ToolTip。
- SiteMapProvider：获取或者设置用于呈现节点导航控件的 SiteMapProvider 的名称。
- SkipLinkText：获取或者设置浏览过屏幕时呈现的替换控件内容的文本。

● CurrentNodeStyle：获取当前节点显示文本的使用的样式。该属性的设置将覆盖当前节点的 NodeStyle 设置。

SiteMapPath 控件中的主要事件如下：

ItemCreated：当 SiteMapNoteItem 被 SiteMapPath 创建时触发。引发 OnItemCreated 方法。

SiteMapPath 包含允许进一步定制生成如下四种输出模板：NodeTemplate、RootNodeTemplate、CurrentNodeTemplate、PathSeparatorTemplate。

以下代码展示如何使用 SiteMapPath 控件。

```
<%@ Page Language="VB" %>
<!DOCTYPE html PUBLIC "-//W3C//DTD XHTML 1.0 Transitional//EN"
"http://www.w3.org/TR/xhtml1/DTD/xhtml1-transitional.dtd">
<HTML>
    <BODY>
        <FORM runat="server">
            <asp:SiteMapPath ID="SiteMapPath1" runat="server"
                RenderCurrentNodeAsLink="true"
                NodeStyle-Font-Name="Franklin Gothic Medium"
                NodeStyle-Font-Underline="true"
                NodeStyle-Font-Bold="true"
                RootNodeStyle-Font-Name="Symbol"
                RootNodeStyle-Font-Bold="false"
                CurrentNodeStyle-Font-Name="Verdana"
                CurrentNodeStyle-Font-Size="10pt"
                CurrentNodeStyle-Font-Bold="true"
                CurrentNodeStyle-ForeColor="red"
                CurrentNodeStyle-Font-Underline="false"
                HoverNodeStyle-ForeColor="blue"
                HoverNodeStyle-Font-Underline="true">
                <CURRENTNODETEMPLATE>
                    <asp:Image          id="Image1"          runat="server"
ImageUrl="WebForm2.jpg" AlternateText="WebForm2"/>
                </CURRENTNODETEMPLATE>
            </asp:SiteMapPath>

        </FORM>
    </BODY>
</HTML>
```

上例中使用默认的 SiteMapProvider 和 Web.sitemap 文件。Web.sitemap 文件是一个 XML 文件，它定义了网站的逻辑部分，并可将每部分关联到特定的 URL。在项目中添加网站地图时，即可创建该文件，并放置于站点根目录下。不能将该文件重命名或放置于其他目录中，否则导航 Web 控件将抵不到网站地图。

Web.sitemap 文件的结构如以下代码所示。

```
<siteMap>
 <siteMapNode title="WebForm1" description="WebForm1" url="WebForm1.aspx" >
  <siteMapNode          title="WebForm2"          description="WebForm2"
```

```
url="WebForm2.aspx"/>
  </siteMapNode>
</siteMap>
```

（2）TreeView 控件。SiteMapPath 控件显示的是网站结构的一部分，即网站根目录到浏览者当前所在位置之间的路径。如果希望在网站结构中随意跳转，则可使用 TreeView 控件。

TreeView 控件与 SiteMapDataSource 控件配合，提供网站结构的树状目录，顶层显示主类别，每个主类别可展开以显示多个子类别。该控件有以下特性：

- 允许控件的节点与 XML、表格类型数据（tabular）或者关系数据进行数据绑定。
- 通过与 SiteMapDataSource 控件集成来实现站点导航。

SiteMapDataSource 控件自动从网站地图中检索数据，该控件没有任何向导，也不需要进行任何配置。

- 节点文本可以显示为普通文本格式或者超链接格式。
- 可根据 TreeView 对象模型动态创建菜单、菜单项目以及设置属性等。
- 可以在每个节点旁边显示复选框。
- 可以通过主题、用户定义的图片、风格和用户定义的模板来定制外观。

TreeView 控件由多个节点组成，每个节点表示网站地图的一部分。TreeView 控件中的节点可以分为 4 种，表 4-17 为不同的节点类型列表。

表 4-17　节点类型表

节点类型	描　　　　述
根节点	网站地图层次结构最顶层的节点
父节点	拥有一个或者多个子节点，但是不是当前节点
当前节点	该节点表示当前显示的页面
叶子节点	这种节点有父节点，但没有子节点

TreeView 控件的主要属性如下：

- AutoGenerateDataBindings：设置 TreeView 控件是否自动产生树节点绑定。
- CheckedNodes：获取 TreeView 控件中复选框已经选中的 TreeNode 对象的集合。
- CollapseImageURL：指定节点的折叠图标的图像 URL。
- CollapseImageToolTip：这是 TreeView 控件特有的外观属性，指定光标指向该节点的折叠图标时显示的提示文本。
- ExpandImageToolTip：这是 TreeView 控件特有的外观属性，指定光鼠标指向该节点的展开图标时显示的提示文本。
- EnableClientScript：设置 TreeView 控件是否用客户端脚本来处理展开和折叠事件。
- ExpandDepth：设置 TreeView 控件第一次显示时展开到多少层。
- ImageSet：设置用于 TreeView 控件的图片组。
- LeafNodeStyle：获取用于设置叶子节点样式的 TreeNodeStyle 的引用。
- MaxDataBindDepth：设置 TreeView 控件的最大深度。

- NodeIdent：设置 TreeView 控件的子节点缩进量（以像素为单位），默认为 20。
- Nodes：获取根节点的集合。
- NodeWrap：设置如果节点中的字数太多时是否自动换行。
- NoExpandImageURL：设置叶子节点自定义图片的 URL。
- PopulateNodesFromClient：设置是否将数据从客户端传回给服务器。

TreeView 控件的主要事件有：

- TreeNodeCheckChanged：TreeView 控件的复选框更改状态时触发该事件。
- SelectedNodeChanged：选中 TreeView 控件的节点时触发该事件。
- TreeNodeExpanded：展开 TreeView 控件的节点时触发该事件。
- TreeNodeCollapsed：合拢 TreeView 控件的节点时触发该事件。
- TreeNodePopulate：设置 PopulateOnDemand 属性为真时触发该事件。
- TreeNodeDataBound：节点与数据绑定时触发该事件。

接下来的代码演示如何使用 SiteMapDataSource 创建 TreeView。

```
<%@ Page Language="VB" %>
<html>
  <body>
    <form runat="server">
        <h3>TreeView AutoGenerateBindings Example</h3>
      <!-- Set the AutoGenerateBindings property -->
  <!-- to false declaratively to allow for   -->
      <!-- the user-defined Bindings collection. -->
      <asp:TreeView id="SiteTreeView"
       DataSourceID="SiteMapPath"
       AutoGenerateDataBindings="False"
       runat="server">
       <DataBindings>
        <asp:TreeNodeBinding TextField="title" NavigateUrlField="url"/>
       </DataBindings>
      </asp:TreeView>
      <asp:SiteMapDataSource ID="SiteMapDataSource" runat="server"/>
    </form>
  </body>
</html>
```

（3）Menu 控件。该控件与 SiteMapDataSource 控件配合，提供与 TreeView 相同的数据，不同的是 Menu 控件以菜单项和子菜单的方式显示。

Menu 控件有以下特性：

- 允许控件的菜单项与层次数据源进行数据绑定。
- 通过与 SiteMapDataSource 控件集成来实现站点导航。
- 可根据 Menu 对象模型动态创建菜单、菜单项目以及设置属性等。
- 可以通过主题、用户定义的图片、风格和用户定义的模板来定制外观。

Menu 控件有两部分：静态菜单和动态菜单。菜单的静态部分在查看网页时总是显示，而动态菜单仅当用户与菜单进行交互时才显示。Menu 控件由树型的多个由 MenuItem

对象表示的菜单项目(Menu items)构成，最高层次的菜单项目叫做根菜单项目，拥有父菜单项目的菜单项目叫做子菜单项目。所有的根菜单项目都保存在 Items 集合之中，子菜单项目保存在父菜单项目的 ChildItems 集合之中。

Menu 的主要属性如下：

- DisapperAfter：设置当光标不再悬停在菜单上多久之后动态菜单消失。
- DynamicBottomSeparatorImageURL：设置动态菜单栏目之间的分隔符的底部图片的 URL。
- DynamicEnableDefaultPopOutImage：设置有子菜单的菜单项的内置图片是否显示。
- DynamicHorizontalOffset：设置动态菜单与其父菜单的相对水平位移量。
- DynaicHoverStyle：设置光标悬停在动态菜单上时的样式。
- DynamicItemFormatString：设置所有动态显示的栏目显示时要显示的额外的文本。
- DynamicItemTemplate：设置用于呈现动态菜单的自定义内容的模板。
- DynamicMenuItemStyle：获取用于设置菜单项样式的 MenuItemStyel 对象的一个引用。
- DynamicPopOutImageTextFormatString：设置用于表示动态菜单有子菜单的图像的替换文字。
- Orientation：获取或者设置 Menu 控件呈现的方向。

Menu 的主要的方法如下：

- DataBind：绑定 Menu 控件的数据源。
- FindItem：获取指定值路径的 Menu 项目。
- Focus：设置输入焦点到该控件。

Menu 控件的主要事件如下：

- MenuItemClick：当单击该菜单项目时触发该事件。该事件通常用来讲该 Menu 控件与页面其他控件进行同步。
- MenuItemDataBound：当菜单项目与数据绑定时触发该事件。该事件通常用来在 Menu 控件提供菜单项目之前调整菜单项目。

下面的代码演示如何创建静态菜单项目。

```
<%@ Page Language="VB" %>
<html>
 <!-- For the hover styles of the Menu control to  -->
 <!-- work correctly, you must include this head   -->
 <!-- element.                                      -->
 <head runat="server">
 </head>
 <body>
  <form runat="server">
   <h3>Menu Declarative Example</h3>
   <!-- Use declarative syntax to create the   -->
```

```
<!-- menu structure. Submenu items are      -->
<!-- created by nesting them in parent menu -->
<!-- items.                                 -->
<asp:menu id="NavigationMenu"
  disappearafter="2000"
  staticdisplaylevels="2"
  staticsubmenuindent="10"
  orientation="Vertical"
  font-names="Arial"
  target="_blank"
  runat="server">

  <staticmenuitemstyle backcolor="LightSteelBlue"
    forecolor="Black"/>
  <statichoverstyle backcolor="LightSkyBlue"/>
  <dynamicmenuitemstyle backcolor="Black"
    forecolor="Silver"/>
  <dynamichoverstyle backcolor="LightSkyBlue"
    forecolor="Black"/>

  <items>
    <asp:menuitem navigateurl="Home.aspx"
      text="Home"
      tooltip="Home">
      <asp:menuitem navigateurl="Music.aspx"
        text="Music"
        tooltip="Music">
        <asp:menuitem navigateurl="Classical.aspx"
          text="Classical"
          tooltip="Classical"/>
        <asp:menuitem navigateurl="Rock.aspx"
          text="Rock"
          tooltip="Rock"/>
        <asp:menuitem navigateurl="Jazz.aspx"
          text="Jazz"
          tooltip="Jazz"/>
      </asp:menuitem>
      <asp:menuitem navigateurl="Movies.aspx"
        text="Movies"
        tooltip="Movies">
        <asp:menuitem navigateurl="Action.aspx"
          text="Action"
          tooltip="Action"/>
        <asp:menuitem navigateurl="Drama.aspx"
          text="Drama"
          tooltip="Drama"/>
        <asp:menuitem navigateurl="Musical.aspx"
          text="Musical"
          tooltip="Musical"/>
```

```
          </asp:menuitem>
        </asp:menuitem>
      </items>
    </asp:menu>
   </form>
 </body>
</html>
```

将 Menu 控件与 SiteMapDataSource 控件绑定的代码如下所示：

```
<%@ Page Language="VB" %>
<html>
  <!-- For the hover styles of the Menu control to  -->
  <!-- work correctly, you must include this head   -->
  <!-- element.                                     -->
  <head runat="server">
  </head>

  <body>
    <form runat="server">

      <h3>Menu DataBinding Example</h3>

      <!-- Bind the Menu control to a SiteMapDataSource control. -->
      <asp:menu id="NavigationMenu"
        disappearafter="2000"
        staticdisplaylevels="2"
        staticsubmenuindent="10"
        orientation="Vertical"
        font-names="Arial"
        target="_blank"
        datasourceid="MenuSource"
        runat="server">

        <staticmenuitemstyle backcolor="LightSteelBlue"
          forecolor="Black"/>
        <statichoverstyle backcolor="LightSkyBlue"/>
        <dynamicmenuitemstyle backcolor="Black"
          forecolor="Silver"/>
        <dynamichoverstyle backcolor="LightSkyBlue"
          forecolor="Black"/>

      </asp:menu>

      <asp:SiteMapDataSource id="MenuSource" runat="server"/>

   </form>
 </body>
</html>
```

📖4.4.6 登录控件组

用户登录是一个动态网站最常见的功能之一，ASP.NET 提供了一系列的控件用于实现用户的登录以及个性化设置。有了这些控件，网站设计者只需实现定义好的接口就可以做出功能强大的登录及个性系统。下面对这些控件进行简单介绍。

（1）Login 控件。ASP.NET 包含一组与安全性有关的控件，统称为 Login 控件。利用 Login 控件，无须编写任何代码就可以创建标准的注册、登录和密码恢复页。还可以使用 Login 控件根据用户的角色和当前的身份验证状态显示不同的信息，例如通过 LoginView 控件可以定义不同的模板，将其显示给不同角色的成员。

Login 控件充分利用了提供者编程模型（Provider Program Model）。如果已经将应用程序配置为使用 AccessMembershipProvider，那么 Login 控件将自动查询 Microsoft Access 数据库来检索成员身份信息。如果启用了 SqlMembershipProvider，则这些控件将使用已配置的 SQL Server 数据库。

使用 Login 控件之前，应该为应用程序启用表单身份验证。可以通过修改应用程序的 Web 配置文件或者通过使用 Web 站点管理工具来启用表单身份验证。

Login 控件的外观完全可以通过模板和样式的设置定制。所有的界面文本信息都可以通过 Login 类的属性进行设置。默认的界面文本自动基于服务器的本地设置本地化。

Login 控件的主要属性如下：

- CreateUserUrl：获取或者设置新用户注册页面的 URL。
- CreateUserIconUrl：获取或设置链接到新用户注册页面的图片 URL。
- CreateUserText：获取或者设置用于链接到新用户注册页面的链接文本。
- DestinationPageUrl：获取或者设置当登录成功时显示给用户的页面 URL。默认为空，即将用户重定向到 Default.aspx。
- DisplayRememberMe：设置是否显示"下次记住我"复选框以便于用户选择是否将一个持续的 COOKIE 给他们的浏览器。Login 控件包含一个复选框"下次记住我"，如果用户登录时选择了该复选框，则浏览器和计算机重启后，仍然保持登录状态，否则需要重新登录。
- FailureAction：获取或者设置当登录失败时采取的行动。
- FailureText：获取或者设置登录失败时显示的文本。
- FailureTextStyle：获取登录失败显示文本的样式。
- HelpPageUrl：获取或者设置登陆帮助页面的 URL。
- HelpPageIconUrl：获取或设置链接到登录帮助页面的图片的 URL。
- HelpPageText：获取或者设置链接到登录帮助页面的文本。
- InstructionText：获取或者设置登录指示文字。
- LoginButtonImageUrl：获取登录控件中登录按钮的样式。
- LoginButtonText：获取或者设置登录按钮的文本。
- LoginButtonType：获取或者设置登录按钮呈现的类型。

- MembershipProvider：获取或者设置登录控件使用的 MEMBERSHIP PROVIDER。
- Orientation：获取或者设置 Login 控件中的元素摆放的朝向。
- Password：获取用户输入的密码。
- PasswordLabelText：获取或者设置 Password 输入框的标签的文本。
- PasswordRecoveryIconUrl：获取链接到找回密码页面的图片的地址。
- PasswordRecoveryText：获取或者设置链接到找回密码页面的链接文本。
- PasswordRecoveryUrl：获取或者设置找回密码页面的 URL。
- PasswordRequiredErrorMessage：获取或者设置在 ValidationSummary 控件中显示的密码错误信息。
- RememberMeSet：获取或者设置是否发送一个持续认证的 COOKIE 到用户的浏览器。
- RememberMeText：获取或者设置用于"Remember Me"复选框的文本。
- TitleText：获取或者设置 Login 控件的标题。
- UserName：获取用户输入的用户名。
- UserNameLabelText：获取或者设置 UserName 输入框的标签的文本。
- UserNameRequiredErrorMessage：获取或者设置在 ValidationSummary 控件中显示的如用户名错误信息。
- VisibleWhenLoggedIn：设置当用户登录成功以后是否还显示 Login 控件。

Login 控件的主要事件如下：
- Authenticate：认证用户时触发该事件。
- LoggedIn：当用户成功登录时触发该事件。
- LoginError：当检测到用户登录失败时触发该事件。

使用 Login 控件实现用户登录界面的代码如下所示。

```vb
<%@ Page Language="VB" %>
<%@ Import Namespace="System.ComponentModel" %>


<!DOCTYPE html PUBLIC "-//W3C//DTD XHTML 1.0 Transitional//EN"
"http://www.w3.org/TR/xhtml1/DTD/xhtml1-transitional.dtd">


<SCRIPT runat="server">
Private Function IsValidEmail(ByVal strIn As String) As Boolean
    ' Return true if strIn is in valid e-mail format.
    Return                                      Regex.IsMatch(strIn,
"^([\w-\.]+)@((\[[0-9]{1,3}\.[0-9]{1,3}\.[0-9]{1,3}\.)|(([\w-]+\.)+))([a-
zA-Z]{2,4}|[0-9]{1,3})(\]?)$")
End Function


Private   Sub   OnLoggingIn(ByVal   sender   As   Object,   ByVal   e   As
System.Web.UI.WebControls.LoginCancelEventArgs)
    If Not IsValidEmail(Login1.UserName) Then
        Login1.InstructionText = "Enter a valid e-mail address."
```

```
        Login1.InstructionTextStyle.ForeColor                          =
System.Drawing.Color.RosyBrown
        e.Cancel = True
    Else
        Login1.InstructionText = [String].Empty
    End If
End Sub

Private Sub OnLoginError(ByVal sender As Object, ByVal e As EventArgs)
    Login1.HelpPageText = "Help with logging in..."
    Login1.PasswordRecoveryText = "Forgot your password?"
End Sub
</SCRIPT>

<HTML>
    <BODY>
        <FORM runat="server">
            <asp:Login id="Login1" runat="server"
                BorderStyle="Solid"
                BackColor="#F7F7DE"
                BorderWidth="1px"
                BorderColor="#CCCC99"
                Font-Size="10pt"
                Font-Names="Verdana"
                CreateUserText="Create a new user..."
                CreateUserUrl="newUser.aspx"
                HelpPageUrl="help.aspx"
                PasswordRecoveryUrl="getPass.aspx"
                UserNameLabelText="E-mail address:"
                OnLoggingIn=OnLoggingIn
                OnLoginError=OnLoginError >
                <TitleTextStyle Font-Bold="True"
                    ForeColor="#FFFFFF"
                    BackColor="#6B696B">
                </TitleTextStyle>
            </asp:Login>

        </FORM>
    </BODY>
</HTML>
```

由于篇幅所限，本节只简要介绍了 Login 控件的常用属性和方法，如果读者有兴趣，可以参阅 MSDN 中的详细介绍。

（2）LoginView 控件。基于用户的角色来为不同的用户显示不同的内容模板。一旦将模板分配至 LoginView 类的三种模板属性，LoginView 控件将自动在不同的模板间切换：

● AnonymousTemplate：获取或者设置显示给匿名用户的模板。

● LoggedInTemplate：获取或者设置登录成功且不是 RoleGroups 属性指定的角色

组成员时显示的模板。

- RolesGroups：获取和内容模板相关联的特定角色的角色组的集合。

LoginView 控件的主要事件如下：

- ViewChanged：当视图改变时触发该事件。
- ViewChanging：在视图改变之前触发该事件。

下面的代码将演示如何设置三个模板。

```vbnet
<%@ Page Language="VB" %>
<!DOCTYPE html PUBLIC "-//W3C//DTD XHTML 1.0 Transitional//EN"
"http://www.w3.org/TR/xhtml1/DTD/xhtml1-transitional.dtd">

<SCRIPT runat="server">
</SCRIPT>

<HTML>
    <BODY>
        <FORM runat="server">
            <P>
                <asp:LoginStatus                              id="LoginStatus1"
runat="server"></asp:LoginStatus></P>
            <P>
                <asp:LoginView id="LoginView1" runat="server">
                    <AnonymousTemplate>
                        Please log in for personalized information.
                    </AnonymousTemplate>
                    <LoggedInTemplate>
                        Thanks for logging in
                        <asp:LoginName                             id="LoginName1"
runat="Server"></asp:LoginName>.
                    </LoggedInTemplate>
                    <RoleGroups>
                        <asp:RoleGroup Roles="Admin">
                            <ContentTemplate>
                                <asp:LoginName                        id="LoginName2"
runat="Server"></asp:LoginName>, you
                                are logged in as an administrator.
                            </ContentTemplate>
                        </asp:RoleGroup>
                    </RoleGroups>
                </asp:LoginView></P>
        </FORM>
    </BODY>
</HTML>
```

（3）PasswordRecovery 控件。提供恢复或修改密码，并以 Email 形式通知用户的用户界面。　　该控件有助于用户确认遗忘或者丢失的密码。首先，用户必须输入登录名称，然后输入框中就会显示问题。如果用户回答正确，原有的密码或者新创建的密码就会发送到指定的地址。

PasswordRecovery 控件拥有以下三种状态：

- 用户名视图（UserName view）：询问用户注册的用户名。
- 问题视图（Question view）：要求用户提供存储的问题的答案以重置密码。
- 成功视图（Success view）：通知用户密码已经成功恢复或重置。

PasswordRecovery 控件的主要属性如下：

- Answer：获取密码找回问题的答案。
- AnswerLabelText：设置输入密码保护答案输入框的标签文本。
- AnswerRequiredErrorMessage：设置用户输入密码保护答案为空时的错误信息。
- GeneralFailureText：设置 PasswordRecovery 控件的 Membership Provider 发生错误时提示的信息。
- HelpPageIconUrl、HelpPageText、HelpPageUrl、InstructionTextStyle、LabelStyle 的属性和 Login 控件的一样，不再一一叙述。
- MailDefinition：获取发送新密码或者恢复密码邮件信息的属性定义的集合。
- Question：获取用户在网站建立的密码保护问题。
- QuestionFailureText：设置用户输入密码保护答案和网站上存储的密码保护答案不一致时提示的错误信息。
- QuestionInstructionText：设置在 Question 视图中给用户的指示文本。
- QuestionLabelText：设置 Question 文本框的标签
- QuestionTemplate：设置 Question 视图使用的模板。
- QuestionTitleText：设置 PasswordRecovery 控件 Question 视图的标题。
- SubmitButtonImageUrl、SubmitButtonStyle、SubmitButtonText、SubmitButtonType 用于设置提交按钮的相关属性。
- SuccessPageUrl、SuccessTemplate、SuccessTemplateContainer、SuccessText、SuccessTextStyle 用于设置登录成功的相关属性。
- UserName：设置在用户名文本框里的用户名。
- UserNameFailureText：设置用户名不是有效的用户名时显示的信息。
- UserNameInstructionText：设置 UserName 视图中用于指示用户输入用户名的指令文本。
- UserNameLabelText：设置用户名文本框的标签文本。
- UserNameRequiredErrorMessage：没有输入用户名时的错误提示信息。
- UserNameTitleText：设置 UserName 视图的标题。

PasswordRecovery 控件的主要事件如下：

- AnswerLookupError：当用户输入的密码保护答案和问题不符合时触发该事件。
- SendingMail：在发送密码邮件之前触发该事件。
- SendMailError：通过 SMTP 邮件系统发送邮件失败时触发该事件。
- UserLookupError：当 Membership Provider 找不到用户输入的用户名时触发该事件。
- VerifyingAnswer：当答案提交以后触发该事件。

- VeryfyingUser：在 membership provider 查询用户之前触发该事件。

下面的代码将演示如何使用 PasswordRecovery 控件。

```
<%@ Page Language="VB" %>
<!DOCTYPE html PUBLIC "-//W3C//DTD XHTML 1.0 Transitional//EN"
"http://www.w3.org/TR/xhtml1/DTD/xhtml1-transitional.dtd">

<SCRIPT runat="server">

' 设置如果没有找到用户名时标签的字体颜色
Private Sub PasswordRecovery1_UserLookupError(ByVal sender As Object, ByVal
e As System.EventArgs)
    PasswordRecovery1.LabelStyle.ForeColor = System.Drawing.Color.Red
End Sub

' 重置字体颜色
Private Sub PasswordRecovery1_Load(ByVal sender As Object, ByVal e As
System.EventArgs)
    PasswordRecovery1.LabelStyle.ForeColor = System.Drawing.Color.Black
End Sub

</SCRIPT>

<HTML>
    <BODY>
        <FORM runat="server">
            <asp:PasswordRecovery    id="PasswordRecovery1"    runat="server"
BorderStyle="Solid" BorderWidth="1px" BackColor="#F7F7DE"
            Font-Size="10pt" Font-Names="Verdana" BorderColor="#CCCC99"
HelpPageText="Need help?" HelpPageUrl=recoveryHelp.aspx
onuserlookuperror="PasswordRecovery1_UserLookupError"
onload="PasswordRecovery1_Load" >
            <successtemplate>
                <table border="0" style="font-size:10pt;">
                    <tr>
                        <td>Your password has been sent to you.</td>
                    </tr>
                </table>
            </successtemplate>
            <titletextstyle        font-bold="True"        forecolor="White"
backcolor="#6B696B">
            </titletextstyle>
        </asp:PasswordRecovery>

    </FORM>
    </BODY>
</HTML>
```

（4）**LoginStatus** 控件。用于验证用户的身份状态，并根据身份验证得出的身份来显示登录或者注销链接。

LoginStatus 控件的主要属性如下：

- LoginImageURL、LoginText：获取或者设置与登录链接的图像 URL 和文本。
- LogoutAction：获取或者设置用户通过 LoginStatus 控件登出时采取的动作。
- LogoutImageUrl、LogoutPageUrl、LogoutText：获取或者设置登出链接的图片 URL、页面 URL 和文本。

LoginStatus 控件的主要事件如下：

- LoggedOut：当用户单击登出链接并且登出过程已经完成之后触发该事件。
- LoggingOut：用户单击登出按钮时触发该事件。

（5）LoginName 控件。用来显示登录用户的姓名。如果用户未通过身份验证，则不显示。

（6）CreateUserWizard 控件。提供注册新用户的用户界面，允许用户创建新的账户。使用该控件创建用户时，该控件与 MembershipProvider 交互，按顺序完成以下任务：

- 如果 AutoGeneratePassword 设置为 True，则创建密码。
- 在 MembershipProvider 表现的数据存储中创建用户。
- 如果 DisableCreateUser 属性设置为 true，则在存储中禁用该用户。

CreateUseWizard 控件的属性通过文本框表示，例如 UserName 和 Password。但可以通过样式和模板的使用来改变该控件的外观。设置该控件对应的属性并添加相应的事件即可完成创建用户的过程。

下面的代码将演示如何使用 CreateUserWizard 控件。

```
<%@ page language="VB"%>
<html>
<head runat="server">
    <title>CreateUserWizard Sample</title>
</head>
<body>
    <form id="form1" runat="server">
    <div>
     <asp:createuserwizard id="Createuserwizard1" runat="server">
      <wizardsteps>
       <asp:createuserwizardstep runat="server" title="Sign Up for Your New
Account">
         <contenttemplate>
          <table border="0">
            <tr>
             <td>
              <table border="0" style="height: 100%; width: 100%;">
                <tr>
                 <td align="center" colspan="2">
                   Sign Up for Your New Account</td>
                </tr>
                <tr>
                 <td align="right">
                  <asp:label                              runat="server"
```

```
associatedcontrolid="UserName" id="UserNameLabel">User Name:</asp:label>
</td>
                    <td>
                       <asp:textbox                              runat="server"
id="UserName"></asp:textbox>
                       <asp:requiredfieldvalidator              runat="server"
controltovalidate="UserName" tooltip="User Name is required."
                    id="UserNameRequired"
validationgroup="Createuserwizard1" errormessage="User Name is required.">
                       *</asp:requiredfieldvalidator>
                    </td>
                 </tr>
                 <tr>
                    <td align="right">
                       <asp:label                               runat="server"
associatedcontrolid="Password" id="PasswordLabel">
                       Password:</asp:label></td>
                    <td>
                       <asp:textbox    runat="server"    textmode="Password"
id="Password"></asp:textbox>
                       <asp:requiredfieldvalidator              runat="server"
controltovalidate="Password" tooltip="Password is required."
                    id="PasswordRequired"
validationgroup="Createuserwizard1" errormessage="Password is required.">
                       *</asp:requiredfieldvalidator>
                    </td>
                 </tr>
                 <tr>
                    <td align="right">
                       <asp:label                               runat="server"
associatedcontrolid="ConfirmPassword" id="ConfirmPasswordLabel">
                       Confirm Password:</asp:label></td>
                    <td>
                       <asp:textbox    runat="server"    textmode="Password"
id="ConfirmPassword"></asp:textbox>
                       <asp:requiredfieldvalidator              runat="server"
controltovalidate="ConfirmPassword" tooltip="Confirm Password is required."
                    id="ConfirmPasswordRequired"
validationgroup="Createuserwizard1"  errormessage="Confirm   Password   is
required.">
                       *</asp:requiredfieldvalidator>
                    </td>
                 </tr>
                 <tr>
                    <td align="right">
                       <asp:label runat="server" associatedcontrolid="Email"
id="EmailLabel">
                       Email:</asp:label></td>
                    <td>
```

```
                            <asp:textbox runat="server" id="Email"></asp:textbox>
                            <asp:requiredfieldvalidator            runat="server"
controltovalidate="Email" tooltip="Email is required."
                    id="EmailRequired"
validationgroup="Createuserwizard1" errormessage="Email is required.">
                    *</asp:requiredfieldvalidator>
                 </td>
              </tr>
              <tr>
                 <td align="right">
                    <asp:label                              runat="server"
associatedcontrolid="Question" id="QuestionLabel">
                    Security Question:</asp:label></td>
                 <td>
                    <asp:textbox                             runat="server"
id="Question"></asp:textbox>
                    <asp:requiredfieldvalidator            runat="server"
controltovalidate="Question" tooltip="Security question is required."
                    id="QuestionRequired"
validationgroup="Createuserwizard1" errormessage="Security   question   is
required.">
                    *</asp:requiredfieldvalidator>
                 </td>
              </tr>
              <tr>
                 <td align="right">
                    <asp:label                              runat="server"
associatedcontrolid="Answer" id="AnswerLabel">
                    Security Answer:</asp:label></td>
                 <td>
                    <asp:textbox                             runat="server"
id="Answer"></asp:textbox>
                    <asp:requiredfieldvalidator            runat="server"
controltovalidate="Answer" tooltip="Security answer is required."
                    id="AnswerRequired"
validationgroup="Createuserwizard1"  errormessage="Security   answer   is
required.">
                    *</asp:requiredfieldvalidator>
                 </td>
              </tr>
              <tr>
                 <td align="center" colspan="2">
                    <asp:comparevalidator                   runat="server"
display="Dynamic" errormessage="The Password and Confirmation Password must
match."
                    controltocompare="ConfirmPassword"
controltovalidate="Password" id="PasswordCompare"
                    validationgroup="Createuserwizard1">
                 </asp:comparevalidator>
```

```
              </td>
            </tr>
            <tr>
              <td align="center" colspan="2" style="color: Red;">
                <asp:literal runat="server" enableviewstate="False"
id="FailureText">
                </asp:literal>
              </td>
            </tr>
          </table>
        </td>
      </tr>
    </table>
  </contenttemplate>
</asp:createuserwizardstep>
<asp:completewizardstep runat="server" title="Complete">
  <contenttemplate>
    <table border="0">
      <tr>
        <td>
          <table border="0" style="height: 100%; width: 100%;">
            <tr>
              <td align="center" colspan="2">
                Complete</td>
            </tr>
            <tr>
              <td>
                Your account has been successfully created.</td>
            </tr>
            <tr>
              <td align="right" colspan="2">
                <asp:button                                runat="server"
validationgroup="Createuserwizard1" commandname="Continue"
                  id="ContinueButton"        causesvalidation="False"
text="Continue" />
              </td>
            </tr>
          </table>
        </td>
      </tr>
    </table>
  </contenttemplate>
</asp:completewizardstep>
</wizardsteps>
</asp:createuserwizard>
  </div>
  </form>
</body>
</html>
```

（7）ChangePasword 控件。用于改变用户的密码。ChangePassword 控件使用户可以执行以下操作：

- 如果登录则可以更改密码。
- 如果页面包含匿名用户可以访问的 ChangePassword 控件并且 DisplayUserName 属性为 true，则不登录也可以更改密码。
- 如果 DisplayUserName 属性为 True 的话，也可以更改其他用户的密码。

下面的代码将演示如何使用 ChangePassword 控件。

```
<%@ page language="VB"%>
<html>
<head runat="server">
  <title>Change Password with Validation</title>
</head>
<body>
  <form id="form1" runat="server">
  <div>
  <asp:changepassword id="ChangePassword1" runat="server"
  PasswordHintText =
    "Please enter a password at least 7 characters long,
    containing a number and one special character."
  NewPasswordRegularExpression =
    '@\"(?=.{7,})(?=(.*\d){1,})(?=(.*\W){1,})'
  NewPasswordRegularExpressionErrorMessage =
    "Error: Your password must be at least 7 characters long,
    and contain at least one number and one special character." >
  </asp:changepassword>
  </div>
  </form>
</body>
</html>
```

4.4.7 其他常用控件

（1）ImageMap 控件。是一个可以用来在图片上定义热点（HotSpot）区域的服务器控件。用户可以通过单击这些热点区域进行回发（PostBack）操作或者定向（Navigate）到某个 URL 位置。该控件一般在需要对某张图片的局部范围进行互动操作时使用主要属性如下：

- HotSpotMode：热点模式，选项如表 4-18 所示。
- HotSpots：是一个抽象类，它之下有 CircleHotSpot（圆形热点）、RectangleHotSpot（方形热点）和 PolygonHotSpot（多边形热点）三个子类。

表 4-18 HotSpotMode 枚举类型

选项	说明
NotSet	未设置项。默认情况下会执行定向操作，定向到指定的 URL。如果未指定 URL，则

	按默认将定向到自己的 Web 应用程序根目录
Navigate	定向到指定的 URL
PostBack	回发操作项。单击热点区域后，将执行后部的 Click 事件
Inactive	无任何操作，即此时形同一张没有热点区域的普通图片

- Target：用于设置当单击 ImageMap 控件时，显示 Web 页面的目标窗体或者框架。

该控件主要事件：

- Click：对热点区域的单击操作。通常在 HotSpotMode 为 PostBack 时用到。
- Load：当控件载入到页面时发生该事件。通常用于初始化控件。

下面的程序展示如何在 Web 窗体中设置多种 HotSpotMode。

```
<%@ Page Language="VB" %>
<html >
<head runat="server">
   <title>Untitled Page</title>
</head>
<body>
   <form id="form1" runat="server">
   <div>
   <h3><font face="Verdana">ImageMap 多种 HotSpotMode 例程</font></h3>

        <asp:imagemap          id="Buttons"          imageurl="hotspot.jpg"
alternatetext="Navigate buttons"
          runat="Server">

          <asp:RectangleHotSpot                    hotspotmode="Navigate"
NavigateUrl="navigate1.htm"
          alternatetext="Button 1"  top="30"  left="175"  bottom="110"
right="355">
          </asp:RectangleHotSpot>

          <asp:RectangleHotSpot                    hotspotmode="Navigate"
NavigateUrl="navigate2.htm"
          alternatetext="Button  2"  top="155"  left="175"  bottom="240"
right="355">
          </asp:RectangleHotSpot>

          <asp:RectangleHotSpot                    hotspotmode="Navigate"
NavigateUrl="navigate3.htm"
          alternatetext="Button 3"  top="285"  left="175"  bottom="365"
right="355">
          </asp:RectangleHotSpot>

        </asp:imagemap>
   </div>
   </form>
</body>
```

```
</html>
```

下面的程序展示了 ImageMap 的 PostBack 模型。

```
<%@ Page Language="VB" %>
<script runat="server">
 Private  Sub  Buttons_Clicked(ByVal  sender  As  Object, ByVal  e  As
ImageMapEventArgs)
    label1.Text = e.PostBackValue + " clicked!"
End Sub
</script>
<html >
<head runat="server">
   <title>Untitled Page</title>
</head>
<body>
   <form id="form1" runat="server">
     <div>
        <h3>
           <font face="Verdana">ImageMap PostBack 模型例程</font></h3>
        <asp:imagemap            id="Buttons"            imageurl="hotspot.jpg"
alternatetext="Navigate buttons"
           hotspotmode="Postback"             onclick="Buttons_Clicked"
runat="Server">
           <asp:RectangleHotSpot                     hotspotmode="Postback"
postbackvalue="Button1"
           alternatetext="Button  1"  top="30"  left="175"  bottom="110"
right="355">
           </asp:RectangleHotSpot>
           <asp:RectangleHotSpot                     hotspotmode="Postback"
postbackvalue="Button2"
           alternatetext="Button  2" top="155"  left="175"  bottom="240"
right="355">
           </asp:RectangleHotSpot>
           <asp:RectangleHotSpot                     hotspotmode="Postback"
postbackvalue="Button3"
           alternatetext="Button  3"  top="285"  left="175"  bottom="365"
right="355">
           </asp:RectangleHotSpot>
           <asp:RectangleHotSpot                     hotspotmode="Postback"
postbackvalue="Background"
           alternatetext="Background"  top="0"  left="0"  bottom="390"
right="540">
           </asp:RectangleHotSpot>
        </asp:imagemap>
        <p>
        <h3>
           <font face="verdana">
              <asp:Label ID="label1" runat="server"></asp:Label>
           </font>
        </h3>
```

```
         </p>
      </div>
   </form>
</body>
</html>
```

（2）HiddenField 控件。该控件允许在页面的 HTML 源代码中使用隐藏的字段，它一般不被浏览器显示，多用于储存隐藏的数据。

该控件主要属性有 Value，表示该隐藏字段的值。默认为空字符串("")。

注意：
这里的 Hidden 和 Visible 的 false 要区别开来。Visible 设置为 false 时，表示在 Render 时不呈现该控件。

该控件主要事件有 ValueChanged，当 HiddenField 控件的值更改并 Post 回服务器时触发该事件。HiddenField 控件的 VauleChange 事件如下：

```
<%@ Page language="VB" %>
<script runat="server">
 Private Sub ValueHiddenField_ValueChanged(ByVal sender As Object, ByVal e As
EventArgs)
    ' Display the value of the HiddenField control.
    Message.Text = "The value of the HiddenField control is " +
ValueHiddenField.Value + "."
End Sub
</script>

<html>
   <body>
      <form id="Form1" runat="server">
        <h3>HiddenField Example</h3>
         Please enter a value and click the submit button.<br/>
         <asp:Textbox id="ValueTextBox" runat="server"/>
         <br/>
         <input     type="submit"     name="SubmitButton"     value="Submit"
onclick="PageLoad()" />
          <br/>
         <asp:label id="Message" runat="server"/>
         <asp:hiddenfield                           id="ValueHiddenField"
onvaluechanged="ValueHiddenField_ValueChanged"                   value=""
runat="server"/>
      </form>
   </body>
</html>

<script language="vbscript">
  <!--
Private Function PageLoad() As [function]
    ' Set the value of the HiddenField control with the
    ' value from the TextBox.
    Form1.ValueHiddenField.value = Form1.ValueTextBox.value
```

```
End Function
  -->
</script>
```

（3）FileUpload 控件。该控件用于上传文件，主要属性如下：

- FileBytes：使用该属性得到字节序列格式的上传文件内容。
- FileContent：使用该属性得到流对象格式的上传文件内容。
- HasFile：提交时该控件是否包含文件。
- PostedFile：获取上传的文件。
- FileName：客户端上传给 FileUpload 控件的文件名，不包含该文件在客户端的路径。

注意：

　　为了防止某些恶意的使用 FileUpload 上传而产生的 DOS 攻击，应当设置最大允许的大小和允许的类型。默认的大小是 4096KB（4MB），通过修改 Web.Config 文件中 maxRequestLength 来设置整个应用程序中允许上传得大小。另外在 location 元素中设置 maxRequestLength 可以设置特定的页面允许上传的文件的大小。如果上传的文件超过规定大小会出现错误提示信息：aspnet_wp.exe（PID：1520）was recycled because memory consumption exceeded 460 MB（60 percent of available RAM）。

该控件常用的方法是 SaveAs，用于将文件保存在服务器上指定的位置，保存之前需要确定 ASP.NET 应用对该文件有写的权限。下面的代码演示如何创建 FileUpload 控件来保存文件到指定位置。

```
<%@ Page Language="VB" %>
<script runat="server">
Protected Sub UploadButton_Click(ByVal sender As Object, ByVal e As EventArgs)
    ' 指定要保存的位置
    Dim savePath As String = "c:\temp\uploads\"

    '在上传之前，首先要确定是否有文件上传.
    If FileUpload1.HasFile Then
        ' 获取上传文件的名字
        Dim fileName As String = FileUpload1.FileName
        ' 将文件名添加在上传位置的后面
        savePath += fileName

        ' 调用 SaveAs 方法将文件上传到指定路径
        ' 本例中没有演示错误检查
        ' 如果文件有重名的话，会覆盖该文件
        FileUpload1.SaveAs(savePath)

        ' 通知用户已经保存了文件以及保存的文件名
        UploadStatusLabel.Text = "Your file was saved as " + fileName
    Else
        ' 通知用户上传失败
        UploadStatusLabel.Text = "You did not specify a file to upload."
    End If
```

```
End Sub
</script>

<html xmlns="http://www.w3.org/1999/xhtml" >
<head runat="server">
   <title>FileUpload Example</title>
</head>
<body>
   <form id="form1" runat="server">
   <div>
     <h4>Select a file to upload:</h4>

     <asp:FileUpload id="FileUpload1" runat="server">
     </asp:FileUpload>
     <asp:Button        id="UploadButton"        Text="Upload        file"
OnClick="UploadButton_Click"        runat="server">
     </asp:Button>

     <hr />

     <asp:Label id="UploadStatusLabel" runat="server">
     </asp:Label>
   </div>
   </form>
</body>
</html>
```

　　下面的代码演示如何上传文件到应用程序。

```
<%@ Page Language="VB" %>
<html>
<head>
   <script runat="server">
     Protected Sub UploadButton_Click(ByVal Sender As Object, ByVal e As
System.EventArgs)

   Dim saveDir As String = "\Uploads\"
   '获取当前应用程序的物理路径
   Dim appPath As String = Request.PhysicalApplicationPath()
   '在上传之前先检查是否有文件
   If FileUpload1.HasFile Then
     Dim savePath As String = appPath + saveDir + FileUpload1.FileName
     FileUpload1.SaveAs(savePath)
     UploadStatusLabel.Text = "Your file was uploaded successfully."
   Else
     UploadStatusLabel.Text = "You did not specify a file to upload."
   End If
End Sub

   </script>
```

```
</head>
<body>
    <h3>
        FileUpload Class Example: Save To Application Directory</h3>
    <form id="Form1" runat="server">
        <h4>
            Select a file to upload:</h4>
        <asp:FileUpload ID="FileUpload1" runat="server"></asp:FileUpload>
        <br>
        <br>
        <asp:Button          ID="UploadButton"          Text="Upload          file"
OnClick="UploadButton_Click" runat="server">
        </asp:Button>
        <hr />
        <asp:Label ID="UploadStatusLabel" runat="server">
        </asp:Label>
    </form>
</body>
</html>
```

如下代码演示如何使用 ContentLength 属性来确认文件大小。

```
<%@ Page Language="VB" %>
<html>
<head>
    <script runat="server">
        Protected Sub UploadButton_Click(ByVal Sender As Object, ByVal e As
System.EventArgs)
    Dim savePath As String = "c:\temp\uploads\"
    If FileUpload1.HasFile Then
        '获取上传文件的字节数
        Dim fileSize As Integer = FileUpload1.PostedFile.ContentLength
        '只允许小于 5100000 字节的文件上传
        If fileSize < 5100000 Then
            savePath += FileUpload1.FileName
            FileUpload1.SaveAs(savePath)
            UploadStatusLabel.Text = "Your file was uploaded successfully."
        Else
            UploadStatusLabel.Text = "Your file was not uploaded because it
" & Chr(13) & "" & Chr(10) & "exceeds the 5 MB size limit."
        End If
    Else
        UploadStatusLabel.Text = "You did not specify a file to upload."
    End If
End Sub

    </script>
</head>
<body>
    <h3>
        FileUpload Class Example: Save To Application Directory</h3>
```

```
<form id="Form1" runat="server">
    <h4>
        Select a file to upload:</h4>
    <asp:FileUpload ID="FileUpload1" runat="server"></asp:FileUpload>
    <br>
    <br>
    <asp:Button        ID="UploadButton"        Text="Upload        file"
OnClick="UploadButton_Click" runat="server">
    </asp:Button>
    <hr />
    <asp:Label ID="UploadStatusLabel" runat="server">
    </asp:Label>
</form>
</body>
</html>
```

（4）Wizard 控件。可以在视图之间自动切换。使用该控件默认只有两步：第一步指定用户名，第二步再次显示输入的文本。所有的元素都可以看作是默认的，并且可以通过样式来调整，或用模板单独进行格式化。

该控件的主要字段有：

● CancelCommandName：获取 Cancle 按钮的命令名称，只读字段。

● MoveCompleteCommandName：获取 Finish 按钮的命令名称，只读字段。

● MoveNextCommandName：获取 Next 按钮的命令名称，只读字段。

● MovePrevioisCommandName：获取 Previois 按钮的命令名称，只读字段。

● MoveToCommandName：获取每一个 sidebar 按钮的命令名称，只读字段。

该控件的主要属性：

● ActiveStep：获取当前显示给用户的 WizardSteps 集合中的 Step。

● ActiveStepIndex：获取或者设置当前 WizardStepBase 对象的索引。

● CancleButtonImageURL：设置 Cancle 按钮的图片 URL。

● CancleButtonStyle：获取定义 Cancle 按钮外观的样式。

● CancleButtonText：设置 Cancle 按钮显示的文本。

● CancleButtonType：设置 Cancle 按钮呈现的类型。

● CancleDestinationPageURL：设置单击 Cancle 按钮时打开的页面 URL。

● FinishCompleteButtonImageURL：设置 Finish 按钮显示的图片。

● FinishCompleteButtonStyle：获取 Finish 按钮的呈现样式的一个实例。

● FinishCompleteButtonText：设置 Finish 按钮的文本。

● FinishCompleteButtonType：设置 Finish 按钮呈现的类型。

● FinishDestinationPageURL：设置单击 Finish 按钮时打开的页面 URL。

● FinishNavigationTemplate：获取或设置 Finish 步骤中用于显示导航区域的模板。

● FinishPreviousButtonImageURL：获取或设置 Finish 步骤中 Previous 按钮的图片 URL。

● FinishPreviousButtonStyle：获取 Finish 步骤中 Previous 按钮的样式的一个引用。

- FinishPreviousButtonText：获取或设置 Finish 步骤中 Previous 按钮的显示文本。
- FinishPreviousButtonType：获取或设置 Finish 步骤中的 Previous 按钮的类型。
- NavigationButtonStyle：获取导航区域的按钮的样式的一个引用。
- NavigationStyle：获取导航区域定义的控件的样式的一个引用。
- StepType：Wizard 控件的每个步骤都有 StepType 属性来确定该步骤的导航功能的类型。其选项如表 4-19 所示。

表 4-19　StepType

选项	说明
Auto	默认步骤类型。该步骤提供的导航接口由该步骤声明的顺序来决定
Complete	最后出现的步骤。不提供导航按钮
Finish	最后的收集用户数据的步骤，提供 Finish 导航按钮
Start	第一个出现的步骤，不提供 Previous 导航按钮
Step	第一个和最后一个步骤之间的普通步骤，提供 Precious 和 Next 导航按钮

 提示：还有更多属性，大部分是用于设置样式的。由于篇幅限制，不一一列出。

该控件的主要方法有：
- GetHistory：返回已经访问的 WizardStepBase 对象的集合。
- GetStepType：返回指定的 WizardStepBase 对象的 WizardStepType。
- MoveTo：设置继承自 WizardStepBase 的对象作为 Wizard 控件的 ActiveStep 属性。

该控件主要的事件包括：
- ActiveStepChanged：当用户切换到新的 step 时触发该事件。
- CancleButtonClick：当用户单击 Cancle 按钮时触发该事件。
- FinishButtonClick：当用户单击 Finish 按钮时触发该事件。
- NextButtonClick：单击 Next 按钮时触发该事件。
- PreviousButtonClick：单击 Previous 按钮时触发该事件。
- SideBarButtonClick：单击 SideBar 按钮时触发该事件。

Wizard 控件的使用如下示例：

```
<%@ Page Language="VB" Inherits="WizardClasscs_aspx" %>

<!DOCTYPE html PUBLIC "-//W3C//DTD XHTML 1.0 Transitional//EN"
"http://www.w3.org/TR/xhtml1/DTD/xhtml1-transitional.dtd">
<html xmlns="http://www.w3.org/1999/xhtml">
<body>
 <form id="form1" runat="server">
  <asp:Wizard ID="Wizard1" runat="server" ActiveStepIndex="0">
   <WizardSteps>
```

```
 <asp:WizardStep runat="server" Title="Step 1">
  <asp:Label ID="Label2" runat="server" Text="Label"></asp:Label>
 </asp:WizardStep>
 <asp:WizardStep runat="server" Title="Step 2">
  <asp:Label ID="Label1" runat="server" Text="Label"></asp:Label>
 </asp:WizardStep>
 </WizardSteps>
</asp:Wizard>

</form>
</body>
</html>
```

注意:
上面的例程中没有演示对 Wizard 控件的事件处理。

（5）Substitution 控件。使用 Substitution 控件可以在输出高速缓存的页面中插入动态内容。该控件的主要属性有:

- MethodName：该属性用于表示为返回动态内容而调用的方法。由 Substitution 控件调用的方法必须是静态方法。此外，该方法还必须具有一个表示当前 HttpContext 的参数。以下代码演示了如何使用该控件。

```
<%@ outputcache duration="60" varybyparam="none" %>
<script runat="server" language="VB">
 Private Sub Page_Load(ByVal sender As Object, ByVal e As System.EventArgs)
    '在 Label 中显示当前时间.
    '该页面中这一部分应用输出缓存
    CachedDateLabel.Text = DateTime.Now.ToString()
End Sub

' Substitution 控件调用这个方法来获得当前时间
' 这一部分没有使用缓存
Public Shared Function GetCurrentDateTime(ByVal context As HttpContext) As
String
    Return DateTime.Now.ToString()
End Function
</script>

<html>
<head runat="server">
  <title>Substitution Class Example</title>
</head>
<body>
  <form runat="server">
    <h3>Substitution Class Example</h3>
    <p>This section of the page is not cached:</p>
    <asp:substitution  id="Substitution1"  methodname="GetCurrentDateTime"
runat="Server">
    </asp:substitution>
```

```
  <br />
  <p>This section of the page is cached:</p>
  <asp:label id="CachedDateLabel"
    runat="Server">
  </asp:label>
  <br /><br />
  <asp:button id="RefreshButton"  text="Refresh Page" runat="Server">
  </asp:button>
  </form>
</body>
</html>
```

（6）Localize 控件。本地化表达式用于设置控件属性和其他 HTML 元素。许多要进行本地化的 Web 页面已经包含大量混有 ASP.NET 控件的静态内容块，Localize 控件用于将静态内容标记为可本地化。

Localize 控件比它的基类 Literal 控件优越的是，运行时它的处理方式与 Literal 控件很像，但设计器会忽略它，并允许开发人员直接在设计视图中编辑静态内容（不像 Literal 控件，在设计视图中它绑定到一个容器中）。 接下来的代码演示了如何使用 Localize 控件来显示静态文本。

```
<%@ Page Language="VB" AutoEventWireup="True" %>
<html>
<head>
  <script runat="server">
    Private Sub ButtonClick(ByVal sender As Object, ByVal e As EventArgs)
    Localize1.Text = "Welcome to ASP.NET!! This is localized text."
End Sub
  </script>
</head>
<body>
  <form id="Form1" runat="server">
    <h3>Localize Example</h3>
    <asp:Localize id="Localize1" Text="Hello World!!"  runat="server"/>
    <br><br>
    <asp:Button id="Button1" Text="Change Localize Text"
OnClick="ButtonClick" runat="server"/>
  </form>
</body>
</html>
```

ASP.NET 的控件使很多繁琐的开发过程变得一目了然。相信读者在将来的使用中更能体会到这些新增控件给表示层开发所带来的便利，程序员们可以将更多的精力集中在如何处理业务逻辑上面，开发速度也会有前所未有的提高！

4.5 母版页和主题

在本书第 2 章中，读者已了解到 Dreamweaver 为网页开发人员提供了一种叫模板的功能，它定义一个统一的样式，其他页面直接在可修改的地方进行编辑就可以使站点页面风格一致。ASP.NET 引入了母版页和主题，利用这两个概念，现在 ASP.NET 的程序员也可以方便地实现统一样式的页面，而且还能动态修改。本节将对这些功能进行简单的介绍。

📖4.5.1 母版页

在 Web 应用中，可以通过使用母版页为多个内容页面应用相同的页面布局。大多数 Web 应用中的页面拥有标准的元素，例如 LOGO、导航目录以及版权，等等。可以将这些元素放到一个母版页中。如果应用中的内容页面基于母版页建立，那么内容页面将自动包含这些相同的标准内容。

母版页以及内容页面中的事件通常按照以下顺序执行：
- 初始化母版页的子控件。
- 初始化内容页面的子控件。
- 初始化母版页。
- 初始化内容页面。
- 加载内容页面。
- 加载母版页。
- 加载母版页的子控件。
- 加载内容页面的子控件。

母版页由两部分组成：网页固定内容和多个内容页可定制的区域，即 ContentPlace Holder 控件（对应于 Dreamweaver 中的可编辑区域），其扩展名为.master。内容页是使用了母版页的网页，ASP.NET 中的母版页不仅可包含 HTML 标记，还可包含 Web 控件和服务器源代码。

要在 ASP.NET 网站中使用母版页，首先需要创建一个母版页。在 Visual Web Developer 的"解决方案资源管理器"窗口中的网站名称上单击鼠标右键，在弹出的快捷菜单中选择"添加新项"命令，在弹出的对话框中选择"母版页"，即可创建一个母版页。母版页需要指定所有内容页都有的区域以及每个内容页中可定制的区域。指定母版页的可定制区域使用 ContentPlaceHolder 控件，该控件位于工具箱的"标准"部分。

下面的代码演示了一个简单的母版页：

```
<%@ Master  Language="VB" %>
<html>
<head>
    <title>简单的 Master Page</title>
</head>
<body>
<form id="form1" runat="server">
<table width="100%">
<tr>
    <td>
```

```
<asp:ContentPlaceHolder
    id="ContentPlaceHolder1"
    runat="server" />
</td>
<td>
<asp:ContentPlaceHolder
    id="ContentPlaceHolder2"
    runat="server" />
</td>
</tr>
</table>
</form>
</body>
</html>
```

创建母版页的目的是创建一系列风格类似的内容页。创建内容页时，首先要指定要使用的母版页，然后在页面中添加多个 ContentPlaceHolder 控件，用于定义内容页特有的内容。在网站中添加新项时，选择需要的页面模板，例如"Web 窗体"，然后选中对话框右下角的"选择母版页"复选框。

使用上述代码定义的母版页的内容页的代码如下所示。

```
<%@ Page MasterPageFile="~/Simple.master" %>
<asp:Content
    ID="Content1"
    ContentPlaceHolderID="ContentPlaceHolder1"
    Runat="server">
    左边列的内容
</asp:Content>
<asp:Content
    ID="Content2"
    ContentPlaceHolderID="ContentPlaceHolder2"
    Runat="server">
    右边页的内容
</asp:Content>
```

在某些情况下，动态地载入母版页是很有用的。例如，您的网站和一个或多个网站合作，成为联合品牌，若有人从合作网站连接至您的网站上，最好能自动载入和伙伴 Web 网站一致的外观的母版页。再比如，为浏览者提供一套标准的母版页，应用程序的使用者能够自行选择偏好的页面布局。

要让现有网页动态使用已定义的母版页，需要做以下三件事情：

（1）在网页的<%@ Page%>指令中添加 MasterPageFile 属性。

页面对象的 MasterPageFile 属性的值是一个指向有效的母版页的相对路径。在使用 MasterPageFile 属性的同时，必须注意一项重要的限制条件：只能在 PreInit 事件发生的同时或之前指定该属性。PreInit 事件是在页面执行周期中最先执行的事件。如果在后续的事件中尝试为该属性赋值（例如 PageLoad 事件），则会出现异常。

（2）在 ASP.NET 网页中，为母版页中每个 ContentPlaceHolder 控件添加 Content 控件，并将网页现有的 HTML 标记和 Web 控件移到合适的 Content 控件中。

Chapter 04

在设计视图中的内容区域单击鼠标右键，在弹出的快捷菜单中选择“创建自定义内容”，即可创建 Content 控件。

（3）对于 ASP.NET 网页中已经在母版页中定义的标记，例如 HTML 元素<html>、<head>和<body>以及 Web 窗体标记，将其删除。

接下来的三个例程将演示如何在页面中动态修改页面所使用的母版页。其中例程（2）和例程（3）是两个不同的母版页，每个页面都有一个 DropDownList 控件，改变选中的值会触发页面 PostBack 然后改变对应的 Profile.Master 值，然后在例程（1）中的页面通过读取 Profile.Master 这个值来改变所使用的母版页。

例程（1）动态使用母版页的Dynamic.aspx

```
<%@ Page Language="vb" MasterPageFile="~/DynamicMaster1.master" %>
<script runat="server">
   Private Sub Page_PreInit(ByVal sender As Object, ByVal e As EventArgs)
    MasterPageFile = Profile.Master
End Sub

</script>
<asp:Content ID="Content1"
   ContentPlaceHolderID="ContentPlaceHolder1"
   Runat="Server">
   Here is the content
</asp:Content>
```

例程（2） 动态使用母版页（DynamicMaster1.master）

```
<%@ Master Language="vb" %>
<script runat="server">
 Private Sub Page_Load()
    If Not IsPostBack Then
        dropMaster.SelectedValue = Profile.Master
    End If
End Sub
Private Sub SelectMaster(ByVal s As Object, ByVal e As EventArgs)
    Profile.Master = dropMaster.SelectedValue
    Response.Redirect(Request.Path)
End Sub
</script>
<html>
<head>
   <title>Dynamic Master 1</title>
</head>
<body bgcolor="LightYellow">
<form id="Form1" runat="server">
<h1>Dynamic Master 1 CS</h1>
<p>
<asp:DropDownList
   id="dropMaster"
```

```
        AutoPostBack="true"
        OnSelectedIndexChanged="SelectMaster"
        ValidationGroup="Master"
        Runat="Server">
        <asp:ListItem Text="Dynamic 1" value="DynamicMaster1.master" />
        <asp:ListItem Text="Dynamic 2" value="DynamicMaster2.master" />
</asp:DropDownList>
</p>
<asp:contentplaceholder
    id="ContentPlaceHolder1"
    runat="server" />
</form>
</body>
</html>
```

例程（3）动态使用母版页（DynamicMaster2.master）

```
<%@ Master Language="vb" %>
<script runat="server">
  Private Sub Page_Load()
    If Not IsPostBack Then
        dropMaster.SelectedValue = Profile.Master
    End If
End Sub
Private Sub SelectMaster(ByVal s As Object, ByVal e As EventArgs)
    Profile.Master = dropMaster.SelectedValue
    Response.Redirect(Request.Path)
End Sub

</script>
<html>
<head>
    <title>Dynamic Master 2</title>
</head>
<body bgcolor="LightGreen">
<form id="Form1" runat="server">
<h1>Dynamic Master 2 CS</h1>
<p>
<asp:DropDownList
    id="dropMaster"
    AutoPostBack="true"
    OnSelectedIndexChanged="SelectMaster"
    ValidationGroup="Master"
    Runat="Server">
    <asp:ListItem Text="Dynamic 1" value="DynamicMaster1.master" />
    <asp:ListItem Text="Dynamic 2" value="DynamicMaster2.master" />
</asp:DropDownList>
</p>
<asp:contentplaceholder
    id="ContentPlaceHolder1"
```

```
        runat="server" />
</form>
</body>
</html>
```

运行时，母版页和内容页面合并，所以母版页上的控件对于内容页面的代码来说是可以访问的。

由于母版页上的控件是受保护的，所以不能作为母版页的成员直接访问。但是可以使用 FindControl 方法找到母版页上的特定控件。如果想要访问的控件在母版页上的 ContentPlaceHolder 控件之中，必须首先获得 ContentPlaceHolder 控件的引用，然后再调用 FindControl 方法。代码如下所示：

```
// 获取 ContentPlaceHolder 中 TextBox 控件的引用。
ContentPlaceHolder mpContentPlaceHolder;
TextBox mpTextBox;
mpContentPlaceHolder =
    (ContentPlaceHolder)Master.FindControl("ContentPlaceHolder1");
if(mpContentPlaceHolder != null)
{
    mpTextBox = (TextBox) mpContentPlaceHolder.FindControl("TextBox1");
    if(mpTextBox != null)
    {
        mpTextBox.Text = "TextBox found!";
    }
}
// 获取对 Label 控件的引用，该控件不在 ContentPlaceHolder 控件中
Label mpLabel = (Label) Master.FindControl("masterPageLabel");
if(mpLabel != null)
{
    Label1.Text = "Master page label = " + mpLabel.Text;
}
```

📖4.5.2 主题

主题可以为某个 Web 应用程序中的所有页、整个 Web 应用程序或者服务器上的所有 Web 应用程序提供统一的样式。主题由一组元素组成：外观（Skin）、层叠样式表（CSS）、图像和其他资源，至少要包括外观。主题是在网站或者 Web 服务器上的\App_Themes 文件夹中定义的。

主题分为页面主题和全局主题两种。

页面主题定义单个 Web 应用程序的主题，是一个包含控件外观、样式表、图形文件和其他资源的文件夹，该文件夹是作为网站中的 \App_Themes 文件夹的子文件夹创建的，子文件夹的名称就是对应的主题的名称。

全局主题定义供 Web 服务器上的所有应用程序使用的主题。全局主题存储在 Web 服务器的名为 iisdefaultroot\aspnet_client\system_web\version\Themes 的全局文件夹中，该文件夹下面的子文件夹名称就是对应的主题名称。服务器上的任何网站以及任何网站

中的任何页面都可以引用全局主题。

定义主题最重要的是定义外观文件（扩展名 .skin），它包含各个控件的属性设置。.skin 文件在 theme 文件夹中创建，一个 .skin 文件可以包含一个或多个控件类型的一个或多个控件外观。在外观文件中添加常规控件的定义，但仅包含主题设置的属性并且不包含 ID 属性，控件的定义必须包含 runat="server"属性。

控件的外观有两种类型：默认外观和已命名外观。如果控件外观没有 SkinID 属性，则是默认外观。当在页面应用主题时，默认外观自动应用于同一类型的所有控件。已命名外观是设置了 SkinID 属性的控件外观。已命名外观不会自动按类型应用于控件，而应当通过设置控件的 SkinID 属性将已命名外观显式应用于控件。通过创建已命名外观，可以为应用程序中同一控件的不同实例设置不同的外观。

下面的例程将演示如何定义一个 Button 控件的外观。

```
<asp:Button runat="server"
  BackColor="Red"
  ForeColor="White"
  Font-Name="Arial"
  Font-Size="9px" />
```

一个定义了两个名为 BlueTheme 和 PinkTheme 的主题的页面主题的代码如下：

```
MyWebSite
  App_Themes
    BlueTheme
      Controls.skin
      BlueTheme.css
    PinkTheme
      Controls.skin
      PinkTheme.css
```

定义主题之后，将 @Page 指令的 Theme 或 StyleSheetTheme 属性设置为要使用的主题的名称，则可对单个页面应用指定的主题；将应用程序配置文件中的 <pages> 元素设置为全局主题或页面主题的主题名称，则可将其应用于应用程序中的所有页。如例程（4）和例程（5）所示：

例程（4） 在单个页面应用主题

```
<%@ Page Theme="ThemeName" %>
<%@ Page StyleSheetTheme="ThemeName" %>
```

设置完这些以后，就可以在对应的页面或者站点中的控件选用主题，设置控件的SkinID 属性为对应的主题名称即可。

例程（5） 在Web.Config文件中配置主题

```
<configuration>
    <system.web>
      <pages theme="ThemeName" />
    </system.web>
</configuration>
```

如果应用程序主题与全局应用程序主题同名，则页面主题优先。

如果在 Machine.config 文件中定义了<pages>元素，则主题也将应用于服务器上的 Web 应用程序中的所有页。

如果要将主题设置为样式表主题并作为本地控件设置的从属设置，则应设置 StyleSheetTheme 属性，代码如下所示：

```
<configuration>
   <system.web>
     <pages StyleSheetTheme="Themename" />
   </system.web>
</configuration>
```

注意：
Web.config 文件中的主题设置会应用于该应用程序中的所有 ASP.NET 网页。Web.config 文件中的主题设置遵循常规的配置层次结构约定。例如，要仅对一部分网页应用某个主题，可以将这些页与它们自己的 Web.config 文件放在一个文件夹中，或者在根 Web.config 文件中创建一个 <location> 元素以指定文件夹。

4.6 ASP.NET 的内建对象

本节介绍 ASP.NET 中几个常用的内建对象的应用，使读者初步了解 ASP.NET 的输入输出方法，并学习 ASP.NET 处理动态 Web 网页的一般方法。

4.6.1 Request 和 Response

Request 是与 Response 相对应的对象。Request 对象可以读取浏览器的数据，而 Response 对象则下载数据给浏览器。由于 Request 对象会传回用户输入的数据，所以必须使用变量来接收，其语法格式如下：

变量=Request（"参数名称"）

对于 Response 对象，主要用于输出数据，其语法格式如下：

```
Response.collection|property|method
```

Response 常用的有三种方法：Write，End 和 Redirect，分别简要介绍如下：

- Write：在页面上以字符串的形式输出数据。
- End：结束数据输出或退出页面。使用这种方法退出页面时，所有已经打开的对象不会被关闭。
- Redirect：重定向网页。

如果客户端要传送数据给网页服务器，只要在网址后面加上问号，并将数据名称及指定的值填入即可。例如，在 Dreamweaver 中新建一个 ASP.NET VB 文档，在代码视图中输入如下代码：

```
<%
Dim sName,sCity As String
sName=Request("MyName")
sCity=Request("MyCity")
```

```
Response.Write("Hello,"&sName&",You are from"&sCity)
%>
```

将上述代码保存为名为 test1.aspx 的文档，然后在浏览器的地址栏中输入 http://localhost/test1.aspx?MyName=vivi&MyCity=Shanghai，即可在页面上输出如下字符串：

Hello,vivi,You are from Shanghai

下面的代码演示 Response 对象的 Redirect 方法和 End 方法的使用。

```
<%
Dim sName As String
sName=Request("MyName")
Response.Redirect ("http://www.123.com.cn/welcome.aspx")
Response.End
Response.Write(sName)
%>
```

当程序执行到上述代码时，Response.End 方法之后的程序代码或 HTML 标记就不会执行或显示，如果设置为使用缓冲区，即 Buffer 属性设置为 True，缓冲区内的内容将被强制输出到浏览器。

此外，读者还需要注意的是：Redirect 方法只能在还没有任何数据输出到浏览器以前才可以调用，否则会产生错误。

4.6.2 Application 和 Session

一个站点除了有丰富的内容需要管理外，网上的用户也是一个需要管理的部分。网站所使用的服务器不仅要允许多位用户同时进入网站，对于网站的应用程序系统而言，还需考虑到数据的共享，所以站点需要考虑的数据种类有两种：

（1）站点所有用户的共享数据（例如当前在线人数），在 ASP.NET 程序中，就是 Application 变量。

（2）站点上每个用户的专有数据（例如，用户的登录权限），在 ASP.NET 程序中，就是 Session 变量。

使用 Application 对象和 Session 对象创建的变量可以保存在服务器上，为所有的 ASP.NET 程序共享。那么 Session 对象与 Application 对象有什么不同？

事实上，Application 对象存放的变量对多个用户共享，并且是全部的用户不论何时皆可存取使用。而且 Application 变量不会因为某一个用户离开就消失，一旦建立了 Application 变量，那么它就会一直存在到网站关闭或者这个 Application 被卸载。而 Session 其实指的就是访问者从到达某个特定主页到离开为止的那段时间，每个访问者都会单独获得一个有唯一编号（SessionID）的 Session 对象。Session 对象所保留的信息是只供给当前的用户在连接期间内使用，一旦用户关闭浏览器，跟随的 Session 对象也会失效。也就是说，Application 对象是在第一个 Session 对象创建之后建立，直到 Web 服务器关机或者所有用户离线后才会关闭。另外，Application 变量和保存在用户计算机上的 cookies 无关，而 Session 变量需要依靠浏览器上的 cookies 功能才能正常运行。

Application 对象和 Session 对象的语法形式分别如下：

```
Application. collection|property|method
Session.collection|property|method
```

Application 对象和 Session 对象都有两个事件，分别为 Application_Start 和 tApplication_End，Session_Start 和 Session_End，这四个事件必须在 Global.asax 文件中声明才有用。当第一位用户请求 ASP.NET 程序时，用户进入 Session 期间，并且建立 Application 对象，然后检查 Global.asax 文件是否存在。如果 Global.asax 文件存在，在执行 ASP.NET 程序时就执行其中的 Application_Start 事件过程的代码，接着执行 Session_Start 事件过程的代码。当 Session 期间超过 TimeOut，或者执行了 Abandon 方法，在关闭 Session 对象前就会执行 Session_End 中事件过程的代码，并且结束 Session 期间。当 Web 服务器关机时，就会执行 Application_End 事件过程中的代码。

很多情况下，一个页面不止一个访问者浏览。由于 Application 变量可以被所有的用户读取和修改，所以有可能同时有多个用户在使用同一个变量。如果同一时刻，两个用户同时读取 Application 变量，那大家相安无事，但如果一位更改，一位读取 Application 变量，在这种情况下就会发生数据冲突。为了避免这种情况的发生，Application 对象提供了两个方法——lock 和 unlock。在执行修改变量操作之前，使用 Lock 方法，禁止其他用户修改变量；修改完毕，使用 Unlock 方法，允许其他用户修改该变量。这样可以保障在同一时间只允许一个用户修改变量。

如果用户执行 Lock 方法之后忘了使用 UnLock 方法将资源释放，将会使得其他需要存取 Application 对象的程序无法完成以致于失效。最终的复原方法是重新激活服务器或是重新激活系统的服务。因此在用户修改完成这些全局变量的同时，请特别记得使用 Unlock 方法将全局变量释放以供其他程序继续进行修改。此外需要注意的是，不能针对个别变量进行 Lock 操作，也就是说，要么全都 Lock，要么全都不。

📖4.6.3 Server

Server 对象也是 ASP.NET 的一个主要的内置对象，其主要功能是创建 COM 对象和创建组件对象。

Server 对象的属性只有一个——ScriptTimeout，即指定一个脚本可以执行的时间期限，默认值为 90 秒。如果超过设置值还没有执行完毕，就会产生 Timeout 错误。在默认情况下，不允许程序在服务器上无期限地执行下去，如果预计一个脚本程序会执行比较长的时间，最好设置这个属性，例如 server.ScriptTimeout = 100。

Server 对象有一个很重要的方法，即 MapPath 方法和 CreateObject 方法。MapPath 方法可以很轻松地将读取到正在浏览的网页所在的目录路径；CreateObject 方法用于创建已注册到服务器上的 ActiveX 控件，实现一些脚本语言无法实现的功能。

MapPath 的语法形式如下：

```
Server.MapPath(文件名称)
```

其中文件名称是必要的参数，代表所要存取的文件。例如，可以用 Server.MapPath() 方法将一个服务器的虚拟路径转化为实际的路径：

```
PhysicalPath = Server.MapPath("/Private/test.txt")
```

假设虚拟路径/private 对应于真实路径 c:\net\private，那么这个 PhysicalPath 的值将是 C:\net\private\test.txt

若读者只想得到网站虚拟目录的根目录路径，可以用下列代码得到：

```
Path = Server.MapPath("./")
```

4.7 AJAX 服务器控件

AJAX 英文全称是 Asynchronous JavaScript and XML，中文名为异步 JavaScript 和 XML。AJAX 是一种在客户端与服务器异步通信的技术，通俗的名称为"无刷新的页面请求技术"。它在浏览器和 Web 服务器这间提供了一种高效的数据传输方法。

AJAX 不是一个单独的技术，而是一组技术的结合体，由 JavaScript、CSS、HTML、XSLT、DOM 和 XML HttpRequest 等技术所组成，它们改进了在浏览器和 Web 服务器之间交换数据的方式，只传输必要的元素名称和值，只返回网页中需要更新的 HTML 部分，因此浏览器能够无缝地显示更新页面。Visual Web Developer 引入了一套 AJAX 的开发框架，并提供了大量的服务器扩展控件，使编写 AJAX 程序非常轻松。

- ScriptManager：该控件提供了执行部分回传和更新浏览器显示所需的 JavaScript 功能，用于处理浏览器和 Web 服务器之间复杂的通信，每个使用 ASP.NET Ajax 库的网页都必须包含该控件。
- UpdatePanel：用于在网页中指定一个可参与部分回传的区域。
- UpdateProgress：在部分回传期间显示内容，该控件可用于提供用户反馈，指出正在处理其请求。

第 5 章 访问数据库

本章导读

　　Web 应用程序的设计，简单地说就是通过对数据库的操作，来达到动态化网页的目的。因此学习 Web 开发、ASP.NET，必须对数据库有一定的了解和使用能力。本章将学习关系数据库的基本操作、SQL 语言以及 ADO.NET 数据模型的相关知识。

◎ 数据库基础知识

◎ 结构化查询语言 SQL

◎ 连接 SQL Server 数据库

◎ 存储过程管理

5.1 数据库基础知识

在 Web 应用中，数据库扮演着十分重要的角色，绝大多数的 Web 应用都需要数据库的支持，比方说搜索引擎、大型电子商务系统等，没有强有力的数据库系统在服务器端支持，是很难实现的。

数据库可以说是一个电子文件柜，其意义在于数据的管理。对应用程序而言，数据库好比是一个黑箱，内部的数据存储方式和处理方法是不可见的，只要清楚需要从数据库得到什么样的数据，利用规范的接口访问数据库，系统就会自动地把数据处理好。

📖 5.1.1 数据库简介

简单地说，数据库就是数据存储的集合。在考虑数据存储时，仅仅把数据存储到硬盘或者其他介质上是不够的，更重要的是如何能够快速地访问和处理数据，包括查询、修改、插入、删除等。数据必须被科学地组织起来，并且使用好的算法来达到迅速访问和处理数据的目的，同时数据库还必须保证数据的可靠性和完整性。

目前常见的数据库有 Access，SQL Server，Oracle，IBM DB2，Sybase 等，其中 Microsoft Access 是一种简单易用的小型数据库设计系统，特别适用于中小型网站的数据操作，利用它可以很快创建具有专业特色的数据库，而不用学习高深的数据库理论知识；SQL Server 是目前易用性和效率结合最好的数据库之一，而且其学习门槛相对较低。目前网络上的 Web 应用程序使用较多的数据库就是这两种。

数据库由表、视图和查询等文件组成。关系式数据库用"表（table）"的结构来陈述数据，表中的行叫做"记录"，列叫做"字段"，每一个表由许多记录组成，记录是数据库的构成单元，由若干字段组成，一个记录是一系列相关数据的集合，见表 5-1。

表 5-1 学生成绩表

Name	Math	Chinese	English
张三	90	85	90
李四	92	84	90
王五	87	90	95

在这个表格中，每个成绩单元都有 4 个属性（字段），即 Name、Math、Chinese 和 English。表中的一行即为一条 score 记录。

视图和查询是利用表的数据建立的新表。数据库文件和一般的文本文件不同，它有自己独有的格式，要采用特有的链接方式才能打开它。

📖 5.1.2 设计库结构

数据库设计是建立数据库及其应用系统的核心和基础，它要求对于指定的应用环境，构造出较优的数据库模式，建立起数据库应用系统，并使系统能有效地存储数据，满足用户的各种应用需求。一般按照规范化的设计方法，常将数据库设计分为以下几个阶段：

（1）系统规划阶段：主要是确定系统的名称、开发的目标功能和性能、所需的资源以及系统设计的原则和技术路线等。对分布式数据库系统，还应分析用户环境及网络条件，以选择和建立系统的网络结构。

（2）需求分析阶段：这一阶段要在分析用户调查的基础上，逐步明确用户对系统的需求，包括数据需求和围绕这些数据的业务处理需求。在了解现行系统的概况、确定新系统功能的过程中，收集支持系统目标的基础数据及其处理方法。

（3）概念设计阶段：这一阶段要产生反映各组织信息需求的数据库概念结构，即概念模型。概念模型必须具备丰富的语义表达能力、易于交流和理解、易于变动、易于向各种数据模型转换、易于从概念模型导出与 DBMS 有关的逻辑模型等特点。

（4）逻辑设计阶段：这一阶段除了要把 E—R 图的实体和联系类型，转换成选定的 DBMS 支持的数据类型之外，还要设计子模式并对模式进行评价，最后优化模式，使模式适应信息的不同表示。

（5）物理设计阶段：主要任务是对数据库中数据在物理设备上的存放结构和存取方法进行设计。数据库物理结构依赖于给定的计算机系统，而且与具体选用的 DBMS 密切相关。

（6）系统实施阶段：主要分为建立实际的数据库结构，装入试验数据对应用程序进行测试，装入实际数据建立实际数据库三个步骤。

另外，在数据库的设计过程中还包括一些其他设计，如数据库的安全性、完整性、一致性和可恢复性等方面的设计。由于这些设计总是以牺牲效率为代价的，所以设计人员的任务就是要在效率和尽可能多的功能之间进行合理权衡。

📖5.1.3　新建数据库

本书实例使用 Microsoft SQL Server 2008 创建数据库，而 Visual Studio 附带了 Microsoft SQL Server，因此不必再单独安装数据库。SQL Server 数据库表现为一个独立文件，　ASP.NET 提供了一个特殊目录 App_Data 用于放置数据库文件。

在 Visual Studio 中创建数据库的操作步骤如下：

（1）使用本书前面章节介绍的方法新建一个 ASP.NET 网站，或打开一个已有的网站项目。

（2）在"解决方案资源管理器"窗口中，右击网站名称，在弹出的快捷菜单中选择"添加新项"命令。

（3）在弹出的"添加新项"对话框中选择模板"SQL Server 数据库"，在"名称"文本框中输入数据库名称，然后单击"添加"按钮。

此时，Visual Studio 将弹出对话框询问用户是否将创建的数据库文件放在 App_Data 文件夹中，单击"是"关闭对话框，即可在"解决方案资源管理器"窗口中的 App_Data

目录下看到新建的数据库，如图 5-1 所示。

执行"视图"/"服务器资源管理器"菜单命令，打开如图 5-2 所示的"服务器资源管理器"窗口，也可以看到新创建的数据库，还可看到其他可操作的数据库元素，如数据库关系图、表、视图、存储过程、函数、同义词、类型和程序集。目前还没有创建任何数据库元素。

图 5-1　"解决方案资源管理器"窗口　　　　图 5-2　"服务器资源管理器"窗口

📖 5.1.4　新建数据库表

数据库将数据存储在表中。表是以二维网格形式存在的行和列的集合，每列对应一个字段，每行则对应于一条记录。数据库中的表要有一个唯一的名称，以便与其他数据库表相区别。创建数据库表时，不需要指定任何数据，只需要只指定表的结构，操作步骤如下：

（1）在图 5-2 所示的"服务器资源管理器"窗口中，鼠标右击"表"文件夹，在弹出的快捷菜单中选择"添加新表"命令，打开数据库表编辑器，如图 5-3 所示。

（2）在编辑器中指定表的字段名和类型。选中一条记录时，"列属性"窗口中将显示该列的属性列表，如图 5-4 所示。从图中可以看出，不管字段使用哪种数据类型，都可存储特殊值 NULL，表示"未知"值。在有些情况下，如果要禁止输入"未知"值，则可将该列标记为不允许 NULL。

（3）单击工具栏中的"保存"按钮🖫，弹出"选择名称"对话框，输入数据表的名称，然后单击"确定"按钮。接下来可以在表中添加数据了。

（4）打开"服务器资源管理器"窗口，在上一步保存的数据表上单击鼠标右键，在弹出的快捷菜单中选择"显示表数据"命令，打开数据表。

（5）单击字段名称下面的文本框，即可输入对应的数据。按 Tab 键可以移到下一个字段。

输入数据时，要注意输入的值应与定义的列属性符合，在不能接受 NULL 值的列中必须输入值，对于可接受 NULL 的列可不输入值，将自动添加 NULL。

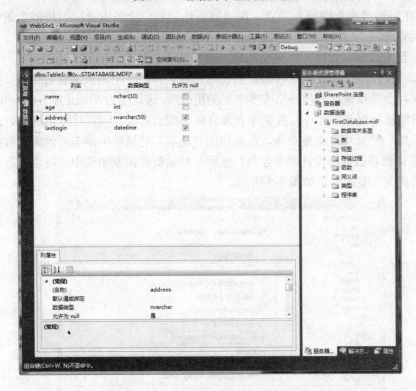

图 5-3　"数据库表编辑器"窗口 1

图 5-4　"数据库表编辑器"窗口 2

5.1.5　设置主键列

在实际应用中，数据库表的记录会频繁地被访问、更新或删除，因此数据表中的每条记录应有唯一标识，数据库中通常使用主键列实现这个功能。主键列通常是类型为 int 的列，且标记为自动递增列，在数据表中添加记录时，自动递增列的值自动递增。在这里注意主键列和自动递增列是两个独立的概念，主键列不一定是自动递增列，而自动递增列也不一定是主键列。

设置主键列的操作方法如下：

（1）打开需要设置主键列的数据表。

（2）在数据表中需要设置为主键列的列名上单击鼠标右键，在弹出的快捷菜单中选择"设置主键"命令。此时选中的列名左侧显示一把钥匙的图标，表明该列为主键列。

如果当前数据表中没有任何一列能够保证记录的唯一性，需要在表中创建一个新列用于唯一标识每条记录，通常这种列被命名为 TableNameID，且被设置为自动递增列，步骤如下：

（1）在表编辑器中，在字段列表的任何位置单击鼠标右键，在弹出的快捷菜单中选择"插入列"命令，然后输入列的名称，指定其数据类型为 int，且不允许 Null。

（2）使用本节开始介绍的方法将插入的列设置为主键列。

（3）在编辑器中选中插入的列，在"列属性"窗口中单击"标识规范"属性将其展开，然后将选项"（是标识）"的值修改为"是"。

至此，已为数据表创建了主键列，且主键列自动递增。

完成以上操作后，在保存修改的数据表结构时会弹出一个错误消息对话框，提示用户"无法保存会导致重新创建一个或多个表的更改"。这是因为 Visual Web Developer 的数据库工具默认情况下不允许对数据库表做有关类型的修改。出现这种情况时，用户可以选择"工具"/"选项"菜单命令，在弹出的"选项"对话框中单击左侧的"数据库工具"/"表设计器和数据库设计器"分类，然后在对话框右侧取消选中"防止保存需要重新创建表的更改"复选框，如图 5-5 所示。

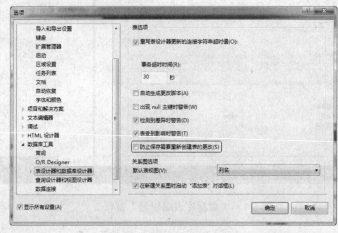

图 5-5　"选项"对话框

📖5.1.6 ADO.NET 模型简介

当前市场上存在着数十种不同类型的数据库,这些数据库分别由不同的公司开发,采用的数据格式和接口也各不相同,因此当应用程序访问它们时,就需要分别编写不同的接口,这给应用程序的设计带来了麻烦。解决这个问题的方法就是由系统提供各种不同数据库的驱动程序,然后放在应用程序与数据库之间作为中间环节。

微软公司提供的通用接口,多年来已经经历了几次大的改进。ActiveX Data Objects(ADO)是 Microsoft 开发的面向对象的数据访问库,目前已经得到了广泛的应用,而ADO.NET 则是 ADO 的后续技术。但 ADO.NET 并不是 ADO 的简单升级,而是采用了一种全新的技术。利用 ADO.NET,程序员可以非常简单而快速地访问数据库,主要表现在以下几个方面:

✓ ADO.NET 不是采用 ActiveX 技术,而是与.NET 框架紧密结合的产物。

✓ ADO.NET 包含对 XML 标准的完全支持,对跨平台交换数据具有十分重要的意义。

✓ ADO.NET 既能在与数据源链接的环境下工作,又能在断开与数据源链接的条件下工作,非常适合于网络应用的需要。

ADO.NET 访问数据采用层次结构,其逻辑关系如图 5-6 所示。

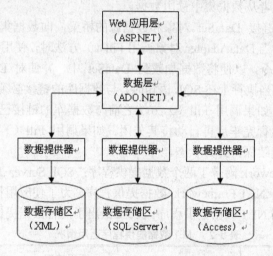

图 5-6 ADO.NET 层次结构

ADO.NET 的设计目的是从数据操作中分解出数据访问。ADO.NET 有两个核心组件完成此任务:DataSet 和.NET Framework 数据提供程序。

在网络环境下,保持与数据源链接,如果不符合网站的要求,不仅效率低,付出的代价高,而且常常会引发由于多个用户同时访问时带来的冲突。ADO.NET 系统集中主要精力用于解决在断开与数据源链接的条件下数据处理的问题。ADO.NET DataSet 是ADO.NET 的断开式结构的核心组件,它的设计目的很明确,是为了实现独立于任何数据源的数据访问。因此,它可以用于多种不同的数据源,用于 XML 数据,或用于管理应用程序本地的数据。DataSet 包含一个或多个 DataTable 对象的集合，这些对象由数据行和数据列以及主键、外键、约束和有关 DataTable 对象中数据的关系信息组成。

ADO.NET 结构的另一个核心元素是 .NET Framework 数据提供程序，它相当于 ADO.NET 的通用接口，用于建立数据源与数据集之间的联系，不同的数据提供器对应于不同类型的数据源。它能按要求将数据源中的数据提供给数据集，或者从数据集向数据源返回编辑后的数据。它包括 4 种核心类：

- Connection：用于建立与数据源的链接。该类中包括链接方法，以及描述当前链接状态的属性。其最重要的属性是 ConnectionString，用于指定服务器名称、数据源信息以及其他登录信息。
- Command：用于设置适合于数据源的操作命令，以便执行检索、编辑或输出参数等数据操作。对于数据库来说，这些命令既可以是内联的 SQL 语句，也可以是数据库的存储过程。由 Command 类生成的对象只能在链接的基础上，对链接的数据源指定相应的操作。
- DataReader：从数据源中读取只进且只读的数据流。DataReader 只能在与数据源保持链接的状态下工作，首先打开与数据源的链接，然后调用 DataReader 类的 Reader（）方法，关闭与数据源的链接。
- DataAdapter：每张表对应一个数据适配器，用来向数据集中填入数据（调用 Fill（）方法），或者从数据集中读出数据。

DataAdapter 提供链接 DataSet 对象和数据源的桥梁，向数据集中填入数据，或者从数据集中读出数据。当 DataAdapter 对象调用 Fill（）方法时，使用 Command 对象在数据源中执行 SQL 命令，以便将数据加载到 DataSet 中，并使对 DataSet 中数据的更改与数据源保持一致。当执行上述 SQL 语句时，与数据库的链接必须有效，但不需要用语句将链接对象打开。如果调用 Fill（）方法之前与数据库的链接已经关闭，则将自动打开它以检索数据。执行完毕后再自动将其关闭。如果调用 Fill（）方法之前链接对象已经打开，则检索后继续保持打开状态。

目前，.NET Framework 附带了两个数据提供程序：SQL Server .NET Framework 数据提供程序和 OLE DB .NET Framework 数据提供程序。为了使应用程序获得最佳性能，应该使用适合数据源的.NET 数据提供程序。表 5-2 给出了两种数据提供程序的适用情况。

表 5-2 .NET 数据提供程序适用情况

提供程序	适用情况
SQL Server.NET 数据提供程序	用于链接到 Microsoft SQL Server 7.0 或者更高版本。SQL Server.NET 数据提供程序为直接访问 SQL Server 做了专门的优化，没有其他附加技术层
OLE DB.NET 数据提供程序	用于任何使用 OLE DB 提供程序链接到数据库的应用程序。禁用对用于 ODBC 的 OLE DB 提供程序的支持

举例来说，如果要访问 SQL Server 2008 数据库，应该使用 SQL Server.NET 数据提供程序；而如果是要访问 Access 数据库，则应该使用 OLE DB.NET 数据提供程序。

综上所述，ADO.NET 提供对 Microsoft SQL Server 等数据源以及通过 OLE DB 和 XML 公开的数据源的一致访问。可以直接处理检索到的结果，或将其放入 ADO.NET DataSet 对象，以便与来自多个源的数据或在层之间进行远程处理的数据组合在一起，以特殊方式公开。ADO.NET 的 DataSet 对象也可以独立于.NET Framework 数据提供程序使用，以管理应用程序本地的数据或源自 XML 的数据。ADO.NET 组件的结构模型如图 5-7 所示。

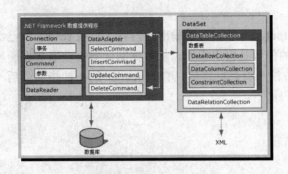

图 5-7   ADO.NET 组件结构模型

从上面的分析中可以看出，通过 ADO.NET 访问数据库的一般步骤如下：

（1）建立数据库链接对象（Connection 对象）。

（2）打开数据库链接（Connection 对象的 Open 方法）。

（3）建立数据库命令对象，指定命令对象所使用的链接对象（Command 对象）。

（4）指定命令对象的命令属性（Command 对象的 CommandText 属性）。

（5）执行命令（Command 对象的方法，例如 ExecuteReader 方法）。

（6）操作返回结果（SqlDataReader 对象或者其他对象）。

（7）关闭数据库链接。

例如：首先定义一个字符串型的 connStr 变量，用来存储链接 SQL Server 的数据库链接字符串。接着新建一个 SqlConnection 对象，用于链接数据库：

```
Dim connStr as string
connStr= "server=(local);Initial Catalog=Student;
          User Id=sa;Password=admin;";
Dim conn as new SqlConnection(connStr)
```

调用 conn 对象的 Open 方法打开数据库链接：

```
conn.Open()
```

新建 SqlCommand 对象，该对象用于向数据库发出命令。通常可以通过调用数据库链接对象 conn 的 CreateCommand 方法来建立 SqlCommand 对象，事实上 SqlCommand 对象有自己的构造函数。

```
Dim cmd as SqlCommand
cmd = conn.CreateCommand()
```

有了命令对象 cmd 以后，通过如下代码指定该命令对象的命令属性 CommandText：

```
cmd.CommandText = "Select ID,sName from student";
```

到目前为止，命令对象 cmd 已经设置完毕，可以向数据库发出命令，执行 CommandText 中所定义的操作了。为了保存 cmd 对象的执行结果，声明一个 SqlData Reader 对象 reader，并将 cmd 的执行结果保存在 reader 中：

```
Dim reader as SqlDataReader
reader= cmd.ExecuteReader()
```

接着定义变量 output，用于保存要输出的内容。目前 reader 中已经保存了从数据库中读取的信息，现在的任务是输出它们。从数据阅读器中获取数据一般用 while 循环，数据读取器的 Read 方法一直返回真值，直到 reader 的指针指向最后一条记录的后面。读取数据并显示的代码如下：

```
While reader.Read()
      '输出读取的信息
......
End While
```

数据被读取以后应该立刻关闭数据读取器和数据库链接对象：

```
reader.Close()
conn.Close()
```

5.2   结构化查询语言 SQL

SQL 是 Structure Query Language 的缩写，即结构化查询语言。SQL 语言是专门为访问数据库而设计的结构化语言，可以完成数据查询、数据定义和数据控制等操作。SQL 语言功能非常强大，语言很复杂也很庞大，但是使用起来并不困难，尤其是在程序设计中。本节介绍几个常用的 SQL 语句。

📖5.2.1   插入记录

INSERT 语句用来在指定的表中插入单个或多行记录，同时赋给每个列相应的值。其基本语法结构如下：

```
INSERT INTO <表名>[(<字段名1>[,<字段名2>…)]
VALUES (<常量1>[,<常量2>]…)
```

上面的语法虽然没有包含 INSERT 语句的所有功能，但是大多数情况下，用户只需要通过这个格式来插入数据就可以了。例如，在 course 表中添加学分为 3 的"计算机基础"课程，该课程由"洪七公"教授，上课时间为每周三的七八节课，上课地点为主教学楼 203 教室，则完成该操作的 SQL 语句为：

```
INSERT INTO course (tName,cName,cTime,cAddress,cCredit)
```

```
VALUES  ('洪七公','计算机基础','每周三的七八节课','主教学楼203教室',3)
```

这里需要注意的是，如果插入的数据为文本类型或时间类型，必须使用单引号将其括起来，如果是数字则不需要。

5.2.2 更新记录

UPDATE 语句的功能是在指定的表中修改满足条件的记录。其基本语法结构如下：

```
UPDATE <表名> SET <列名> = <表达式>[,<列名> = <表达式>]…
[WHERE <条件>]
```

上面的语法没有包含 UPDATE 语句的所有功能，但是大多数情况下，只需要通过这个格式来插入数据就可以了。例如：将学生信息表 student 中学生李四的性别修改为"女"，可以使用下面的 SQL 语句：

```
UPDATE student SET sSex = '女'
WHERE sName = '李四'
```

用户可以根据查询条件对列进行更新，其判断条件就是 WHERE 子句中的条件。WHERE 子句是 SQL 语言中常用的子句，通常使用关系表达式，关系运算符（包括>、<、=、>=、<=、<>、!>和!<等，其中<>表示不等于，!>表示不大于，!<表示不小于）对条件进行判断，对指定数目的列进行更新，并且能赋给这些列表达式或 NULL。

同样注意，SQL 语句中的字符串要使用单引号括起来。

5.2.3 查询记录

查询记录使用 SELECT 语句，是最常用的 SQL 命令之一，它的功能是在指定的一个或者多个表中查询满足条件的数据集。SELECT 语句的基本语法结构如下：

```
SELECT [ALL|DISTINCT] <目标列表达式>[,<目标列表达式>]…
FROM <表名>[,<表名>]…
[WHERE <条件表达式>]
[GROUP BY <列名1> [HAVING <条件表达式>]]
[ORDER BY <列名2> [ASC|DESC]]
```

整个 SELECT 语句的含义是，根据 WHERE 子句的"条件表达式"，从 FROM 子句指定的表中找出满足条件的记录，再按 SELECT 子句中的"目标列表达式"选出记录中的列形成结果表。其中 ALL 关键字表示从结果集中检索所有的行，不区别重复的行，DISTINCT 关键字表示不允许有相同的行。如果有 GROUP 子句，则将结果按<列名1>的值进行分组，该属性列相等的记录为一个组，通常会在每组中使用集函数。如果 GROUP 子句带 HAVING 短语，则只有满足指定条件的组才予以输出。如果有 ORDER 子句，则结果表还要以<列名2>的值按升序或者降序排序，其中 DESC 表示降序排列，ASC 表示升序排列。如果要升序排列，可以省略 ASC 关键字。

　　SELECT 语句既可以完成简单的单表查询，也可以完成复杂的链接查询和嵌套查询。单表查询简单易学，但链接查询相对有一定难度，下面分别举例进行说明。

　　（1）单表查询。

```
SELECT * FROM student
```

　　上面是一个最基本的 SELECT 语句，它的功能是查询并显示表 student 中的所有记录。*表示表中的所有字段。如果只需要查看表中的几个字段，可以使用字段名替换 SELECT 语句中的*，例如，显示表 student 中学生姓名、性别和住址信息的查询语句如下：

```
SELECT sName,sSex,sAddress FROM student
```

　　在上面的两个例子中，结果中的列名都是以字段名（如 sName）来显示的，这样并不直观。可以使用 AS 关键字在 SELECT 中指定列名，例如：

```
SELECT sName AS 姓名,sPhone AS 电话 FROM student WHERE sSex = '男'
```

　　此外，在 WHERE 子句中还可以使用 SQL Server 谓词，从而满足更多的查询要求。

- LIKE 谓词确定查找的字符串是否与指定的模式匹配。模式包括普通字符和通配符，是一种简单的模糊查询方法。%和_是最常用的通配符，%表示 0 个或者多个字符构成的字符串，_表示单个任何字符串。使用时要注意一个汉字占两个字符。例如要查询姓李的同学的姓名和电话，可以使用下面的语句：

```
SELECT sName AS 姓名,sPhone AS 电话 FROM student WHERE sName LIKE '李%'
```

　　使用 LIKE 查询在实现网站搜索功能时很有用处。

- BETWEEN 谓词指定关系表达式的范围。例如要查询分数在 60~80 之间的学生选课信息，可以使用下面的语句：

```
SELECT stuID,courseID FROM stuCourse WHERE stuMark BETWEEN 60 AND 80
```

- IN 谓词确定给定的值是否与子查询或者列表中的值相匹配。例如要显示没有选修任何课程的学生学号和姓名，可以使用下面的语句。

```
SELECT ID,sName FROM student WHERE ID NOT IN (SELECT stuID FROM stuCourse)
```

　　在 WHERE 子句中包含了一个 SELECT 语句，它的功能是查询表 stuCourse 中的所有的学生学号。而 ID NOT IN(SELECT stuID FROM stuCourse)表示在表 student 中 ID 字段的值没有出现在（NOT IN）表 stuCourse 中的记录。

　　（2）链接查询。上面介绍的都是从一个表中查询得到结果集。在很多情况下，需要从多个表中提取数据，如需要查询学号为 200131500141 的学生所选课程的课程名以及该课程的得分。这样的查询涉及到多个表，称为链接查询。要实现上述功能，可以使用如下查询语句：

```
SELECT stuCourse.stuMark AS 分数,course.cName AS 课程 FROM stuCourse,
course
WHERE stuCourse.courseID = course.ID AND stuCourse.stuID = '200131500141'
```

　　这是最简单的一种链接查询方式，称为等值查询。上面 SELECT 语句中包含两个表，事实上链接查询可以包含多个表。

除了等值链接，还有左外链接和右外链接。所谓左外链接，是指出现在左表中的所有数据不管是否与右表中的数据匹配，都将得到保留。右外链接则刚好相反。例如，需要查询所有学生的学号和姓名，同时如果该学生选择了课程，也要列出课程编号。实现此功能需要使用左外链接，具体代码如下：

```
SELECT A.ID,A.sName,B.courseID,B.stuMark FROM student AS A
LEFT JOIN stuCourse AS B ON A.ID = B.stuID
```

5.2.4 删除记录

在数据库中删除记录使用 DELETE 语句，基本语法结构如下：

```
DELETE FROM <表名>
[WHERE <条件>]
```

如果有查询条件，则删除与查询条件相符合的行。如果省略 WHERE 子句，表示删除表中全部记录，但是表的定义仍然存在，也就是说，DELETE 语句删除的是表中的数据，不是关于表结构的定义。例如删除不及格的选课信息和删除所有的学生选课信息的 SQL 命令分别如下所示：

```
DELETE FROM stuCourse where stuMark < 60
DELETE FROM stuCourse
```

5.3 链接 SQL Server 数据库

前面已经提到 SQL Server.NET 数据提供程序提供了对 SQL Server 2008 的优化访问。因此对于使用 SQL Server 作为后台数据库的应用程序而言，此数据提供程序是一个优先的选择。SQL Server.NET 数据提供程序的 SqlConnection 对象是在 System.Data.SqlClient 命名空间中定义的，它包含在 System.Data DLL 程序集中。使用 Visual Studio.NET 开发应用程序时，一般的项目都自动引用了该程序集。可以使用如下两种方式来使用 SqlConnection 类：

```
Dim conn as new System.Data.SqlClient.SqlConnection()
```

下面是在类中导入了这个命名空间后的使用方式：

```
Import System.Data.SqlClient
Dim conn as new SqlConnection()
```

显然实际编码时采用后一种方式会减少代码编写量，本书采用这种方式编码。

5.3.1 SqlConnection 类

为了链接 SQL Server，必须实例化 SqlConnection 类，并调用此对象的 Open 方法。

当不再需要链接时，应该调用这个对象的 Close 方法关闭链接。SqlConnection 类定义了两个构造函数，一个不带参数，另外一个接受链接字符串，因此可以使用下面两种方式的任何一种实例化链接：

```
Dim conn As New SqlConnection()
conn.ConnectionString = ConnectionString
conn.Open()
```

或者：

```
Dim conn As New SqlConnection(ConnectionString)
conn.Open()
```

显然使用后一种方法输入的代码要少一点，但是两种方法执行的效率并没有什么不同。另外如果需要重用 Connection 对象去使用不同的身份链接不同的数据库，使用第一种方法则非常有用，例如：

```
Dim conn As New SqlConnection()
conn.ConnectionString = ConnectionString1
conn.Open()
'访问数据库，做一些事情
conn.Close()

conn.ConnectionString = ConnectionString2
conn.Open()
'访问数据库，做另外一些事情
conn.Close()
```

但是必须注意只有当一个链接关闭以后，才能把另外一个不同的链接字符串赋值给 Connection 对象。如果某个时候不知道 Connection 对象是打开还是关闭时，可以检查 Connection 对象的 State 属性，它的值可以是 Open，也可以是 Closed，这样就可以知道链接是否是打开的。State 也有其他的值，表 5-3 列出了 ConnectionState 的所有值。

表 5-3 ConnectionState 枚举成员值

成员名称	说明
Broken	与数据源的链接中断。只有在链接打开之后才可能发生这种情况。可以关闭处于这种状态的链接，然后重新打开（该值是为此产品的未来版本保留的）
Closed	链接处于关闭状态
Connecting	链接对象正在与数据源链接（该值是为此产品的未来版本保留的）
Executing	链接对象正在执行命令（该值是为此产品的未来版本保留的）
Fetching	链接对象正在检索数据（该值是为此产品的未来版本保留的）
Open	链接处于打开状态

📖5.3.2　SQL Server 的链接字符串

在上一节中多次提到了链接字符串 ConnectionString，这一小节详细讨论它。

SQL Server.NET 数据提供程序链接字符串包含一个由一些"属性名/值" 对组成的集合。

每一个"属性名/值"对都由分号隔开。

```
      PropertyName1=Value1;
PropertyName2=Value2; ……;PropertyNameN=ValueN;
```

例如：

```
      server=(local);Initial Catalog=Student;User Id=sa;Password=admin;
```

其中 server 是服务器地址，值 "(local)" 表示使用本地机器，另外可以使用计算机名作为服务器的值。Server 关键字可以替换为 Data Source。上面的链接字符串可以写成如下形式：

```
      Data      Source=(local      )      ;Initial      Catalog=Student;User
Id=sa;Password=admin;
```

Initial Catalog 属性指明了链接使用的数据库，上面的链接字符串表明使用 Student 数据库。

User Id 和 Password 则分别指明了访问数据库时使用的用户名和密码。

```
      Data      Source=(local      )      ;Initial      Catalog=Student;Integrated
Security=SSPI;
```

Integrated Security=SSPI 表示链接时使用的验证模式是 Windows 身份验证模式。

📖5.3.3　SqlConnection 的方法

SqlConnection 对象有自己的方法，如前面已经使用过的 Open 方法和 Close 方法。表 5-4 列出了其常用的方法。

表 5-4　SqlConnection 对象的方法

方法名称	方法描述
Open	使用 ConnectionString 所指定的属性设置打开数据库链接
Close	关闭与数据库的链接。这是关闭任何打开链接的首选方法
CreateCommand	创建并返回一个与 SqlConnection 关联的 SqlCommand 对象
ChangeDatabase	为打开的 SqlConnection 更改当前数据库

注意：

　　数据库链接是很有价值的资源，因为链接要使用到宝贵的系统资源，如内存和网络带宽，因此对数据库的链接必须小心使用，要在最晚的时候建立链接（调用 Open 方法），在最早的时候关闭链接（调用 Close 方法）。也就是说在开发应用程序时，不再需要数据链接时应该立刻关闭数据链接。这看起来很简单，事实上达到这个目标也不难，关键是要有这种意识。

5.3.4　链接 SQL Server 的数据访问实例

这一节编写一个 ASP.NET 应用程序来链接 SQL Server 数据库中的 Student，并依据链接结果输出一定的内容。本例的操作步骤如下：

（1）启动 Dreamweaver，新建一个 ASP.NET VB 页面，布局为"无"，然后单击"创建"按钮。并将其命名为 SqlConnectionTest.aspx。

（2）切换到设计视图，在"常用"插入面板上单击"标签选择器"按钮，在弹出的对话框中单击"ASP.NET" /"Web 服务器控件"分类，插入一个按钮控件，并在打开的对话框中设置 ID 为 btnConnect，文本属性为"点击链接数据库"，然后单击"确定"。

（3）在文档窗口中单击 btnConnect，然后打开"标签编辑器"对话框。单击左侧的 OnClick 事件，并在右侧的文本框中键入按钮的 Click 事件相关的事件处理程序名称 btnConnect_Click。

（4）切换到代码视图，编写代码导入命名空间 System.Data 和 System.Data.SqlClient，表示将使用 SQL Server.NET 数据提供程序。

（5）在事件处理程序 btnConnect_Click 中添加如下代码：

```
<script runat="server">
Sub btnConnect_Click(sender As Object, e As System.EventArgs)
Try
'声明 Connection 对象 conn
  Dim conn As New SqlConnection()
'指定 conn 的 ConnectionString 属性值
  conn.ConnectionString =
    "Data       Source=(local);user       id=sa;password=admin;initial
catalog=student"

'调用 Open 方法来打开链接
  conn.Open()

  '判断 conn 是否打开了链接，如果链接成功则提示信息
  If conn.State = ConnectionState.Open Then
    Response.Write("数据库链接成功！<br>")
```

Chapter 05

```
        Response.Write("<script>alert('链接已经打开!')</script>")
    End If


    '调用 Close 方法关闭链接
    conn.Close()
    '判断是否成功关闭数据库链接,关闭成功则提示信息
    If conn.State = ConnectionState.Closed Then
        Response.Write("<script>alert('链接已经关闭!')</script>")
        Response.Write("数据库已经关闭")
    End If
Catch ex As Exception
    Response.Write(("数据库链接失败,可能的原因是: <br>" + ex.Message))
End Try
End sub
</script>
```

（6）保存文档,并在浏览器中预览效果。单击"点击链接数据库"按钮,如果数据库链接成功,则将依次弹出两个对话框,显示链接已经打开和链接已经关闭,并在页面输出对应的信息。

（7）如果链接不成功,则可能得到提示错误信息的页面,例如将链接字符串修改,故意将 Student 数据库拼写错误为 Stadent,如下代码所示:

```
    Data           Source=(local);user          id=sa;password=admin;initial
catalog=stadent
```

然后在浏览器中预览,单击按钮后得到如图 5-8 所示的界面。

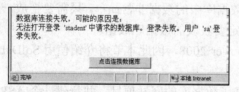

图 5-8 链接出错的界面

读者也许注意到了上面的代码都包含在 try…end try 中了,这是什么意思呢? try 与 catch 是 VB.NET 中对异常处理的代码。因为在访问数据库的时候并不能保证数据库一定能够被顺利访问,因此应该对可能发生的异常进行处理,例如上面提到的修改 student 为 stadent。

try-catch 语句由一个 try 块和其后所跟的一个或多个 catch 子句（为不同的异常指定处理程序）构成。此语句会采用下列形式之一:

```
    Try
        [ tryStatements ]
    [ Catch [ exception [ As type ] ] [ When expression ]
```

```
          [ catchStatements ] ]
    [ Exit Try ]
    ...
    [ Finally
          [ finallyStatements ] ]
    End Try
```

其意思很明显，当程序试着执行 try-catch 中的语句时，如果应用程序发生异常，则由对应的 catch 来捕捉异常，并执行对应 catch 中的代码。

将 student 修改为 stadent 以后，程序执行到 conn.Open() 时，由于不能正常打开数据库链接，将抛出异常，catch 语句不捕获该异常以后执行 catch 中的语句块，输出对应的错误信息，具体代码如下：

```
Catch ex As Exception
    Response.Write(("数据库链接失败，可能的原因是：<br>" + ex.Message))
```

很明显，ex.Message 包含了具体的错误信息。

> **注意：**
> 在开发实际的应用程序时应该对有可能发生异常的代码进行异常捕获处理。本书中部分地方为了专注于某一知识点的讲解，并没有做处理异常，这点读者要注意。

📖 5.3.5 使用 SqlDataSource 控件访问数据库

在上一章中提到过，ASP.NET 提供了一组数据源控件用于访问底层数据库中的数据。使用数据源控件检索数据库中的数据非常简单，只需要拖放一个控件到 ASP.NET 网页中，并按照向导提示指定要获取的数据库数据。

本书示例使用 SQL Server 2008，因此本节将介绍使用 SqlDataSource 控件操作数据库的一般方法和步骤。

（1）打开一个已创建了数据库的网站项目，并新建一个 ASP.NET 网页。

（2）打开 Visual Web Developer 工具箱，从"数据"部分拖到一个 SqlDataSource 控件到页面上。该控件显示为灰色，并自动显示智能标签，如图 5-9 所示。智能标签显示可对当前控件执行的操作。

（3）单击智能标签中的"配置数据源"链接，打开配置数据源向导。在下拉列表框中选择要链接的数据库文件。单击"链接字符串"左侧的折叠按钮，可以查看用于访问数据库的链接字符串，如图 5-10 所示。

（4）单击"下一步"按钮，如果这是第一次使用数据源控件链接该数据库，Visual Web Developer 将询问是否将链接字符串保存到应用程序配置文件中，建议选择"是"。

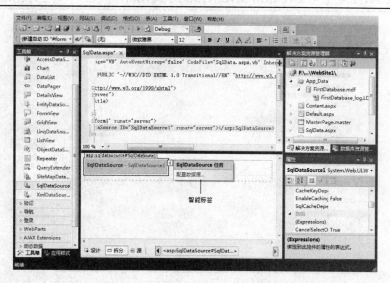

图 5-9　添加 SqlDataSource 控件界面

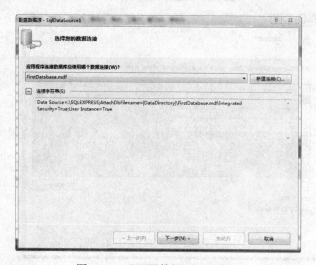

图 5-10　"配置数据源"对话框

如果将链接字符串信息保存在 Web 应用程序的配置文件中，将在 web.config 文件中自动插入新设置，将这一步提供的链接名称与链接字符串关联起来。这种方式最大的优点是它在应用程序中添加了一种间接引用，使得网站更易修改、维护。

（5）单击"下一步"按钮，配置 select 语句，指定从数据库中检索数据的方式，如图 5-11 所示。

如果选择"指定自定义 SQL 语句或存储过程"选项，可通过向导选择表并指定要检索的列。如果选择"指定来自表或视图的列"选项，则需要精确地输入合适的 SQL 查询。两种方式的最终结果相同。

（6）单击"下一步"按钮，进入"测试查询"页面。如果要结束向导，单击"完成"按钮；如果要预览数据源返回的数据，单击"测试查询"按钮，效果如图 5-12 所示。

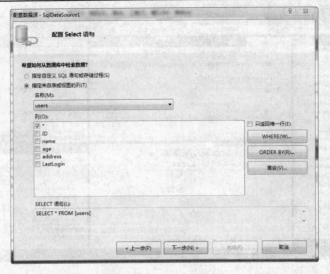

图 5-11　配置 select 语句

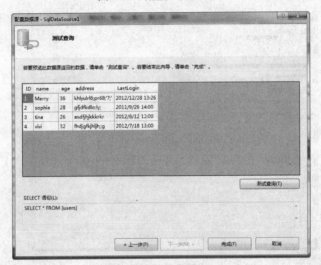

图 5-12　测试查询

如果没有得到预期的查询结果，可以单击"上一步"按钮重新配置查询。

此时切换到源视图，可以看到如下所示的代码：

```
<asp:SqlDataSource ID="SqlDataSource1" runat="server"
    ConnectionString="<%$ ConnectionStrings:ConnectionString %>"
    SelectCommand="SELECT * FROM [users]"></asp:SqlDataSource>
```

下面简要介绍一下 SqlDataSource 控件的一些属性。

● ID：唯一地标记数据源控件。

● ConnectionString：指定用于链接到数据库的链接字符串。<%$ Connection Strings:ConnectionString %>告诉数据源控件从应用程序的配置文件中检索合适的信息。如果没有将链接字符串保存在 web.config 中，将显示为完整的链接字符串。

- SelectCommand：指定向数据库发出的 Select 查询。

在这里需要注意的是，数据源控件仅检索数据库数据，并不能在网页中显示检索的数据。因此在浏览器中预览上述页面时并不显示查询到的数据。如果要在网页上显示查询结果，需要使用数据控件， 如 GridView、DetailsView、DropDownList 等。有关数据控件的介绍可以参见本书前一章。

5.4 存储过程管理

存储过程是 SQL Server 服务器上一组预先编译好的 SQL 语句，它以一个名称存储在数据库中。存储过程可以接收和输出参数、返回执行存储过程的状态值，还可以嵌套调用。存储过程有如下优点：

- ✓ 可用存储过程封装事务规则。
- ✓ 通过存储过程可以传入参数并得到返回参数。
- ✓ 存储过程可以被设置成在 SQL Server 启动时自动执行。
- ✓ 存储过程可用来扩充数据或修改数据。
- ✓ 存储过程执行速度快。
- ✓ 存储过程能够提高工作效率。

存储过程分为系统存储过程、扩展存储过程和用户自定义存储过程三种。其中，系统存储过程以 sp_开头，用来进行系统的各项设定，取得信息相关管理工作。系统存储过程可从任何数据库中执行系统存储过程，而无需使用 master 数据库名称来完全限定该存储过程的名称。扩展存储过程以 XP_开头，用于调用操作系统提供的功能。如果用户创建的存储过程与系统存储过程同名，则永远不执行用户创建的存储过程。

存储过程的语法如下：

```
CREATE PROC [ EDURE ] procedure_name [ ; number ]
   [ { @parameter data_type }
       [ VARYING ] [ = Default ] [ OUTPUT ]
   ] [ ,...n ]
[ WITH
   { RECOMPILE | ENCRYPTION | RECOMPILE , ENCRYPTION } ]

[ FOR REPLICATION ]

AS sql_statement [ ...n ]
```

- VARYING：指定作为输出参数支持的结果集，仅适用于游标参数。
- Default：指定参数的默认值。如果定义了默认值，不必指定该参数的值即可执行过程。默认值必须是常量或 NULL。
- OUTPUT：表示此参数是可传回的。
- RECOMPILE：表示每次执行此存储过程时都重新编译一次。
- ENCRYPTION：表示所创建的存储过程的内容会被加密。

- n：表示最多可以指定 1024 个参数的占位符。
- FOR REPLICATION：指定不能在订阅服务器上执行为复制创建的存储过程。本选项不能和 WITH RECOMPILE 选项一起使用。
- AS：指定过程要执行的操作。
- sql_statement：指定过程中要包含的任意数目和类型的 Transact-SQL 语句。

📖 5.4.1 新建存储过程

（1）打开数据库资源管理器，在树状目录中展开数据库节点。

（2）在节点"存储过程"上单击鼠标右键，在弹出的快捷菜单中选择"添加新存储过程"命令。Visual Web Developer 将弹出图 5-13 所示的编写存储过程的窗口。

图 5-13　编写存储过程的窗口

在这里可以修改存储过程的名称和参数。声明存储过程的参数的格式为@参数名 数据类型，参数之间用逗号分隔，最后一个参数不用分隔号。存储过程的参数主要有两种：输入参数和输出参数，输出参数类型后需要加关键字 OUTPUT，如图 5-13 所示。

（3）输入创建存储过程的语句。

现在分析一下上面创建的存储过程，该存储过程代码如下：

```
CREATE PROCEDURE GetAllStudents AS
    SELECT *
    FROM student
GO
```

首先，CREATE PROCEDURE GetAllStudents 语句说明了当前要创建一个存储过程，且该存储过程的名称为 GetAllStudents，接着的 AS 语句表明在 AS 后面将出现该存储过程要执行的 SQL 语句集合。在 AS 后面是读者已经非常熟悉的 SELECT 语句。

📖 5.4.2 修改存储过程

（1）打开数据库资源管理器，在树状目录中展开存储过程所在的数据库节点。

（2）在需要修改的存储过程中单击鼠标右键，在弹出菜单中选择"打开"命令。

（3）打开图 5-13 所示的窗口对存储过程进行修改。

在第（2）中选择"属性"命令，可以在"属性"对话框中查看存储过程的名称和程序集名称。

5.4.3　执行存储过程

为了在应用程序中执行存储过程，需要把存储过程的名称赋给命令文本，同时将命令的 CommandType 属性设置为存储过程。如果存储过程返回值，或者有一些参数，还必须创建参数，并把创建的参数添加到命令的 Parameters 集合中。下面通过一个简单实例演示存储过程的执行步骤。

（1）在数据库 Student 中添加如下名为 UpdateStudentInfo 的存储过程：

```
CREATE PROCEDURE UpdateStudentInfo
(
    @userName   nvarchar(50),
    @userID nvarchar(50)
)
AS
    Update student
    Set sName = @userName
    Where   ID = @userID
GO
```

每一个存储过程都包括一个或多个 SQL 语句。为了指明是存储过程一部分的 SQL 语句，只需简单地在关键词 AS 后面包含它们。

（2）创建一个 Command 对象，并将存储过程名称传入它的构造函数：

```
Dim conn As New SqlConnection(ConnectionString)
Dim cmd As New SqlCommand("UpdateStudentInfo", conn)
```

（3）把命令的 CommandType 属性设置为 StoredProcedure：

```
cmd.CommandType = CommandType.StoredProcedure
```

（4）使用 EXECUTE 语句执行存储过程。

```
EXECUTE UpdateStudentInfo
```

当执行该存储过程时，所有包括在其中的 SQL 语句都会执行。

5.4.4　删除存储过程

对于不再需要的存储过程，可以使用企业管理器将其删除。

（1）打开数据库资源管理器，在树状目录中展开存储过程所在的数据库节点。

（2）在要删除的存储过程上单击鼠标右键，在弹出菜单中选择"删除"命令。

（3）在弹出的确认删除对话框中单击"是"按钮，将选定的存储过程从数据库节点中永久删除。

第6章 在线书店实例

本章导读

　　随着 B2B 的兴起，电子商务成为一个很热门的话题。而网上购物作为 B2C 的一种主要商业形式，取得了巨大的成功。比如大家熟悉的 8848 和当当网站，这样的系统都是大型的企业应用，作为一般的中小企业，没有相应的技术条件去开发和维护这样规模的 Web 应用。但是中小企业也迫切需要跟上信息化的步伐，ASP.NET 作为一种主流的动态网页技术为这样的需求提供了可能。

　　本章将向读者介绍一个电子商务系统的一个实例——网上书店。在系统的实现过程中，将讲述一些基本的通用的 ASP.NET 技术以及一些独特的技术细节，让读者对电子商务有个大概的了解，如果想要更深入地学习并开发出一个真正能够承受住大流量的应用，还需要更多的知识。

- ◎ 系统总体设计
- ◎ 系统数据库设计
- ◎ 建立 Bookstore 网站
- ◎ 设计项目中的 Web 用户控件
- ◎ 显示图书信息
- ◎ 用户注册处理
- ◎ 用户登录处理
- ◎ 购物车处理
- ◎ 订单处理
- ◎ 在线书店的 Web 服务
- ◎ 系统运行效果

6.1　系统总体设计

本节介绍在线书店的总体功能以及结构设计等内容。

📖6.1.1　项目目标

本系统的设计目标是开发一个中小型的基于 Web 的书店销售系统,顾客能够通过浏览器访问本在线书店,并浏览、购买自己喜爱的图书。

顾客在浏览图书时可以方便地将图书放入购物车。为了方便顾客查找所感兴趣的图书,系统提供了搜索功能,根据顾客所指定的搜索条件能够迅速定位到顾客需要的商品,提高了购物的效率。一旦顾客希望提交购物车到收银台则必须完成登录操作。如果顾客并非注册用户,则必须先注册然后再提交购物车。注册后的网友即为会员,会员可以在登录以后查看自己的订单列表以及订单详细信息。另外,所有的顾客都可以对书籍发表评论。

📖6.1.2　解决方案设计

由于系统的定位是一个网上购物系统,是一个电子商务站点,传统的 C/S 架构很明显不适合。C/S 通常适合于开发面向企业内部的应用,例如管理信息系统。作为面向 Internet 上的 Web 应用,需要的是 B/S(客户/浏览器)架构。B/S 架构的客户端使用的是浏览器,这种方式的客户端简单易学,培训成本低。

根据上面的分析,确定系统运行在微软的 Windows NT 系列平台上,使用 IIS 信息服务器作为 Web 服务器,使用 Dreamweaver CS6 设计页面,使用 ASP.NET 完成动态交互功能。后台的数据库则使用 SQL Server。系统的架构图如图 6-1 所示:

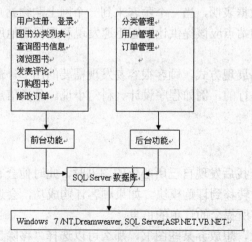

图6-1　系统总体功能设计

📖6.1.3 系统模块功能分析

本系统采用三层结构开发，位于表现层的是 BookStore 项目（ASP.NET 应用程序），位于事务逻辑层的是 DataAccess 项目，位于数据存储层的为 SQL Server 中的 Bookstore 数据库。系统层次结构如图 6-2 所示。

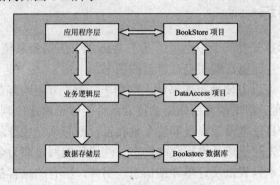

图 6-2　系统层次结构图

本系统主要包括以下几个模块：

1. 顾客注册、登录

一个网上的购物站点首先应有的功能就是能够定位访问的每个顾客。在网站中几乎所有可以与顾客交互的界面上（与顾客的接口）都提供了顾客登录接口。在顾客登录后，才可以完整地跟踪顾客的行为。顾客也只有登录后才可以购买和查看订单。

第一次访问购物系统的浏览者可能被站点吸引，有了购买某些图书的欲望，这时他（她）需要注册，以便能够使用 Web 应用所提供的功能。

2. 浏览、查询书籍

经验和权威的统计数据表明，当一个顾客来到一个网上购物站点时，通常会有明确的目标性。因此一个购物站点应该提供让顾客迅速发现和查找到他所感兴趣的商品的功能。

通过多种不同的商品展现方式，顾客很容易发现需要的图书。最常见的展示方式是根据图书的分类信息来进行的，例如程序设计、科幻小说。分类信息在后台由管理员进行维护。

3. 订购书籍

当顾客在浏览或者查找后发现自己所心仪的图书时，此时他会有购买的欲望。顾客可以直接选择购买，就会转移到订购模块。如果顾客订购成功，会返回一个订购成功的页面，并且详细列出顾客所提交的订单的信息。

如果顾客改变了主意，想放弃某些图书，那么可以选择"移除"功能从购物车中删除指定的图书。

4. 订单管理

当顾客确定了购物车中的图书信息并且提交了订单以后，依据购物车中的图书信息构建订单信息并显示以供用户核查，用户核查完毕以后可以提交付款。

📖6.1.4 网站的整体结构

本章将要制作的网站的系统结构如图 6-3 所示。

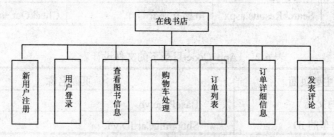

图 6-3 系统结构图

整个项目文件对应的文件架构如图 6-4 所示。

图 6-4 系统文件架构图

其中，App_Code 文件夹由系统自动生成，存放系统公用的类文件；App_Data 文件夹由系统自动生成；Bin 文件夹存放应用程序运行时自动生成的.dll 文件；BookImages 存放图书的封面图片；CSS 文件夹存放项目的样式表；Data 目录存放系统后台数据库；DataAccess 文件夹存放项目实体的类文件；images 目录存放系统用到的图片；modules 目录存放系统中自定义的用户控件；WinOrder 目录存放项目的 Web 服务的相关文件；站点根目录下的其他文件为系统的网页文件。

图中各文件目录与界面的对应关系见表 6-1～表 6-5。

表 6-1　　在线书店网页设计表

需要制作的主要页面	页面名称	需要制作的主要页面	页面名称
首页	Default.aspx	用户登录页面	Login.aspx
登录成功页面	welcome.aspx	注册、登录失败页面	ErrorPage.aspx
新用户注册页面	Register.aspx	图书列表	BookList.aspx
订单列表	OrderList.aspx	订单详细信息	OrderDetails.aspx
图书详细信息	BookDetails.aspx	添加图书到购物车	addToCart.aspx
购物车信息列表	ShoppingCart.aspx	发表评论	ReviewAdd.aspx
图书搜索结果	SearchResults.aspx	审核并递交订单	CheckOut.aspx

表 6-2　　App_Code 目录下的文件设计表

需要制作的主要页面	页面名称
所有 Web 页面的父类	BasePage.vb
分配、获取购物车的 ID	ShoppingCartID.vb

表 6-3　　DataAccess 目录中的文件设计表

需要制作的主要页面	页面名称
图书实体类	Book.vb
书籍信息相关的数据访问类	BookDB.vb
注册用户实体类	Customer.vb
注册用户信息相关的数据访问类	CustomerDB.vb
订单详细信息实体类	OrderDetail.vb
订单处理的数据访问类	OrdersDB.vb
评论处理的数据访问类	ReviewDB.vb
购物车处理的数据访问类	ShoppingCartDB.vb

表 6-4　　Modules 目录中的文件设计表

需要制作的主要页面	页面名称
页面顶部	Header.ascx
导航菜单	Menu.ascx
显示评论	ReviewList.ascx

表 6-5　　WinOrder 目录中的文件设计表

需要制作的主要页面	页面名称	需要制作的主要页面	页面名称
Web 服务主界面	frmMain.vb	订单详细信息	frmOrderDetail.vb

6.2　系统数据库设计

📖6.2.1　E-R 图

有些实体只是单独的存在，没有与其他实体的关系，例如用来保存系统初始配置的 web.config 文件。但是有些实体之间是存在着相互关系的。E-R 图如图 6-5 所示，图中箭头所指的方向按照约定是指 1:n 关系的一方。如果两边都没有箭头，则是 n：m 关系。出于篇幅的考虑，所有实体或关系的详细字段和关键字并未列出。后面的数据库详细设计中将会对此进行详细的阐述。

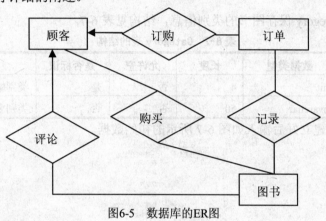

图6-5　数据库的ER图

📖6.2.2　数据库详细设计

本项目使用 SQL Server 作为数据库，其中数据库名为 Bookstore，可以在 Visual Web Developer 中直接建立 Bookstore 数据库，也可以通过以下 SQL 语句来建立该数据库：

```
Create database Bookstore
```

（1）建立保存图书信息的数据库表 Book，结构如表 6-6 所示。

表 6-6　Book 表的结构

列名	数据类型	长度	允许空	是否标识	说明
BookID	int	4	否	是	图书编号，自动递增型
CategoryID	int	4	否	否	图书所属类别的编号
BookName	nvarchar	50	否	否	图书名称
BookAuthor	nvarchar	50	否	否	图书作者
BookBak	nvarchar	3800	是	否	图书说明
BookCost	money	8	是	否	图书单价
BookImage	varchar	50	是	否	图书的预览图片地址
BookTime	datetime	8	是	否	图书发布的时间
BookPublisher	varchar	100	是	否	图书的出版社

数据库建立好以后，向 Book 表中输入图 6-6 所示的初始数据。

BookID	CategoryID	BookName	BookAuthor	BookBak	BookCost	BookImage	BookTime	BookPublisher
1	1	C语言程序设计	虏竹	一本详细讲解C...	32.0000	image.gif	2011/4/6 0:00...	机械工业出版社
2	1	C#入门经典	段誉	红皮书系列	35.0000	image.gif	2012/4/28 0:0...	电子工业出版社
6	1	ASP.NET程序...	段誉	一本难得的好书	59.0000	image.gif	2012/8/28 0:0...	人民邮电出版社
7	2	Flash CS6入门...	黄篓	动感设计好书	45.0000	image.gif	2012/10/9 0:0...	清华大学出版社
8	2	Photoshop经...	离离	名家之作，经...	65.0000	image.gif	2011/12/12 0...	清华大学出版社
9	3	天使自眼	原上草	言情小说中的...	28.0000	image.gif	2012/12/23 0...	化语出版社
10	4	北斗七星与数学	摘星子	详细研究北斗量	32.0000	image.gif	2010/9/22 0:0...	电子工业出版社
11	4	微积分与围棋	默默	应用微积分来...	56.8000	image.gif	2009/12/12 0:...	机械工业出版社
12	5	八卦运行的物...	摘星子	详细探讨天体...	89.0000	image.gif	2010/10/23 0...	电子工业出版社
13	5	天体运动	黄药师	好书，好书	67.0000	image.gif	2011/3/14 0:0...	化语出版社
14	6	铁户的秘密	梅超风	与账户的秘密	39.0000	image.gif	2011/3/12 0:0...	化语出版社
15	6	铝户的秘密	梅超风	惊悚之作，与...	39.0000	image.gif	2012/3/16 0:0...	化语出版社
**	NULL	NULL	NULL	NULL	NULL	NULL	NULL	NULL	NULL

图 6-6　表 Book 的初始数据

（2）表 Category 保存图书的类别信息，结构见表 6-7。

表 6-7　Category 表的结构

列名	数据类型	长度	允许空	是否标识	说明
CategoryID	int	4	否	是	类别编号，自动递增型
CategoryName	nvarchar	50	否	否	类别名称

表 Category 建立好后输入如图 6-7 所示的初始数据。

CategoryID	CategoryNa...
1	程序设计
2	平面设计
3	文学类
4	数学类
5	物理
6	科幻小说

图 6-7　Category 的初始数据

（3）表 Customers 保存注册用户的信息，结构见表 6-8。

表 6-8　Customers 表的结构

列名	数据类型	长度	允许空	是否标识	说明
CustomerID	int	4	否	是	用户编号，自动递增型
FullName	nvarchar	50	否	否	用户名
EmailAddress	nvarchar	50	否	否	邮箱地址
Password	nvarchar	50	否	否	密码

（4）表 OrderDetails 保存订单的详细信息，结构见表 6-9。

表 6-9　OrderDetails 表的结构

列名	数据类型	长度	允许空	是否标识	说明
DetailID	int	4	否	是	信息编号，自动递增型
OrderID	int	4	否	否	订单编号
ProductID	int	4	否	否	图书编号
Quantity	int	4	否	否	所购买的图书数量
UnitCost	money	8	否	否	图书单价

Chapter 06

（5）表 Orders 保存所有的订单信息，结构见表 6-10。

表 6-10　Orders 表的结构

列名	数据类型	长度	允许空	是否标识	说明
DetailID	int	4	否	是	信息编号，自动递增型
OrderID	int	4	否	否	订单编号
ProductID	int	4	否	否	图书编号
Quantity	int	4	否	否	所购买的图书数量
UnitCost	money	8	否	否	图书单价

（6）表 Reviews 保存网友对图书的评价信息，结构见表 6-11。

表 6-11　Reviews 表的结构

列名	数据类型	长度	允许空	是否标识	说明
ReviewID	int	4	否	是	评论编号，自动递增型
ProductID	int	4	否	否	图书编号
CustomerName	nvarchar	50	否	否	评论人姓名
CustomerEmail	nvarchar	50	否	否	评论人邮箱地址
Rating	int	4	否	否	评价等级
Comments	nvarchar	3800	否	否	评论内容

（7）表 ShoppingCart 保存当前在线书店中所有网友/会员的购物车信息，结构见表 6-12。

表 6-12　ShoppingCart 表的结构

列名	数据类型	长度	允许空	是否标识	说明
RecordID	int	4	否	是	记录编号
CartID	nvarchar	50	否	否	购物车编号
Quantity	int	4	否	否	图书数量，默认为 1
BookID	int	4	否	否	图书编号
DateCreated	datetime	8	否	否	购物车生成时间，默认为 getdate()

以上步骤可以通过编写 SQL 命令在查询分析器中执行实现，相关代码保存在光盘 source/Bookstore/Data 目录下，文件名为 Database.sql。

6.3　建立 Bookstore 网站

本节建立 Bookstore 网站，并添加基础性文件和代码。本节项目 Bookstore 的源代码位于光盘 source/Bookstore/Web 目录下。

（1）在硬盘合适的位置建立 Bookstore 文件夹。

（2）启动 Visual Web Developer，新建名为 Bookstore 的 ASP.NET 网站。

（3）在"解决方案资源管理器"中选择文件夹 Style。

（4）单击鼠标右键，在弹出的快捷菜单中选择"添加新项"，在弹出的对话框中选择"模板"为"样式表"，命名为 BookStore.css。在 BookStore.css 中输入如下代码：

```
/* =================================
   网上书店样式表
   =================================
*/
BODY
{
}

/* */
.HomeHead
{
    color: #999966;
    font-family: 宋体;
    font-size: 20px;
    font-weight: bold;
    HEIGHT: 35px
}
/* */
.ContentHead
{
    background-color: #dddca3;
    color: dimgray;
    font-family: 宋体;
    font-size: 20px;
    font-weight: bold;
    height: 35px
}
    ......
```

后面的代码省略，请读者参见光盘 source/Bookstore/ css 目录下的文件。

（5）添加新文件夹 images，然后在 images 文件夹中依次添加本项目需要用到的图片。这些可以在光盘 source/Bookstore/image 目录下找到。

（6）添加新文件夹 BookImages，并在该文件夹下添加图片 image.gif 和 sample.gif。这两者同样可以在光盘 source/Bookstore/BookImage 目录下找到。

（7）添加新文件夹 modules，用于保存后面将要设计的 Web 用户控件。

（8）修改 Web.config 配置文件，添加 appSettings 节点，设置数据库连接字符串，配置错误处理以及用户信息验证。修改后的 Web.config 文件代码如下：

```
<?xml version="1.0" encoding="utf-8" ?>
<configuration>

  <appSettings>
      <add key="ConnectionString" value="server=bineon;User ID=sa;
          Password=admin;database=BookStore" />
  </appSettings>
```

```
<system.web>
    <!-- 动态调试编译
        设置 compilation debug="true"以启用 ASPX 调试。否则，将此值设置为 false
        将提高此应用程序的运行时性能。
        设置 compilation debug="true"以将调试符号(.pdb 信息)插入到编译页中。
        因为这将创建执行起来较慢的大文件，所以应该只在调试时将此值设置为 true,
        而在所有其他时候都设置为 false。有关更多信息，请参考有关调试 ASP.NET 文件的文
档。
    -->
    <compilation defaultLanguage="vb" debug="true" targetFramework="4.0">
            <assemblies>
                <add                      assembly="System.Configuration.Install,
Version=4.0.0.0, Culture=neutral, PublicKeyToken=B03F5F7F11D50A3A"/>
                <add        assembly="System.Management,        Version=4.0.0.0,
Culture=neutral,
PublicKeyToken=B03F5F7F11D50A3A"/></assemblies></compilation>


    <!-- 自定义错误信息
        设置 customErrors mode="On"或"RemoteOnly" 以启用自定义错误信息，或设置为
        "Off" 以禁用自定义错误信息。
        为每个要处理的错误添加 <error> 标记。

        "On": 始终显示自定义(友好的)信息。
        "Off": 始终显示详细的 ASP.NET 错误信息。
        "RemoteOnly": 只对不在本地 Web 服务器上运行的用户显示自定义(友好的)信息。
            出于安全目的，建议使用此设置，以便不向远程客户端显示应用程序的详细信息。
    -->
    <customErrors mode="Off"/>

    <!-- 身份验证
        此节设置应用程序的身份验证策略。可能的模式是"Windows"、"Forms"、 "Passport"
        和"None"

        "None": 不执行身份验证。
        "Windows": IIS 根据应用程序的设置执行身份验证(基本、简要或集成 Windows)。
            在 IIS 中必须禁用匿名访问。
        "Forms": 为用户提供一个输入凭据的自定义窗体(Web 页)后，
            在应用程序中验证他们的身份。用户凭据标记存储在 Cookie 中。
        "Passport": 身份验证是通过 Microsoft 的集中身份验证服务执行的，
            它为成员站点提供单独登录和核心配置文件服务。
    -->
    <authentication mode="Forms">
        <forms name="BookStoreAuth" loginUrl="login.aspx" protection="All"
            path="/" />
    </authentication>

    <!-- 应用程序级别跟踪记录
        应用程序级别跟踪为应用程序中的每一页启用跟踪日志输出。
        设置 trace enabled="true" 可以启用应用程序跟踪记录。如果 pageOutput=
"true",
```

则在每一页的底部显示跟踪信息。否则，可以通过浏览 Web 应用程序根目录中的 "trace.axd"

页来查看应用程序跟踪日志。

```
-->
<trace
    enabled="false"
    requestLimit="10"
    pageOutput="false"
    traceMode="SortByTime"
     localOnly="true"
/>

<!-- 会话状态设置
    默认情况下，ASP.NET 使用 Cookie 来标识哪些请求属于特定的会话。
    如果 Cookie 不可用，则可以通过将会话标识符添加到 URL 来跟踪会话。
    若要禁用 Cookie，请设置 sessionState cookieless="true"。
-->
<sessionState
    mode="InProc"
    stateConnectionString="tcpip=127.0.0.1:42424"
    sqlConnectionString="data
source=127.0.0.1;Trusted_Connection=yes"
    cookieless="false"
    timeout="20"
/>

<!-- 全球化
    此节设置应用程序的全球化设置。
-->
<globalization
    requestEncoding="utf-8"
    responseEncoding="utf-8"
/>

</system.web>

<!--    安全设置 -->
<location path="Checkout.aspx">
    <system.web>
        <authorization>
            <deny users="?" />
        </authorization>
    </system.web>
</location>
<location path="OrderList.aspx">
    <system.web>
        <authorization>
            <deny users="?" />
        </authorization>
    </system.web>
</location>
```

```
<location path="OrderDetails.aspx">
    <system.web>
        <authorization>
            <deny users="?" />
        </authorization>
    </system.web>
</location>
</configuration>
```

（9）在"解决方案资源管理器"中选中"解决方案 Bookstore"，单击右键，选择"添加新项"命令。

（10）在弹出的对话框中输入名称为 DataAccess，在模板中选择"类"， 选择合适的保存位置，然后单击"确定"按钮。

（11）删除 DataAccess 项目中默认的 Class1.vb 文件。在该项目中添加表 6-3 中的类文件。添加类文件时暂时不编写任何代码。

（12）在"解决方案资源管理器"中选中 Bookstore 项目，单击右键，选择"设为启动项目"。

（13）在"解决方案资源管理器"中选择解决方案"Bookstore"， 单击右键选择"项目依赖项"。在弹出的对话框中选择项目 BookStore，勾选下面的 DataAccess 项目，然后单击"确定"按钮完成操作。

（14）在网站"Bookstore"上单击鼠标右键，选择"添加引用"命令。在弹出的对话框中选择"项目"选项卡，选中 DataAccess 项目，单击"选择"按钮。单击"确定"按钮完成操作。

此时，该项目基础性文件已经设置完毕，下面将进行其他内容的开发。

6.4 设计项目中的 Web 用户控件

本项目中，为了保证整个项目界面风格一致，部分界面采用 Web 用户控件技术。图 6-8 为在线书店的首页面。其中该页面的顶部为 Web 用户控件 Header.ascx，左边书籍导航条为 Web 用户控件 Menu.ascx。另外本项目中还有一个 Web 用户控件 ReviewList.ascx，用于显示图书的评论信息。下面分别对这三个控件进行介绍。

图 6-8 在线书店首页面

📖6.4.1 页面顶部 Header.ascx

Web 用户控件 Header.ascx 用于显示每个页面的顶部信息，包含 1 个 Logo 图标、4 个链接和 1 个用于搜索的文本框。实现步骤如下：

（1）在 Bookstore 项目中选中 module 文件夹，单击右键，依次选择"添加新项"/"Web 用户控件"，在弹出的对话框中输入名称 Header.ascx。

（2）在 Dreamweaver 的设计视图中通过表格和表单对顶部控件进行布局，然后插入相关的文字和图片，设计完成后的效果如图 6-9 所示。

图 6-9 Header.ascx 设计视图

（3）切换到 Dreamweaver 的代码视图，删除 HTML 文档的结构标记，如<HTML>、<HEAD>、<TITLE>和<BODY>标记，并复制剩下的 HTML 代码，然后切换到 Header.ascx 文件的源视图，粘贴 HTML 代码，如下所示：

```
<%@ Control Language="VB" AutoEventWireup="false" CodeFile="Header.ascx.vb"
Inherits="modules_Header" %>
<%--
    该用户控件用来现实所有页面的顶部信息
--%>
<table cellspacing="0" cellpadding="0" width="100%" border="0">
    <tr>
        <td colspan="2" background="images/grid_background.gif" nowrap>
            <table cellspacing="0" cellpadding="0" width="100%" border="0">
                <tr>
                    <td colspan="2">
                        <img src="images/most_secretive_place.gif">
                    </td>
                    <td align="right" nowrap>
                        <table cellpadding="0" cellspacing="0" border="0">
                            <tr valign="top">
                                <td align="center" width="65">
                                    <a                 href="Login.aspx"
class="SiteLinkBold"><img src="../images/sign_in.gif" border="0">
                                    登录</a>
                                </td>
                                <td align="center" width="75">
                                    <a                 href="OrderList.aspx"
class="SiteLinkBold"><img src="images/account.gif" border="0">
                                    账户</a>
                                </td>
                                <td align="center" width="55">
                                    <a             href="ShoppingCart.aspx"
class="SiteLinkBold"><img src="images/cart.gif" border="0">
```

```
                               购物车</a>
                            </td>
                            <td align="center" width="65">
                                    <a
href="http://localhost/BookstoreService/Bookstore.asmx"
class="SiteLinkBold"><img src="images/services.gif" border="0">
                               服务</a>
                            </td>
                        <tr>
                        </tr>
                    </table>
                </td>
                <td width="10"> 

                </td>
            </tr>
        </table>
    </td>
  </tr>
  <tr>
    <td colspan="2" nowrap>
        `创建一个表单，用户输入信息以后由 SearchResults.aspx 负责显示搜索到的信息
        <form method="post" action="SearchResults.aspx" id="frmSearch"
name="frmSearch">
            <table    cellspacing="0"    cellpadding="0"    width="100%"
border="0">
                <tr bgcolor="#9d0000">
                    <td background="images/modernliving_bkgrd.gif">
                        <img                            align="left"
src="images/modernliving.gif">
                    </td>
                    <td width="94" align="right" bgcolor="#9d0000">
                        <img src="images/search.gif">
                    </td>
                    <td width="120" align="right" bgcolor="#9d0000">
                        <input        type="text"        name="txtSearch"
ID="txtSearch" SIZE="20">
                    </td>
                    <td align="left" bgcolor="#9d0000">
                         <input                        type="image"
src="images/arrowbutton.gif" border="0" id="image1" name="image1"> 
                    </td>
                </tr>
            </table>
        </form>
    </td>
  </tr>
</table>
```

（4）按 F7 键切换到 Header.ascx.vb 文件，在文件顶部添加 Namespace modules，在

文件尾部添加 End Namespace。

至此，Header.ascx 设置完毕。

> **注意：**
>
> 　　　　读者参照本节的步骤制作好 ascx 文件后，在其他页面中引用该文件时会发现其中的图片无法显示。这是因为页面中的图片位于 images 目录下，而 Header.ascx 文件位于 modules 目录下，如果要在 Header.ascx 文件中显示图片，则图片地址应为../images/*.gif。但是由于将引用 Header.ascx 文件的页面（如 Default.aspx 文件）位于 Bookstore 目录下，则在 Default.aspx 中显示图片应该直接使用 images/*.gif，故在设计 Header.ascx 文件时也应该使用该地址，所以在 Dreamweaver 中设计好 ascx 文件的页面布局后，应将页面中的图片的目录改为 images/*.gif。这样，虽然在设计时无法看到图片，程序运行时将能看到正确的效果。

📖 6.4.2　导航菜单 Menu.ascx

Web 用户控件 Menu.ascx 负责显示数据库中数据分类信息。该控件使用 DataList 来显示栏目信息。该控件的实现步骤如下：

（1）在 Modules 文件夹中添加新的 Web 用户控件，命名为 Menu.ascx。

（2）在 Dreamweaver 中设计 Menu.ascx 的页面布局，然后复制到 Menu.ascx 文件的源视图，修改 ASP.NET 代码如下：

```
<%@ OutputCache Duration="3600" VaryByParam="selection" %>
<%@ Control Language="vb" AutoEventWireup="false" CodeFile="Menu.ascx.vb"
        Inherits="BookStore.modules.Menu"
        TargetSchema="http://schemas.microsoft.com/intellisense/ie5"%>
<%--

    该用户控件依据数据库中 category 表中图书分类信息显示导航菜单。
    该导航菜单将出现在页面的左边，同时单击该菜单项将链接至对应类别的书籍信息页面。

--%>
<table cellspacing="0" cellpadding="0" width="145" border="0">
    <tr valign="top">
        <td colspan="2" style="WIDTH: 151px">
            <a          href="default.aspx"><img          src="images/logo.gif"
border="0"></a>
        </td>
    </tr>
    <tr valign="top">
        <td colspan="2" style="WIDTH: 151px"><font face="宋体">
            <asp:DataList id="listMenu" runat="server"
                EnableViewState="False" Width="145px" CellPadding="3">
            <SelectedItemStyle
BackColor="DimGray"></SelectedItemStyle>
                <SelectedItemTemplate>
                    <asp:HyperLink id="linkSelected" runat="server"
                        NavigateUrl='<%# "../bookList.aspx?CategoryID="
&
```

```
                  DataBinder.Eval(Container.DataItem, "CategoryID") &
                      "&amp;selection=" + Container.ItemIndex %>'
                  Text='<%# DataBinder.Eval(
                      Container.DataItem, "CategoryName") %>'

  CssClass="MenuSelected">HyperLink</asp:HyperLink>
              </SelectedItemTemplate>
              <ItemTemplate>
                  <asp:HyperLink id="linkItem" runat="server"
                  NavigateUrl='<%# "../bookList.aspx?CategoryID=" &
                  DataBinder.Eval(Container.DataItem, "CategoryID") &
                  "&amp;selection=" + Container.ItemIndex %>'
                  Text='<%# DataBinder.Eval(
                      Container.DataItem, "CategoryName") %>'

  CssClass="MenuUnselected">HyperLink</asp:HyperLink>
              </ItemTemplate>
          </asp:DataList></font>
    </td>
  </tr>
  <tr>
    <td width="10">
         
    </td>
    <td style="WIDTH: 138px">
        <br>
        <br>
        <br>
        <br>
        <br>
        <br>
        <FONT face="宋体" color="white">欢迎访问在线书店</FONT>
    </td>
  </tr>
</table>
```

（3）切换到设计视图，在页面空白处双击鼠标，进入到 Menu.ascx.vb 文件，引入如下命名空间：

```
        Imports DataAccess
```

（4）在导入了 DataAccess 命名空间以后，在该命名空间的下一行添加如下代码：

```
        Namespace modules
```

（5）在 Menu.ascx.vb 的最后添加如下代码：

```
        End Namespace
```

（6）修改 Page_Load 事件处理程序如下：

```
    Private Sub Page_Load(ByVal sender As System.Object,
        ByVal e As System.EventArgs) Handles MyBase.Load
        '获取 URL 中的参数信息
        Dim selectionID As [String] = Request.Params("selection")
```

```
'如果参数信息不为空则指定菜单中被选中的项
If Not (selectionID Is Nothing) Then
    Me.listMenu.SelectedIndex = Int32.Parse(selectionID)
End If

'新建数据访问对象
Dim book As New BookDB

'绑定数据源到 DataList 控件
listMenu.DataSource = book.GetBookCategory()

If Not (listMenu.DataSource Is Nothing) Then
    listMenu.DataBind()
Else
    Response.Redirect("ErrorPage.aspx")
End If
End Sub
```

（7）打开 DataAccess 项目中的 BookDB 文件，在 BookDB.vb 文件中添加如下 Imports
语句：

```
Imports System.Data.SqlClient
Imports System.Configuration
```

（8）在 BookDB.vb 中添加自定义方法 GetBookCategory 如下：

```
' 读取书籍的分类信息
' <returns>DataReader，包含所有的分类信息</returns>
Public Function GetBookCategory() As SqlDataReader
    '新建 Connection 和 Command 实例
    Dim conn As New SqlConnection
    conn.ConnectionString =
        ConfigurationManager.AppSettings("ConnectionString")
    Dim cmd As New SqlCommand("GetBookCategory", conn)

    '指定 Command 类型为存储过程
    cmd.CommandType = CommandType.StoredProcedure

    Try
        '打开数据库连接，执行操作
        conn.Open()
        Dim result As SqlDataReader =
            cmd.ExecuteReader(CommandBehavior.CloseConnection)

        '返回结果
        Return result
    Catch ex As Exception
        Return Nothing
    End Try
End Function 'GetBookCategory
```

（9）在 SQL Server 中选中数据库 Bookstore，新建如下存储过程：

```
CREATE PROCEDURE GetBookCategory AS
    SELECT
        CategoryID,
```

```
                CategoryName
        FROM
                Category
        ORDER BY
                CategoryName ASC
    GO
```

（10）至此，Menu.ascx 文件设计完毕。

注意：

　　　　本操作中步骤（4）和（5）是非常重要的，这两步实现的功能是将该用户空间保存在 modules 命名空间以下，这样，如果在其他位置需要访问该类时就必须指定命名空间 Bookstore.modules。本项目中的所有用户空间都将保存在该命名空间下。

　　　　虽然 Menu.ascx 文件能够读取数据库中的图书分类信息，但是目前还不能够测试效果，因为用户控件无法单独在浏览器中浏览。

从系统结构来讲，Menu.ascx 处于表现层，而 BookDB 则为数据访问层的对象，Bookstore 数据库中的 Category 则为数据存储层。

BookDB 中的自定义方法 GetBookCategory 负责从表 Category 中读取所有的分类信息并将结果保存到数据阅读器中。运行时，首先建立数据库连接，然后建立数据命令，指定命令文本，另外由于采用的是存储过程，则应该显式指定命令文本的类型：

```
Dim cmd As New SqlCommand("GetBookCategory", conn)

'指定 Command 类型为存储过程
cmd.CommandType = CommandType.StoredProcedure
```

其中 SqlCommand 的构造函数接受的参数 GetBookCategory 为存储过程的名称。

GetBookCategory 过程非常简单，仅仅是读取 Category 中的数据，并按 CategoryName 字段升序排列。

这样，Menu.ascx 文件可以被任何需要显示图书类别信息的页面直接引用了。

6.4.3　显示评论 ReviewList.ascx

Web 用户控件 ReviewList.ascx 负责显示图书的评论信息，同时它将提供一个链接，该链接链接到用于输入评论信息的表单页面。评论信息同样使用 DataList 控件显示，该控件实现的步骤如下：

（1）在 module 文件夹中添加新的 Web 用户控件，命名为 ReviewList.ascx。

（2）在 Dreamweaver 中设计好用户控件的页面布局，然后复制到 ReviewList.ascx 文件的源视图，修改 ASP.NET 代码如下：

```
<%@ Control Language="vb" AutoEventWireup="false"
   CodeFile="ReviewList.ascx.vb"
   Inherits="BookStore.modules.ReviewList"
   TargetSchema="http://schemas.microsoft.com/intellisense/ie5"%>
<%--

  This user control display a list of review for a specific product.

--%>
```

```
<br>
<br>
<table cellspacing="0" cellpadding="0" width="100%" border="0">
    <tr>
        <td class="SubContentHead">
             回顾
            <br>
        </td>
    </tr>
    <tr>
        <td>
             
        </td>
    </tr>
    <tr>
        <td>
        <asp:Hyperlink id="AddReview" runat="server">
            <img align="absbottom" src="images/review_this_product.gif"
                border="0">
        </asp:Hyperlink>
        <br>
        <br>
        </td>
    </tr>
    <tr>
        <td>
        <asp:DataList ID="MyList" runat="server" width="500" cellpadding="0"
            cellspacing="0">
            <ItemTemplate>
                <asp:Label class="NormalBold" Text='<%# DataBinder.Eval(
                    Container.DataItem, "CustomerName") %>'
                    runat="server" ID="Label1"/>
                <span class="Normal">评论如下... </span>
                <img src='images/ReviewRating<%# DataBinder.Eval(
                    Container.DataItem, "Rating") %>.gif'>
                <br>
                <asp:Label class="Normal" Text='<%# DataBinder.Eval(
                    Container.DataItem, "Comments") %>'
                    runat="server" ID="Label2"/>
            </ItemTemplate>
            <SeparatorTemplate>
                <br>
            </SeparatorTemplate>
        </asp:DataList>
        </td>
    </tr>
</table>
```

（3）切换到设计视图，在空白处双击鼠标，进入到 ReviewList.ascx.vb 文件。

（4）在命名空间的下一行添加 Namespace modules，在文件结尾添加 End

Namespace。

（5）定义页面级变量 m_productID，用于存储图书编号：

```
Public Class ReviewList
    Inherits System.Web.UI.UserControl


    '图书编号私有字段
    Private m_productID As Integer
    ……
```

（6）为页面添加属性 ProductID：

```
    '图书编号属性
    Public Property ProductID() As Integer
      Get
          Return Me.m_productID
      End Get
      Set(ByVal Value As Integer)
          Me.m_productID = Value
      End Set
    End Property
```

（7）修改 Page_Load 方法如下：

```
    Private Sub Page_Load(ByVal sender As System.Object,
        ByVal e As System.EventArgs) Handles MyBase.Load
        '绑定已有评论
        Dim reviewDB As New ReviewDB
        Me.MyList.DataSource = reviewDB.GetReviews(ProductID)
        Me.MyList.DataBind()
        '指定"添加评论"按钮的地址
        Me.AddReview.NavigateUrl =
            "../ReviewAdd.aspx?productID=" + ProductID.ToString()
    End Sub
```

（8）打开 ReviewDB 文件，引入如下命名空间：

```
        Imports System.Data.SqlClient
        Imports System.Configuration
```

（9）在 ReviewDB.vb 中添加自定义方法 GetReviews：

```
' 读取指定编号图书的评论信息
' <param name="productID">图书编号</param>
' <returns>评论信息</returns>
Public Function GetReviews(ByVal productID As Integer) As SqlDataReader

    '新建 connection 和 Command 对象
    Dim myConnection As New SqlConnection(
        ConfigurationSettings.AppSettings("ConnectionString"))
    Dim myCommand As New SqlCommand("ReviewsList", myConnection)

    '指定操作类型为存储过程
    myCommand.CommandType = CommandType.StoredProcedure

    '添加图书编号给存储过程
    Dim parameterProductID As
        New SqlParameter("@ProductID", SqlDbType.Int, 4)
```

```
parameterProductID.Value = productID
myCommand.Parameters.Add(parameterProductID)

' 打开连接，执行操作
myConnection.Open()
Dim result As SqlDataReader =
    myCommand.ExecuteReader(CommandBehavior.CloseConnection)

' 返回数据读取器
Return result
End Function 'GetReviews
```

（10）在 SQL Server 中选中 Bookstore 数据库，添加 ReviewsList 存储过程：

```
CREATE Procedure ReviewsList
(
    @ProductID int
)
AS

SELECT
    ReviewID,
    CustomerName,
    Rating,
    Comments

FROM
    Reviews

WHERE
    ProductID = @ProductID
GO
```

（11）至此 ReviewList.ascx 文件设计完毕。

ReviewList.ascx 位于表现层，而 ReviewDB.vb 文件则位于数据访问层，Reviews 表则位于数据存储层。ReviewDB 中的 GetReviews 方法负责读取数据库中的图书评论信息。该自定义方法接受 int 类型的参数 productID，参数为图书的编号。在该方法中，priuctID 将被传递给 ReviewsList 存储过程。该存储过程依据图书编号，从 Reviews 表中选出该图书的所有评论信息：

```
SELECT
    ReviewID,
    CustomerName,
    Rating,
    Comments

FROM
    Reviews

WHERE
    ProductID = @ProductID
```

GetReviews 方法首先连接数据库，然后构建数据命令，同时将参数传递给存储过程：

```
        Dim parameterProductID As
            New SqlParameter("@ProductID", SqlDbType.Int, 4)
        parameterProductID.Value = productID
        myCommand.Parameters.Add(parameterProductID)
```

显然，向存储过程传递参数和第 4 章中向 SQL 语句传递参数的方法完全一致。

在 ReviewList.ascx 的 Page_Load 事件中，首先获取 ReviewDB 的 GetReviews 方法返回的数据阅读器，然后绑定到 DataList 控件以显示评论信息。

也许读者觉得奇怪，productID 一直没有被赋值，那为什么能够直接使用呢？其实 productID 已被赋值了，那么谁给它赋值的呢？给它赋值的是引用 ReviewList 控件的页面，这一点将在后面讲到。

Web 用户控件设置完毕，下面将进行具体页面的开发。

6.5　显示图书信息

显示图书信息的页面包括首页面 Default.aspx，各个图书类别的图书列表 booklist.aspx 和图书具体信息 BookDetails.aspx，另外 SearchResult.aspx 也用于显示图书信息。这些都是位于表现层的文件。位于数据访问层的文件为 DataAccess 项目中的 BookDB.vb 和 Book.vb 文件。而位于数据存储层的则为 Book 表和 Category 表。

📖6.5.1　首页 Default.aspx

首页 Default.aspx 文件的功能相对简单，仅仅显示欢迎信息和图书类别信息。其中顶部使用 Header.ascx 控件，图书类别列表则使用 Menu.ascx 控件。

在实现该页面之前先讨论一下 Web 页面的设计原理。在 ASP.NET 中所有的 Web 窗体都继承于 System.Web.UI.Page，那么如果希望为每个 Web 窗体都添加相同的自定义方法时应该怎么做？方法有多种，其中最直接的是新建一个类，该类继承 System.Web.UI. Page，而在我们自己的项目中，所有的 Web 窗体不再直接继承 System.Web.UI.Page，而是继承我们自己编写的类。这样在该类中的方法可以在每个页面都使用。基于此原理，在 Bookstore 项目中添加一个名为 BasePage.vb 的文件，在该文件中编写如下代码：

```
'所有 Web 页面的父类
Public Class BasePage
    Inherits System.Web.UI.Page

    Public Sub New()
    End Sub 'New

    '错误处理
    '<param name="e">错误句柄</param>
    Protected Overrides Sub OnError(ByVal e As EventArgs)
        MyBase.OnError(e)
        Dim errorMsg As String = Context.Error.Message
        'Response.Redirect(("ErrorPage.aspx?errorMsg=" + errorMsg))
    End Sub 'OnError
```

```
'弹出消息框
'<param name="Message">消息</param>
Public Sub Alert(ByVal message As String)
    Response.Write(("<script>alert('" + message + "');</script>"))
End Sub 'Alert

'执行客户端脚本
'<param name="javaClientScript">客户端脚本</param>
Public Sub Script(ByVal javaClientScript As String)
    Response.Write(("<script>" + javaClientScript + "</script>"))
End Sub 'Script
End Class 'Page
```

这样所有其他的 Web 窗体直接继承于 BasePage 类即可。下面我们介绍首页 Default.aspx 的制作步骤。

（1）选中 Bookstore 项目，添加新的 Web 窗体，命名为 Default.aspx。

（2）在 Dreamweaver 中设计页面布局，并在页面顶部注册用户控件。

```
<%@ Register TagPrefix="uc1" TagName="Header" Src="modules/Header.ascx" %>
<%@ Register TagPrefix="uc1" TagName="Menu" Src="modules/Menu.ascx" %>
```

（3）复制 Dreamweaver 代码视图中的代码到 Visual Studio.NET 中 Default.aspx 文件的源视图，修改 ASP.NET 代码如下：

```
<%@ Page language="vb" CodeFile="Default.aspx.vb" AutoEventWireup="false"
    Inherits="BookStore._Default" %>
```

（4）切换到设计视图，即可预览页面效果，如图 6-10 所示。

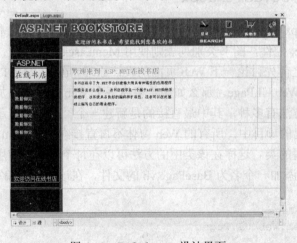

图 6-10 Default.aspx 设计界面

（5）按 F7 键，进入到 Default.aspx.vb 文件，修改_Default 类的父类为 BasePage：

```
Public Class _Default
    Inherits BasePage
```

（6）选中 Default.aspx 文件，单击右键选择"在浏览器中查看"，测试效果。

该页面非常简单，仅仅是添加了两个 Web 用户控件。但是值得注意的是该页面的父类不再是 System.Web.UI.Page，而是我们自己编写的类 BasePage，这样如果 Default.aspx

页面发生异常错误时将直接定向到 ErrorPage.aspx。这是因为在 Page 类中我们重写了 OnError 方法：

```
'错误处理
'<param name="e">错误句柄</param>
Protected Overrides Sub OnError(ByVal e As EventArgs)
    MyBase.OnError(e)
    Dim errorMsg As String = Context.Error.Message
    Response.Redirect(("ErrorPage.aspx?errorMsg=" + errorMsg))
End Sub 'OnError
```

当网友浏览首页 Default.aspx 时，单击左边的图书分类，将打开对应类别的图书列表页面 BookList.aspx，下面设计该页面。

📖 6.5.2 图书列表页面 BookList.aspx

图书列表页面 BookList.aspx 文件依据从 URL 中传递的图书类别参数来显示该类别的所有图书信息，其中图书列表是通过 DataList 控件来显示的。

（1）在 Bookstore 项目中添加新的 Web 窗体，命名为 BookList.aspx。

（2）在 Dreamweaver 中设计 BookList.aspx 文件的页面布局，并注册用户控件。

（3）将 Dreamweaver 代码视图中的代码复制到 BookList.aspx 的源视图，修改页面的 Inherits 属性并绑定数据，如下代码所示：

```
<%@ Page language="vb" CodeFile="BookDetails.aspx.vb"
    AutoEventWireup="false" Inherits="BookStore.BookDetails" %>
                                    ......
<table height="100%" align="left" cellspacing="0"
                                cellpadding="0" width="100%" border="0">
 <tr valign="top">
  <td nowrap>
  <br>
   <asp:DataList id="MyList" runat="server" RepeatColumns="2">
   <ItemTemplate>
   <TABLE width="300" border="0">
   <TR>
    <TD width="25">  </TD>
       <TD                 vAlign="middle"              align="right"
   width="100"><Ahref='BookDetails.aspx?BookID=<%#DataBinder.Eval(
   Container.DataItem, "BookID") %>'>
      <IMG       height=75      src='BookImages/<%#      DataBinder.Eval(
   Container.DataItem, "BookImage") %>' width=100 border=0></A></TD>
      <TD vAlign="middle" width="200">
      <A href='BookDetails.aspx?BookID=<%# DataBinder.Eval(
                                        Container.DataItem,
   "BookID") %>'>
      <SPAN class="ProductListHead"><%# DataBinder.Eval(Container.DataItem,
   "BookName") %></SPAN><BR>
                                                    </A>
      <SPAN class="ProductListItem"><B>价格：</B>
       <%# DataBinder.Eval(Container.DataItem, "BookCost", "{0:c}") %>
```

```
                                                      </SPAN>
                                                <BR>
          <A href='AddToCart.aspx?BookID=
                 <%#                    DataBinder.Eval(Container.DataItem,
"BookID") %>'>
      <SPAN class="ProductListItem"><FONT color="#9d0000"><B>添加到购物车
        <B></FONT></SPAN></A></B></B></TD>
                                             </TR>
                                          </TABLE>
                                    </ItemTemplate>
                                 </asp:DataList>
                          </td>
                       </tr>
                   </table>
             ......
```

切换到设计视图，可以查看 bookList.aspx 的界面设计，如图 6-11 所示：

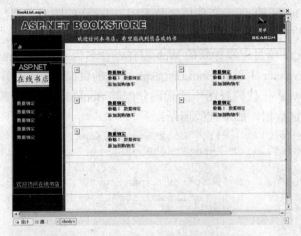

图 6-11　bookList.aspx 文件的设计视图

（4）按 F7 键，进入 bookList.aspx.vb 文件，引入如下命名空间：

```
    Imports DataAccess
```

（5）修改 Page_Load 方法如下：

```
Private Sub Page_Load(ByVal sender As System.Object,
    ByVal e As System.EventArgs) Handles MyBase.Load
    Dim categoryID As Integer = Int32.Parse(Request.Params("CategoryID"))

    Dim bookCatalogue As New BookDB

    Me.MyList.DataSource = bookCatalogue.GetBooks(categoryID)
    Me.MyList.DataBind()
End Sub
```

（6）在 DataAccess 项目中的 BookDB 文件中添加自定义方法 GetBooks：

```
' 依据类别编号返回该类别的所有图书
' <param name="categoryID">目录编号</param>
' <returns>DataReader：对应类别的所有图书</returns>
Public Function GetBooks(ByVal categoryID As Integer) As SqlDataReader
```

```
'建立 Connection 和 Command 实例
Dim conn As New SqlConnection
conn.ConnectionString =
    ConfigurationSettings.AppSettings("ConnectionString")
Dim cmd As New SqlCommand("BookByCategory", conn)

'指定执行对象为存储过程
cmd.CommandType = CommandType.StoredProcedure

'向存储过程添加参数
Dim paramCategoryID As New SqlParameter("@CategoryID", SqlDbType.Int,
4)
paramCategoryID.Value = categoryID
cmd.Parameters.Add(paramCategoryID)

Try
    '执行操作
    conn.Open()
    Dim result As SqlDataReader =
        cmd.ExecuteReader(CommandBehavior.CloseConnection)
    Return result
Catch ex As Exception
    Return Nothing
End Try
End Function 'GetBooks
```

（7）在数据库中添加存储过程 BookByCategory：

```
CREATE PROCEDURE BookByCategory
(
    @categoryID int
)
AS

SELECT
    BookID,
    BookName,
    BookImage,
    BookCost
FROM
    Book
WHERE
    CategoryID = @categoryID
GO
```

（8）bookList.aspx 文件设计完毕，可以测试运行效果。

当页面 bookList.aspx 加载时，Page_Load 事件首先从 URL 中获取图书类别编号：

```
Dim categoryID As Integer = Int32.Parse(Request.Params("CategoryID"))
```

然后调用 BookDB 的 GetBooks 方法来获取指定类别的所有图书信息并绑定到 DataList 控件：

```
Dim bookCatalogue As New BookDB
Me.MyList.DataSource = bookCatalogue.GetBooks(categoryID)
Me.MyList.DataBind()
```

而 BookDB 的 GetBooks 方法则负责将图书类别编号传递给 BookByCategory 存储过程，然后执行该存储过程以获取包含对应类别的图书信息的数据阅读器：

```
    Dim paramCategoryID As New SqlParameter("@CategoryID", SqlDbType.Int,
4)
    paramCategoryID.Value = categoryID
    cmd.Parameters.Add(paramCategoryID)

    Try
        '执行操作
        conn.Open()
        Dim result As SqlDataReader =
                cmd.ExecuteReader(CommandBehavior.CloseConnection)
        Return result
    Catch ex As Exception
        Return Nothing
    End Try
```

当网友浏览 bookList.aspx 文件中的图书信息时，可以单击图书的图片或者名称打开 BookDetails.aspx 页面以显示该图书的具体信息。

6.5.3 图书具体信息 BookDetails.aspx

BookDetails.aspx 页面负责显示图书的具体信息，该页面依据 URL 中的图书编号来显示数据库中对应的图书信息。

该页面的实现步骤如下：

（1）在项目 Bookstore 中添加新的 Web 窗体，命名为 BookDetails.aspx。

（2）在 BookDetails.aspx 的设计视图中设计页面布局，并注册用户控件。设计完毕后的页面效果如图 6-12 所示。

页面代码如下所示：

```
<%@ Register TagPrefix="uc1" TagName="ReviewList"
    Src="modules/ReviewList.ascx" %>
<%@ Register TagPrefix="uc1" TagName="Header" Src="modules/Header.ascx" %>
<%@ Register TagPrefix="uc1" TagName="Menu" Src="modules/Menu.ascx" %>
            ......
            <td colSpan="2"><uc1:header id="Header1" runat="server">
                </uc1:header></td>
        </tr>
        <tr>
        <td     vAlign="top"      width="145"><uc1:menu      id="Menu1"
runat="server">
            </uc1:menu><IMG height="1" src="images/1x1.gif" width="145">
            </td>
            <td vAlign="top" align="left">
                <table height="100%" cellSpacing="0" cellPadding="0"
                    width="620" align="left" border="0">
                    <tr vAlign="top">
                        <td><br>
```

```
                                <IMG          src="images/1x1.gif"          width="24"
align="left">
                    <table cellSpacing="0" cellPadding="0" width="100%"
                        border="0">
                        <tr>
                        <td class="ContentHead"><IMG height="32"
                            src="images/1x1.gif" width="60"
                            align="left"> 
                        <asp:label id="bookName" runat="server">
                                </asp:label><br>
                            </td>
                        </tr>
                    </table>
                    <table cellSpacing="0" cellPadding="0" width="100%"
                        border="0" valign="top">
                        <tr vAlign="top">
                            <td rowSpan="2"><IMG height="1"
                                src="images/1x1.gif"
width="24">
                            </td>
                            <td width="309"><IMG height="15"
                                src="images/1x1.gif"> 
                                <br>
                            <asp:image id="bookImage" runat="server"
                                height="185" width="309" border="0">
                            </asp:image><br>
                                <br>
                    <IMG height="20" src="images/1x1.gif"
                        width="72"><span class="UnitCost"><b>价格:
                    <asp:label id="bookCost" runat="server">
                        </asp:label></b> </span>
                                <br>
                    <IMG height="20" src="images/1x1.gif"
                        width="72"><span class="ModelNumber">
                        <b>作者: </b> </span>
                    <asp:label id="bookAuthor" runat="server">
                        </asp:label><br>
                    <IMG height="30" src="images/1x1.gif"
                                    width="72"> 
                    <asp:hyperlink id="addToCart" runat="server"
                            ImageUrl="images/add_to_cart.gif">
                    </asp:hyperlink></td>
                <td>
                <table width="300" border="0">
                    <tr>
                        <td vAlign="top">
                            <asp:label          class="NormalDouble"
id="bookBak"
                            runat="server">
                            </asp:label><br>
                                        </td>
```

```
                                                    </tr>
                                                </table>
                                    <img                          height="30"
src="images/1x1.gif">
                                                </td>
                                        </tr>
                                        <tr>
                                        </tr>
                                    </table>
                                    <table border="0">
                                        <tr>
                                            <td>
                                            <img src="images/1x1.gif" width="89"
                                                height="20">
                                            </td>
                                            <td width="100%">
                            <uc1:ReviewList                        id="ReviewList"
runat="server">
                                </uc1:ReviewList>
                                                </td>
                                        </tr>
                                    </table>
                                </td>
                        </tr>
                    </table>
                </td>
        </tr>
    </table>
    </body>
</HTML>
```

图 6-12　BookDetails.aspx 的设计界面

（3）在页面空白处双击鼠标，进入 BookDetails.aspx.vb 文件，首先引入 DataAccess 命名空间：

```
    Imports DataAccess
```

（4）为 BookDetails.aspx.vb 添加页面级变量 ReviewList：

```
    Protected ReviewList As modules.ReviewList
```

（5）修改 Page_Load 方法如下：

```
Private Sub Page_Load(ByVal sender As System.Object,
    ByVal e As System.EventArgs) Handles MyBase.Load
    '从 URL 中获得图书编号信息
    Dim bookID As Integer = Int32.Parse(Request.Params("BookID"))

    '新建数据访问类和 Book 实体类实例
    Dim bookDB As New BookDB
    Dim bookDetail As New Book
    bookDetail = bookDB.GetBookDetail(bookID)

    '更新组件以显示图书具体信息
    Me.bookAuthor.Text = bookDetail.BookAuthor
    Me.bookBak.Text = bookDetail.BookBak
    Me.bookCost.Text = [String].Format("{0:c}", bookDetail.BookCost)
    Me.bookName.Text = bookDetail.BookName
    Me.bookImage.ImageUrl = "BookImages/" + bookDetail.BookImage
    Me.addToCart.NavigateUrl      =      "addToCart.aspx?BookID="      +
bookID.ToString()
    Me.ReviewList.ProductID = bookID
End Sub
```

（6）在 DataAccess 项目中的 BookDB.vb 文件中添加自定义方法 GetBookDetail 如下：

```
'  获得图书的详细信息
'  <param name="bookID">图书编号</param>
'  <returns>图书实体</returns>
Public Function GetBookDetail(ByVal bookID As Integer) As Book
    '新建 Connection 和 Command 实例
    Dim conn As New SqlConnection
    conn.ConnectionString =
        ConfigurationSettings.AppSettings("ConnectionString")
    Dim cmd As New SqlCommand("GetBookDetail", conn)

    '指定执行对象为存储过程
    cmd.CommandType = CommandType.StoredProcedure

    '向存储过程添加图书编号参数
    Dim paramBookID As New SqlParameter("@BookID", SqlDbType.Int, 4)
    paramBookID.Value = bookID
    cmd.Parameters.Add(paramBookID)

    Try
        '打开连接，执行操作，读取信息到数据读取器中
        conn.Open()
        Dim reader As SqlDataReader = cmd.ExecuteReader()

        '移动数据读取器指针，使之指向第一条记录
        '该记录也是惟一一条记录
        reader.Read()

        '新建 Book 实体的实例
        Dim result As New Book

        '设置对应的属性信息
```

257

```
        result.BookID = Int32.Parse(reader("BookID").ToString())
        result.BookName = reader("BookName").ToString()
        result.BookCost = [Decimal].Parse(reader("BookCost").ToString())
        result.BookBak = reader("BookBak").ToString()
        result.BookAuthor = reader("BookAuthor").ToString()
        result.BookImage = reader("BookImage").ToString()

        '关闭阅读器和数据库连接
        reader.Close()
        conn.Close()

        '返回 Book 实例
        Return result
    Catch ex As Exception
        Return Nothing
    Finally
        '即使发生异常也能关闭数据库连接
        If conn.State = ConnectionState.Open Then
            conn.Close()
        End If
    End Try
End Function 'GetBookDetail
```

（7）修改 DataAccess 项目中的 Book.vb 代码如下：

```
' 图书实体类
Public Class Book

    Private m_bookID As Integer
    Private m_bookName As [String]
    Private m_bookAuthor As [String]
    Private m_bookBak As [String]
    Private m_bookImage As [String]
    Private m_bookCost As Decimal


    ' 图书编号
    Public Property BookID() As Integer
        Get
            Return Me.m_bookID
        End Get
        Set(ByVal Value As Integer)
            Me.m_bookID = Value
        End Set
    End Property

    ' 图书名称
    Public Property BookName() As [String]
        Get
            Return Me.m_bookName
        End Get
        Set(ByVal Value As [String])
            Me.m_bookName = Value
```

```
        End Set
    End Property

    ' 图书作者
    Public Property BookAuthor() As [String]
        Get
            Return Me.m_bookAuthor
        End Get
        Set(ByVal Value As [String])
            Me.m_bookAuthor = Value
        End Set
    End Property

    ' 图书描述
    Public Property BookBak() As [String]
        Get
            Return Me.m_bookBak
        End Get
        Set(ByVal Value As [String])
            Me.m_bookBak = Value
        End Set
    End Property

    ' 图书图片地址
    Public Property BookImage() As [String]
        Get
            Return Me.m_bookImage
        End Get
        Set(ByVal Value As [String])   ·
            Me.m_bookImage = Value
        End Set
    End Property

    ' 图书单价
    Public Property BookCost() As Decimal
        Get
            Return Me.m_bookCost
        End Get
        Set(ByVal Value As Decimal)
            Me.m_bookCost = Value
        End Set
    End Property

End Class 'Book
```

（8）在数据库中添加 GetBookDetail 存储过程：

```
        CREATE PROCEDURE GetBookDetail
        (
            @BookID int
        )
        AS
```

```
SELECT
    BookID,
    BookName,
    BookAuthor,
    BookBak,
    BookImage,
    BookCost
FROM
    Book
WHERE
    BookID = @BookID
GO
```

（9）BookDetails.aspx 页面设计完毕，可以自行测试其运行效果。

BookDetails.aspx 是依据 URL 中的图书编号信息来从数据库中获取信息的，因此在该页面的 Page_Load 事件中必须首先获取图书编号信息：

```
Dim bookID As Integer = Int32.Parse(Request.Params("BookID"))
```

然后，Page_Load 事件调用 BookDB 的 GetBookDetail 方法以获取对应编号的图书详细信息，为了便于图书详细信息的传递，我们编写了 Book.vb 文件，对应于图书信息实体类。Page_Load 事件从 BookDB 的 GetBookDetail 方法中获取了 Book 类类型的图书信息实体以后，将实体的属性赋值给 BookDetails.aspx 页面中对应的控件，以显示图书具体信息：

```
'更新组件以显示图书具体信息
Me.bookAuthor.Text = bookDetail.BookAuthor
Me.bookBak.Text = bookDetail.BookBak
Me.bookCost.Text = [String].Format("{0:c}", bookDetail.BookCost)
Me.bookName.Text = bookDetail.BookName
Me.bookImage.ImageUrl = "BookImages/" + bookDetail.BookImage
Me.addToCart.NavigateUrl        =        "addToCart.aspx?BookID="        +
bookID.ToString()
Me.ReviewList.ProductID = bookID
```

在 6.4.3 节中提到 ReviewList.ascx 文件如何给 productID 赋值的问题，事实上对 productID 赋值是通过设置 ReviewList 的 ProcutID 属性实现的，代码如下：

```
Me.ReviewList.ProductID = bookID
```

那么 BookDB 中的 GetBookDetail 方法如何获取指定编号的图书详细信息呢？该方法接受 int 类型的参数图书编号 bookID，然后该方法将 bookID 传递给存储过程 GetBookDetail 的参数@BookID：

```
Dim cmd As New SqlCommand("GetBookDetail", conn)

'指定执行对象为存储过程
cmd.CommandType = CommandType.StoredProcedure

'向存储过程添加图书编号参数
Dim paramBookID As New SqlParameter("@BookID", SqlDbType.Int, 4)
paramBookID.Value = bookID
cmd.Parameters.Add(paramBookID)
```

接下来就打开数据库连接，执行操作并将图书信息保存到数据阅读器中。但需要注意的是在该方法中并没有直接返回该数据阅读器，而是立即使用该数据阅读器，将其中的数据保存到 Book 类型的图书实体中，然后将图书实体返回。这样做就能更快地关闭阅读器和数据连接，提高程序执行的效率：

```vb
'新建 Book 实体的实例
Dim result As New Book

'设置对应的属性信息
result.BookID = Int32.Parse(reader("BookID").ToString())
result.BookName = reader("BookName").ToString()
result.BookCost = [Decimal].Parse(reader("BookCost").ToString())
result.BookBak = reader("BookBak").ToString()
result.BookAuthor = reader("BookAuthor").ToString()
result.BookImage = reader("BookImage").ToString()

'关闭阅读器和数据库连接
reader.Close()
conn.Close()

'返回 Book 实例
Return result
```

📖6.5.4 图书搜索结果界面 SearchResults.aspx

前面已经提到，在 Header.ascx 控件中，用户可以输入关键字来查询对应的图书信息。图书信息的查询功能由 SearchResults.aspx 页面完成。该页面首先获取用户在表单中输入的关键字信息，然后依据关键字来查询数据库。

该页面的实现步骤如下：

（1）在 Bookstore 项目中添加新的 Web 窗体，命名为 SearchResults.aspx。

（2）切换到 SearchResults.aspx 文件的设计视图，对页面进行布局设计。然后插入一个 DataList 控件，并绑定数据。相关 ASP.NET 代码如下：

```aspx
<%@ Page language="vb" CodeFile="SearchResults.aspx.vb"
AutoEventWireup="false" Inherits="BookStore.SearchResults" %>
<%@ Register TagPrefix="uc1" TagName="Header" Src="modules/Header.ascx" %>
<%@ Register TagPrefix="uc1" TagName="Menu" Src="modules/Menu.ascx" %>
<HTML>
    <HEAD>
        <link rel="stylesheet" type="text/css" href="css/BookStore.css">
    </HEAD>
    <body background="images/sitebkgrdnogray.gif" leftmargin="0"
        topmargin="0"
        rightmargin="0"
        bottommargin="0" marginheight="0" marginwidth="0">
        <table cellspacing="0" cellpadding="0" width="100%" border="0">
            <tr>
                <td colspan="2">
                    <uc1:Header id="Header1" runat="server"></uc1:Header>
                </td>
```

```
        </tr>
        <tr>
            <td valign="top">
                <img height="1" src="images/1x1.gif" width="145">
                <uc1:Menu id="Menu1" runat="server"></uc1:Menu> 
            </td>

                            ......
                    <asp:DataList id="MyList" RepeatColumns="2"
                        runat="server">
                        <ItemTemplate>
                            <TABLE width="300" border="0">
                                <TR>
                                    <TD width="25"> 
                                    </TD>
                                    <TD vAlign="middle"
                                        align="right"
                                        width="100">

        <A href='BookDetails.aspx?productID=
        <%# DataBinder.Eval(Container.DataItem, "BookID") %>'>
        <IMG height=75 src='BookImages/
        <%# DataBinder.Eval(Container.DataItem, "BookImage") %>'
        width=100 border=0>

                                    </A>
                                    </TD>
<TD vAlign="middle" width="200">
<A href='BookDetails.aspx?productID=
    <%# DataBinder.Eval(Container.DataItem, "BookID")%>'>
    <SPAN class="ProductListHead">
        <%# DataBinder.Eval(Container.DataItem, "BookName")%></SPAN><BR>
</A>
<SPAN class="ProductListItem"><B>价格</B>
    <%# DataBinder.Eval(Container.DataItem, "BookCost", "{0:c}")%>
</SPAN><BR>
<A href='AddToCart.aspx?productID=
    <%# DataBinder.Eval(Container.DataItem, "BookID")%>'>
<FONT color="#9d0000"><B>添加到购物车</B></FONT></A>
</TD>
</TR>
</TABLE>
</ItemTemplate>
</asp:DataList>

<img height="1" width="30" src="Images/1x1.gif">
    <asp:Label id="ErrorMsg" class="ErrorText" runat="server" />
                </td>
                    ......
```

　　（3）切换到设计视图，双击页面空白处，进入 SearchResults.aspx.vb 文件。首先引入如下命名空间：

```
Imports DataAccess
```

（4）修改 Page_Load 事件如下：

```
Private Sub Page_Load(ByVal sender As System.Object,
    ByVal e As System.EventArgs) Handles MyBase.Load
    ' 依据关键字 txtSearch 检索数据库
    Dim bookDB As New BookDB

    MyList.DataSource =
        bookDB.SearchProductDescriptions(Request.Params("txtSearch"))
    MyList.DataBind()

    ' 如果没有检索的任何信息则提示信息
    If MyList.Items.Count = 0 Then
        ErrorMsg.Text = "No items matched your query."
    End If
End Sub
```

（5）在 DataAccess 项目的 BookDB.vb 文件中添加用于执行搜索操作的自定义方法 SearchProductDescriptions：

```
' 查询数据库中的图书信息
' <param name="searchString">图书关键字</param>
' <returns>查询到的结果信息</returns>
Public Function SearchProductDescriptions(ByVal searchString As String)
    As SqlDataReader

    ' 新建 Connection 和 Command 对象
    Dim myConnection As New SqlConnection(
        ConfigurationSettings.AppSettings("ConnectionString"))
    Dim myCommand As New SqlCommand("ProductSearch", myConnection)

    ' 指定操作类型为存储过程
    myCommand.CommandType = CommandType.StoredProcedure

    ' 添加参数到存储过程
    Dim parameterSearch As New SqlParameter(
        "@Search", SqlDbType.NVarChar, 255)
    parameterSearch.Value = searchString
    myCommand.Parameters.Add(parameterSearch)

    ' 执行命令
    myConnection.Open()
    Dim result As SqlDataReader =
        myCommand.ExecuteReader(CommandBehavior.CloseConnection)

    ' 返回结果集
    Return result
End Function 'SearchProductDescriptions
```

（6）在数据库中添加 ProductSearch 存储过程：

```
        CREATE Procedure ProductSearch
        (
            @Search nvarchar(255)
        )
        AS
```

```
SELECT
    BookID,
    BookName,
    BookAuthor,
    BookCost,
    BookImage
FROM
    Book
WHERE
    BookName LIKE '%' + @Search + '%'
    OR
    BookAuthor LIKE '%' + @Search + '%'
    OR
    BookBak LIKE '%' + @Search + '%'
GO
```

（7）至此，搜索处理程序编写完毕。

事实上，搜索书籍信息和直接读取书籍信息极其相似，区别仅仅在于读取数据库时使用的数据命令。对数据库的搜索操作由存储过程 ProductSearch 来完成，与上一章类似，该存储过程将关键字依次与图书名、图书作者以及图书说明进行匹配：

```
WHERE
    BookName LIKE '%' + @Search + '%'
    OR
    BookAuthor LIKE '%' + @Search + '%'
    OR
    BookBak LIKE '%' + @Search + '%'
```

SearchProductDescriptions 方法将关键字传递给存储过程，然后调用该存储过程，将得到的结果保存到数据阅读器中返回给 SearchResults.aspx 的 Page_Load 事件。Page_Load 事件获取了数据阅读器以后将结果绑定到 DataList 控件：

```
MyList.DataSource =
    bookDB.SearchProductDescriptions(Request.Params("txtSearch"))
MyList.DataBind()
```

如果 DataList 控件在绑定数据以后没有任何项，则表示该数据阅读器为空，即搜索结果为空，此时通过 Label 来通知用户：

```
' 如果没有检索的任何信息则提示信息
If MyList.Items.Count = 0 Then
    ErrorMsg.Text = "No items matched your query."
End If
```

6.6 用户注册处理

如果网友希望能够购买图书，则必须首先成为会员。成为会员的手段即注册。本项目中用户注册由 Register.aspx 实现。Register.aspx 位于表现层，而负责处理数据的数据访问层为 DataAccess 项目中的 CustomerDB.vb 文件。而位于数据存储层的则为数据表

Customers。Register.aspx 页面使用到了数据验证控件，以确保用户输入的信息有效。

由于网友可能在注册或者登录之前已经添加了部分图书到购物车，因此网友注册以后，必须将注册前的购物车信息及时更新为对应注册会员的购物车。每个购物车都有惟一的购物车编号，用户登录以前购物车编号为程序生成的 GUID（全球惟一标识），注册或者登录以后则应该将购物车编号修改为用户的 ID。另外为了演示在 ASP.NET 中使用 Cookie 存储信息，用户注册以后将用户的名称存储到 Cookie 中。

实现用户注册功能的步骤如下：

（1）在 Bookstore 项目中添加新的 Web 窗体，命名为 Register.aspx。

（2）切换到 Register.aspx 文件的设计视图，对页面进行布局设计。设计完毕后的页面效果如图 6-13 所示：

相关页面代码如下所示：

```vb
<%@ Page language="vb" CodeFile="Register.aspx.vb" AutoEventWireup="false"
    Inherits="BookStore.Register" %>
<%@ Register TagPrefix="uc1" TagName="Header" Src="modules/Header.ascx" %>
<%@ Register TagPrefix="uc1" TagName="Menu" Src="modules/Menu.ascx" %>
                                ......
                                        <td class="ContentHead">
                                            <img            align="left"
height="32"
                                        width="60"
src="images/1x1.gif">

                                        创建新帐号
                                        <br>
                                    </td>
                                </tr>
                            </table>
                            <img align="left" height="1" width="92"
                                src="images/1x1.gif">
                            <asp:Label id="MyError"
                                CssClass="ErrorText"
                                EnableViewState="false"
                                runat="Server" />
                            <table height="100%" cellspacing="0"
                                cellpadding="0" width="500"
                                border="0">
                                <tr valign="top">
                                    <td width="550">
                                        <br>
                                        <br>
                            <span  class="NormalBold">用 户 名
</span>
                                        <br>
                                    <asp:TextBox size="25" id="Name"
                                            runat="server" />
                                             
```

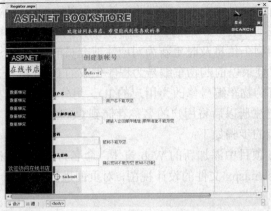

图 6-13　Register.aspx 的设计界面

```
、添加数据验证控件，要求输入值不能为空
                         <asp:RequiredFieldValidator
                              ControlToValidate="Name" Display="dynamic"
                              Font-Name="verdana"
            Font-Size="9pt" ErrorMessage="用户名不能为空" runat="server"
            id="RequiredFieldValidator1"></asp:RequiredFieldValidator>
                                        <br>
                                        <br>
                              <span class="NormalBold">电子邮件地址
                                        </span>
                                        <br>
                    <asp:TextBox size="25" id="Email"
                                        runat="server" />
                                         
            、对邮箱格式进行验证
<asp:RegularExpressionValidator ControlToValidate="Email"
     ValidationExpression="[\w\.-]+(\+[\w-]*)?@([\w-]+\.)+[\w-]+"
              Display="Dynamic" Font-Name="verdana" Font-Size="9pt"
              ErrorMessage="请输入合法邮件地址" runat="server"
     id="RegularExpressionValidator1"></asp:RegularExpressionValidator>
          <asp:RequiredFieldValidator ControlToValidate="Email"
              Display="dynamic" Font-Name="verdana" Font-Size="9pt"
              ErrorMessage="邮件地址不能为空" runat="server"
          id="RequiredFieldValidator2"></asp:RequiredFieldValidator>
                                        <br>
                                        <br>
                         <span class="NormalBold">密码</span>
                                        <br>
          <asp:TextBox size="25" id="Password"  TextMode="Password"
              runat="server" />
           
              <asp:RequiredFieldValidator ControlToValidate="Password"
                   Display="dynamic" Font-Name="verdana" Font-Size="9pt"
                   ErrorMessage="密码不能为空" runat="server"
```

Chapter 06

```
                               id="RequiredFieldValidator3"></asp:RequiredFieldValidator>
                                                    <br>
                                                    <br>
                                       <span class="NormalBold">确认密码
                                                    </span>
                                                    <br>
              <asp:TextBox size="25" id="ConfirmPassword"
                   TextMode="Password" runat="server" />
               
          <asp:RequiredFieldValidator
ControlToValidate="ConfirmPassword"
                   Display="dynamic" Font-Name="verdana" Font-Size="9pt"
                   ErrorMessage="确认密码不能为空" runat="server"
              id="RequiredFieldValidator4"></asp:RequiredFieldValidator>
          '比较两次输入的密码
              <asp:CompareValidator ControlToValidate="ConfirmPassword"
                   ControlToCompare="Password" Display="Dynamic"
                   Font-Name="verdana" Font-Size="9pt"
                   ErrorMessage="密码不匹配"
              runat="server"
id="CompareValidator1"></asp:CompareValidator>
                                                    <br>
                                                    <br>
          <asp:ImageButton id="RegisterBtn"
                ImageUrl="images/submit.gif" runat="server" />
                                                    ......
```

（3）按 F7 键进入 Register.aspx.vb 文件，引入 DataAccess 命名空间。

（4）在图 6-25 所示界面中双击按钮 "Submit"，注册按钮单击事件，并编写如下代码：

```
    Private Sub RegisterBtn_Click(ByVal sender As Object, ByVal e As
System.Web.UI.ImageClickEventArgs)
        If Page.IsValid Then

        '保存旧的购物车编号，以便注册后合并购物车
        Dim cartID As New ShoppingCartID
        Dim tempCartID As [String] = cartID.GetShoppingCartId()

        '建立购物车处理实例
        Dim shoppingCart As New ShoppingCartDB

        '添加用户信息到数据库
        Dim customer As New CustomerDB
        Dim customerID As [String] = customer.AddCustomer(
                                              Me.Name.Text.Trim(),
                                              Me.Email.Text.Trim(),
    Me.Password.Text.Trim())

        If customerID <> "" Then
            '将用户 ID 指定为通过安全登录的信息
```

```
            FormsAuthentication.SetAuthCookie(customerID, False)

            '合并购物车
            shoppingCart.MigrateCart(tempCartID, customerID)

            '将用户姓名保存到 Cookies 中
            Response.Cookies("FullName").Value =
                Server.HtmlEncode(Me.Name.Text)

            '重定向到购物车界面
            Response.Redirect("ShoppingCart.aspx")
        Else
            Me.MyError.Text = "注册失败 该邮件地址已有人使用<br>
                <img align=left height=1 width=92 src=images/1x1.gif>"
        End If
    End If
End Sub
```

（5）在 Bookstore 项目中添加新的类文件 ShoppingCartID.vb，并编写如下代码：

```
Public Class ShoppingCartID
    Public Sub New()
    End Sub 'New

    '获取用户购物车 ID
    '<returns>购物车 ID</returns>
    Public Function GetShoppingCartId() As [String]

        ' 获取当前请求的上下文信息
        Dim context As System.Web.HttpContext = System.Web.HttpContext.Current

        ' 如果用户已经登录，则以用户 ID 作为购物车 ID
        If    context.User.Identity.Name    IsNot    Nothing    AndAlso
context.User.Identity.Name <> "" Then
            Return context.User.Identity.Name
        End If

        ' 未登录用户则读取或者新建一个 GUID 作为购物车 ID
        If context.Request.Cookies("CartID") IsNot Nothing Then
            Return context.Request.Cookies("CartID").Value
        Else
            ' 新建 GUID
            Dim tempCartId As Guid = Guid.NewGuid()

            ' 将 GUID 存储到 Cookies 中
            context.Response.Cookies("CartID").Value = tempCartId.ToString()

            ' 返回购物车 ID
            Return tempCartId.ToString()
        End If
    End Function 'GetShoppingCartId
```

```
End Class
'ShoppingCartID
```

（6）在 DataAccess.CustomerDB 中引入如下命名空间：

```
Imports System.Data.SqlClient
Imports System.Configuration
```

（7）在 DataAccess.CustomerDB 中添加自定义方法 AddCustomer：

```
' 添加新用户
' <param name="fullName">姓名</param>
' <param name="email">邮件地址</param>
' <param name="password">密码</param>
' <returns>用户 ID</returns>
Public Function AddCustomer(ByVal fullName As String,
    ByVal email As String, ByVal password As String) As [String]

    ' 新建 Connection 和 Command 实例
    Dim myConnection As New SqlConnection(
        ConfigurationSettings.AppSettings("ConnectionString"))
    Dim myCommand As New SqlCommand("CustomerAdd", myConnection)

    ' 指定操作类型为存储过程
    myCommand.CommandType = CommandType.StoredProcedure

    ' 添加参数给存储过程
    '用户姓名
    Dim parameterFullName As New SqlParameter(
        "@FullName", SqlDbType.NVarChar, 50)
    parameterFullName.Value = fullName
    myCommand.Parameters.Add(parameterFullName)

    '用户 Email
    Dim parameterEmail As New SqlParameter("@Email", SqlDbType.NVarChar,
50)
    parameterEmail.Value = email
    myCommand.Parameters.Add(parameterEmail)

    '用户密码
    Dim parameterPassword As New SqlParameter(
        "@Password", SqlDbType.NVarChar, 50)
    parameterPassword.Value = password
    myCommand.Parameters.Add(parameterPassword)

    '输出参数，添加成功后返回用户编号
    Dim parameterCustomerID As New SqlParameter(
        "@CustomerID", SqlDbType.Int, 4)
    parameterCustomerID.Direction = ParameterDirection.Output
    myCommand.Parameters.Add(parameterCustomerID)

    Try
        '打开连接，执行操作
        myConnection.Open()
        myCommand.ExecuteNonQuery()
        myConnection.Close()
```

```
    ' 活动用户编号（通过存储过程的输出参数）
    Dim customerId As Integer = CInt(parameterCustomerID.Value)

    Return customerId.ToString()
    Catch ex As Exception
    Return [String].Empty
    End Try
End Function 'AddCustomer
```

（8）在数据库中添加 CustomerAdd 存储过程：

```
CREATE Procedure CustomerAdd
(
    @FullName    nvarchar(50),
    @Email       nvarchar(50),
    @Password    nvarchar(50),
    @CustomerID int OUTPUT
)
AS

INSERT INTO Customers
(
    FullName,
    EmailAddress,
    Password
)

VALUES
(
    @FullName,
    @Email,
    @Password
)

SELECT
    @CustomerID = @@Identity
GO
```

（9）在 DataAccess.ShoppingCartDB 文件中引入如下命名空间：

```
Imports System.Data.SqlClient
Imports System.Configuration
```

（10）在 DataAccess.ShoppingCartDB 文件中添加自定义方法 MigrateCart：

```
' 合并购物车：用于合并用户登录前和登录后的购物车
' <param name="oldCartId">登录前的购物车 ID</param>
' <param name="newCartId">登录后的购物车 ID</param>
Public Sub MigrateCart(ByVal oldCartId As [String],
    ByVal newCartId As [String])

    ' 新建 Connection 和 Command 实例
    Dim myConnection As New SqlConnection(
        ConfigurationSettings.AppSettings("ConnectionString"))
    Dim myCommand As New SqlCommand("ShoppingCartMigrate", myConnection)

    ' 指定操作类型为存储过程
```

```
myCommand.CommandType = CommandType.StoredProcedure

' 添加参数到存储过程
Dim cart1 As New SqlParameter("@OriginalCartId ", SqlDbType.NVarChar,
50)

cart1.Value = oldCartId
myCommand.Parameters.Add(cart1)

Dim cart2 As New SqlParameter("@NewCartId ", SqlDbType.NVarChar, 50)
cart2.Value = newCartId
myCommand.Parameters.Add(cart2)

' 打开连接，执行操作
myConnection.Open()
myCommand.ExecuteNonQuery()
myConnection.Close()
End Sub 'MigrateCart
```

（11）在数据库中添加存储过程 ShoppingCartMigrate：

```
CREATE Procedure ShoppingCartMigrate
(
    @OriginalCartId nvarchar(50),
    @NewCartId      nvarchar(50)
)
AS

UPDATE
    ShoppingCart

SET
    CartID = @NewCartId

WHERE
    CartID = @OriginalCartId
GO
```

（12）注册功能实现完毕，可以测试效果。

理论上，一个单独的注册系统应该非常简单，仅仅需要将用户输入的信息提交到数据库即可。但是在本项目中，注册系统则相对来说有较高难度和技巧。

在 Register.aspx 页面中，用户输入了信息后单击按钮提交信息，如果数据合法，则将执行按钮单击事件中的代码。该事件处理程序首先执行的逻辑是保存用户旧的购物车编号：

```
'保存旧的购物车编号，以便注册后合并购物车
Dim cartID As New ShoppingCartID
Dim tempCartID As [String] = cartID.GetShoppingCartId()
```

显然 tempCartID 为旧的购物车编号，且其值来源于 ShoppingCartID 类的 GetShoppingCartId 方法。GetShoppingCartId 方法专门用于获取用户的购物车编号，前面已经讨论过，如果用户已经登录，则将用户的 ID 作为购物车编号。那么该方法如何得知用户是否登录呢？在后面将看到用户登录以后将会有信息保存到 Http 请求的上下文中。因此该方法从 Http 请求的上下文中获取用户的个人信息，如果信息不存在，则表示

用户没有登录，如果存在，则表示用户已经登录，应该将用户编号返回作为购物车编号：

```
' 获取当前请求的上下文信息
Dim context As System.Web.HttpContext = System.Web.HttpContext.Current

' 如果用户已经登录，则以用户 ID 作为购物车 ID
If Not (context.User.Identity.Name Is Nothing)
    And context.User.Identity.Name <> "" Then
    Return context.User.Identity.Name
End If
```

如果用户没有登录，则首先判断在 Cookie 中是否存在作为购物车编号的 GUID，如果没有则新建一个 GUID 作为其编号，并将其保存到 Cookie 中：

```
' 未登录用户则读取或者新建一个 GUID 作为购物车 ID
If Not (context.Request.Cookies("CartID") Is Nothing) Then
    Return context.Request.Cookies("CartID").Value
Else
    ' 新建 GUID
    Dim tempCartId As Guid = Guid.NewGuid()

    ' 将 GUID 存储到 Cookies 中
    context.Response.Cookies("CartID").Value = tempCartId.ToString()

    ' 返回购物车 ID
    Return tempCartId.ToString()
End If
```

回到按钮单击事件处理程序 RegisterBtn_Click 中来。当保存了用户旧的购物车编号以后，应该尝试将用户输入的信息添加到数据库。注意到该系统要求每个用户具备惟一的邮箱地址，也就是邮箱地址不能重复，因此在添加数据时可能不成功（用户输入的邮箱信息已经存在数据库中）。添加信息到数据库是用 CustomerDB 的 AddCustomer 方法实现的。当成功添加用户信息到数据库中时，该方法返回新添加的用户的编号，添加失败时则返回 String.Empty。AddCustomer 方法执行时首先建立数据连接和数据命令对象，需要注意的是数据命令的命令文本为存储过程 CustomerAdd，该存储过程使用到了输出参数：

```
CREATE Procedure CustomerAdd
(
    @FullName    nvarchar(50),
    @Email       nvarchar(50),
    @Password    nvarchar(50),
    @CustomerID     int OUTPUT
)
```

其中参数@CustomerID 即为输出参数。存储过程的输出参数表示在存储过程执行时，该参数不需要被赋值，存储过程执行以后，输出参数将获取一个值，该值可以被应用程序捕获。例如在本存储过程中，当存储过程执行完以后，@CustomerID 的值为@@Identity 的值：

```
SELECT
@CustomerID = @@Identity
```

@@Identity 是 SQL Server 数据库的关键字，表示在一条 INSERT、SELECT INTO 或

大容量复制语句完成后，@@Identity 中包含此语句产生的最后的标识值。因此 CustomerAdd 执行以后，@@Identity 将保存最新添加的用户的编号信息。

那么如何在程序中获取存储过程的输出参数的值呢？在 AddCustomer 方法中通过如下代码为存储过程添加参数@CustomerID：

```
'输出参数，添加成功后返回用户编号
Dim parameterCustomerID As New SqlParameter("@CustomerID",
                                            SqlDbType.Int, 4)
parameterCustomerID.Direction = ParameterDirection.Output
myCommand.Parameters.Add(parameterCustomerID)
```

显然，获取存储过程输出参数的值非常简单，只需要在添加参数时指定参数的 Direction 属性为 ParameterDirection.Output 即可。当数据命令执行以后，参数 parameterCustomerID 的 value 属性保存了存储过程返回的值：

```
myConnection.Open()
myCommand.ExecuteNonQuery()
myConnection.Close()
' 活动用户编号（通过存储过程的输出参数）
Dim customerId As Integer = CInt(parameterCustomerID.Value)
```

再次回到按钮单击事件处理程序 RegisterBtn_Click 中来。当调用了数据访问层的执行添加的方法以后，程序将接着执行如下代码：

```
If customerID <> "" Then
    '将用户 ID 指定为通过安全登录的信息
    FormsAuthentication.SetAuthCookie(customerID, False)

    '合并购物车
    shoppingCart.MigrateCart(tempCartID, customerID)

    '将用户姓名保存到 Cookies 中
    Response.Cookies("FullName").Value                            =
Server.HtmlEncode(Me.Name.Text)

    '重定向到购物车界面
    Response.Redirect("ShoppingCart.aspx")
Else
    Me.MyError.Text = "注册失败 该邮件地址已有人使用<br>
        <img align=left height=1 width=92 src=images/1x1.gif>"
End If
```

这段代码表示如果添加成功，即 customerID 不为空，则应该将用户的编号保存到 Http 请求的上下文中：

```
FormsAuthentication.SetAuthCookie(customerID, False)
```

另外也将用户的姓名保存到 Cookie 中：

```
Response.Cookies("FullName").Value = Server.HtmlEncode(Me.Name.Text)
```

那么下面这一行代码的功能是什么呢：

```
shoppingCart.MigrateCart(tempCartID,customerID)
```

前面已经分析过了，用户成功注册或登录以后应该将用户登录前的购物车信息修改为登录后用户的购物车。修改操作非常简单，仅仅需要将数据库中购物车的编号由旧的 GUID 修改为新的用户编号即可，上面的代码即实现此功能。数据访问层中 ShoppingCart

类的 MigrateCart 方法负责实施此操作。该方法将旧的购物车编号和新的购物车编号一起传递给存储过程 ShoppingCartMigrate，该存储过程则执行简单的 update 操作：

```
UPDATE
ShoppingCart

SET
CartID = @NewCartId

WHERE
    CartID = @OriginalCartId
```

至此用户注册功能全部完成。

6.7　用户登录处理

一旦用户注册成功以后，用户再次访问本在线书店时不需要重新注册，而是登录。登录界面由 login.aspx 页面提供，而 CustomerDB 则提供登录的数据访问的功能。数据库中 Customers 表为数据存储层。

用户登录界面 login.aspx 中同样使用到了数据验证控件，另外该页面还提供了新用户注册的链接，方便没有注册的用户链接到 Register.aspx 页面进行注册。

实现用户登录功能的操作步骤如下：

（1）在 Bookstore 项目中添加新的 Web 窗体，命名为 Login.aspx。

（2）在 Login.aspx 的设计视图对页面进行布局，设计完成后的效果如图 6-14 所示：

图 6-14　Login.aspx 的设计视图

相关代码如下：

```
<%@ Page language="vb" CodeFile="Login.aspx.vb" AutoEventWireup="false"
   Inherits="BookStore.Login" %>
<%@ Register TagPrefix="uc1" TagName="Header" Src="modules/Header.ascx" %>
<%@ Register TagPrefix="uc1" TagName="Menu" Src="modules/Menu.ascx" %>
<HTML>
    <HEAD>
```

```
        <link rel="stylesheet" type="text/css" href="css/BookStore.css">
</HEAD>
<body background="images/sitebkgrd.gif" leftmargin="0" topmargin="0"
    rightmargin="0" bottommargin="0"
    marginheight="0" marginwidth="0">
    <table cellspacing="0" cellpadding="0" width="100%" border="0">
        <tr>
            <td colspan="2">
                <ucl:Header id="Header1" runat="server"></ucl:Header>
            </td>
        </tr>
        <tr>
            <td valign="top">
                <img height="1" src="images/1x1.gif" width="145">
            <ucl:Menu id="Menu1" runat="server"></ucl:Menu>  
            </td>
            <td align="left" valign="top" width="100%" nowrap>
                <table height="100%" align="left" cellspacing="0"
                    cellpadding="0" width="100%" border="0">
                    <tr valign="top">
                        <td nowrap>
                            <br>
                            <form runat="server" ID="Form1">
                                <img align="left" width="24" height="1"
                                src="images/1x1.gif">
                                <table cellspacing="0" cellpadding="0"
                                width="100%" border="0">
                                    <tr>
                                        <td class="ContentHead">
                                            <img            align="left"
height="32"
                                        width="60" src="images/1x1.gif">登录
                                            <br>
                                        </td>
                                    </tr>
                                </table>
                                <img align="left" height="1" width="92"
                                src="images/1x1.gif">
                                <table height="100%" cellspacing="0"
                                    cellpadding="0" border="0">
                                    <tr valign="top">
                                        <td width="550">
                                            <asp:Label id="Message"
                                        class="ErrorText" runat="server" />
                                            <br>
                                            <br>
                                         <span class="NormalBold">
                                                电子邮件地址</span>
                                            <br>
```

```
                                                <asp:TextBox
size="25"
                                         id="email"        runat="server"
/> 
              <asp:RequiredFieldValidator
                 id="emailRequired" ControlToValidate="email"
                 Display="dynamic" Font-Name="verdana"
                 Font-Size="9pt" ErrorMessage="用户名不能为空" runat="server"
/>
              <asp:RegularExpressionValidator
                 id="emailValid" ControlToValidate="email"

   ValidationExpression="[\w\.-]+(\+[\w-]*)?@([\w-]+\.)+[\w-]+"
       Display="Dynamic" ErrorMessage="必须输入合法邮件地址" runat="server" />
                                            <br>
                                            <br>
                                     <span class="NormalBold">
                                            密码</span>
                                            <br>
                                     <asp:TextBox
id="password"
                    textmode="password"    size="25"    runat="server"
/> 
              <asp:RequiredFieldValidator id="passwordRequired"
                 ControlToValidate="password" Display="Static"
                 Font-Name="verdana"  Font-Size="9pt"
                 ErrorMessage="密码不能为空" runat="server" />
                                            <br>
                                            <br>
                                            <br>
              <asp:ImageButton id="LoginBtn"
                 ImageURL="images/sign_in_now.gif" runat="server" />
                                            <br>
                                            <br>
                                    <span class="Normal">如果你还没有账号,
                                    那么现在就注册一个</span>
                                            <br>
                                            <br>
                                    <a href="register.aspx">
                        <img                          border="0"
src="images/register.gif"></a>
                                        </td>
                                     </tr>
                                 </table>
                             </form>
                         </td>
                     </tr>
                 </table>
             </td>
```

```
            </tr>
        </table>
    </body>
</HTML>
```

（3）双击 Sign In Now 按钮，注册按钮单击事件 LoginBtn_Click。

（4）在 Login.aspx.vb 文件中引入 DataAccess 命名空间。

（5）编写按钮单击事件的处理程序：

```
Private Sub LoginBtn_Click(……) Handles LoginBtn.Click
    If Page.IsValid Then
        '取得旧的购物车编号
        Dim getCartID As New ShoppingCartID
        Dim cartID As [String] = getCartID.GetShoppingCartId()

        '新建购物车数据访问实例
        Dim cart As New ShoppingCartDB

        '验证登录信息
        Dim customer As New CustomerDB
        Dim customerID As [String] = customer.Login(email.Text,
            password.Text)

        If Not (customerID Is Nothing) Then
            '合并购物车
            cart.MigrateCart(cartID, customerID)

            '查询客户具体信息
            Dim customerDetails As Customer =
                customer.GetCustomerDetails(customerID)

            '存储客户姓名到 Cookies 中
            Response.Cookies("FullName").Value = customerDetails.FullName

            '重定向到登录之前访问的页面
            FormsAuthentication.RedirectFromLoginPage(customerID, False)

        Else
            Me.Message.Text = "登录失败，请重试"
        End If
    End If
End Sub
```

（6）在 DataAccess 项目中的 CustomerDB 文件中添加自定义方法 Login：

```
' 检查用户是否登录成功
' <param name="email">用户 Email</param>
' <param name="password">用户密码</param>
' <returns>用户的 ID，如果登录不成功则返回 null</returns>
Public Function Login(……) As [String]

    ' 新建 Connection 和 Command 对象
    Dim myConnection As New SqlConnection(
        ConfigurationSettings.AppSettings("ConnectionString"))
    Dim myCommand As New SqlCommand("CustomerLogin", myConnection)
```

```vb
    ' 指定操作类型为存储过程
    myCommand.CommandType = CommandType.StoredProcedure

    ' 添加参数到存储过程
    'Email, 相当用户名
    Dim parameterEmail As New SqlParameter("@Email", SqlDbType.NVarChar,
50)

    parameterEmail.Value = email
    myCommand.Parameters.Add(parameterEmail)

    '密码参数
    Dim parameterPassword As New SqlParameter(
        "@Password", SqlDbType.NVarChar, 50)
    parameterPassword.Value = password
    myCommand.Parameters.Add(parameterPassword)

    '输出参数: 用户编号
    Dim parameterCustomerID As New SqlParameter(
        "@CustomerID", SqlDbType.Int, 4)
    parameterCustomerID.Direction = ParameterDirection.Output
    myCommand.Parameters.Add(parameterCustomerID)

    ' 打开连接并执行操作
    myConnection.Open()
    myCommand.ExecuteNonQuery()
    myConnection.Close()

    Dim customerId As Integer = CInt(parameterCustomerID.Value)

    If customerId = 0 Then
        Return Nothing
    Else
        Return customerId.ToString()
    End If
End Function 'Login
```

（7）修改 DataAccess 项目中的 Customer.vb 文件如下：

```vb
Public Class Customer

    Private m_fullName As [String]
    Private m_email As [String]
    Private m_password As [String]


    ' 用户姓名
    Public Property FullName() As [String]
        Get
            Return Me.m_fullName
        End Get
        Set(ByVal Value As [String])
            Me.m_fullName = Value
        End Set
    End Property
```

```
    ' 电子邮件
    Public Property Email() As [String]
        Get
            Return Me.m_email
        End Get
        Set(ByVal Value As [String])
            Me.m_email = Value
        End Set
    End Property

    ' 用户密码
    Public Property Password() As [String]
        Get
            Return Me.m_password
        End Get
        Set(ByVal Value As [String])
            Me.m_password = Value
        End Set
    End Property
End Class 'Customer
```

（8）在 DataAccess.CustomerDB 中添加自定义方法 GetCustomerDetails：

```
    ' 依据用户 ID 获得用户具体信息
    ' <param name="customerID">用户 ID</param>
    ' <returns>包含用户信息的用户实例</returns>
    Public Function GetCustomerDetails(ByVal customerID As [String]) As
Customer

    ' Create Instance of Connection and Command Object
    Dim myConnection As New SqlConnection(
            ConfigurationSettings.AppSettings("ConnectionString"))
    Dim myCommand As New SqlCommand("CustomerDetail", myConnection)

    ' Mark the Command as a SPROC
    myCommand.CommandType = CommandType.StoredProcedure

    ' Add Parameters to SPROC
    Dim parameterCustomerID As New SqlParameter(
        "@CustomerID", SqlDbType.Int, 4)
    parameterCustomerID.Value = Int32.Parse(customerID)
    myCommand.Parameters.Add(parameterCustomerID)

    Dim parameterFullName As New SqlParameter(
        "@FullName", SqlDbType.NVarChar, 50)
    parameterFullName.Direction = ParameterDirection.Output
    myCommand.Parameters.Add(parameterFullName)

    Dim parameterEmail As New SqlParameter("@Email", SqlDbType.NVarChar,
50)
    parameterEmail.Direction = ParameterDirection.Output
    myCommand.Parameters.Add(parameterEmail)

    Dim parameterPassword As New SqlParameter(
```

```
              "@Password", SqlDbType.NVarChar, 50)
    parameterPassword.Direction = ParameterDirection.Output
    myCommand.Parameters.Add(parameterPassword)

    myConnection.Open()
    myCommand.ExecuteNonQuery()
    myConnection.Close()

    ' 建立客户实体
    Dim myCustomer As New Customer

    ' 依据存储过程的输出参数来对客户实体赋值
    myCustomer.FullName = CStr(parameterFullName.Value)
    myCustomer.Password = CStr(parameterPassword.Value)
    myCustomer.Email = CStr(parameterEmail.Value)

    Return myCustomer
End Function 'GetCustomerDetails
```

（9）在数据库中添加 CustomerLogin 存储过程：

```
CREATE Procedure CustomerLogin
(
    @Email      nvarchar(50),
    @Password   nvarchar(50),
    @CustomerID int OUTPUT
)
AS

SELECT
    @CustomerID = CustomerID

FROM
    Customers

WHERE
    EmailAddress = @Email
  AND
    Password = @Password

IF @@Rowcount < 1
SELECT
    @CustomerID = 0
GO
```

（10）在数据库中添加存储过程 CustomerDetail：

```
CREATE Procedure CustomerDetail
(
    @CustomerID int,
    @FullName   nvarchar(50) OUTPUT,
    @Email      nvarchar(50) OUTPUT,
    @Password   nvarchar(50) OUTPUT
)
AS

SELECT
```

```
        @FullName = FullName,
        @Email   = EmailAddress,
        @Password = Password

    FROM
        Customers

    WHERE
        CustomerID = @CustomerID
    GO
```

（11）至此用户登录功能完成。读者可以测试效果。

当按钮被单击以后，首先程序将保存当前用户的购物车的编号：

```
Dim getCartID As New ShoppingCartID
Dim cartID As [String] = getCartID.GetShoppingCartId()
```

接着验证用户输入的登录信息是否正确：

```
Dim customer As New CustomerDB
Dim customerID As [String] = customer.Login(email.Text, password.Text)
```

显然实际验证处理用 CustomerDB 的 Login 方法实现。Login 方法首先建立与数据库的连接，然后建立命令对象，指定命令文本为 CustomerLogin 存储过程，并将参数传递给存储过程：

```
'Email，相当用户名
Dim parameterEmail As New SqlParameter("@Email", SqlDbType.NVarChar, 50)
parameterEmail.Value = email
myCommand.Parameters.Add(parameterEmail)

'密码参数
Dim parameterPassword As New SqlParameter(
    "@Password", SqlDbType.NVarChar, 50)
parameterPassword.Value = password
myCommand.Parameters.Add(parameterPassword)
```

存储过程 CustomerLogin 判断用户输入的邮箱和密码是否匹配，如果匹配则通过输出参数返回该用户的编号，如果不匹配则返回 0 给输出参数：

```
    SELECT
        @CustomerID = CustomerID

    FROM
        Customers

    WHERE
        EmailAddress = @Email
      AND
        Password = @Password

    IF @@Rowcount < 1
    SELECT
        @CustomerID = 0
```

其中@@Rowcount 表示符合条件的记录数量。

Login 方法还必须指定一个输出类型的参数，用来获取存储过程输出参数的信息：

```
Dim parameterCustomerID As New SqlParameter("@CustomerID",
```

```
                                                SqlDbType.Int, 4)
    parameterCustomerID.Direction = ParameterDirection.Output
    myCommand.Parameters.Add(parameterCustomerID)
```

如果输出参数返回 0，即用户登录失败，则 Login 方法返回 null，否则将用户 ID 转化为 string 类型后返回：

```
    Dim customerId As Integer = CInt(parameterCustomerID.Value)

    If customerId = 0 Then
        Return Nothing
    Else
        Return customerId.ToString()
    End If
```

回到按钮单击事件处理程序中来。当调用 Login 方法验证了输入的信息以后，依据 Login 方法的返回值接着执行下一步操作。如果返回值非 null，则用户登录成功，必须将登录前用户的购物车编号更新为当前用户的 ID，此项操作由前面提到过的 ShoppingCartDB 的 MigrateCart 方法实现：

```
    cart.MigrateCart(cartID,customerID)
```

现在要做的事情就是依据用户的 ID 来获取用户的详细信息，然后将用户的姓名保存到 Cookie 中。CustomerDB 的 GetCustomerDetails 方法接受参数用户 ID，然后调用存储过程 CustomerDetail 来获取指定 ID 的用户的详细信息。该方法并不直接返回数据阅读器，而是完全通过存储过程的输出参数来获取信息，这样程序的执行效率将大幅度提高。

CustomerDB 的 GetCustomerDetails 方法首先建立数据连接和数据命令，然后为存储过程添加参数：

```
    Dim parameterCustomerID As New SqlParameter(
        "@CustomerID", SqlDbType.Int, 4)
    parameterCustomerID.Value = Int32.Parse(customerID)
    myCommand.Parameters.Add(parameterCustomerID)

    Dim parameterFullName As New SqlParameter(
        "@FullName", SqlDbType.NVarChar, 50)
    parameterFullName.Direction = ParameterDirection.Output
    myCommand.Parameters.Add(parameterFullName)

    Dim parameterEmail As New SqlParameter(
        "@Email", SqlDbType.NVarChar, 50)
    parameterEmail.Direction = ParameterDirection.Output
    myCommand.Parameters.Add(parameterEmail)

    Dim parameterPassword As New SqlParameter(
        "@Password", SqlDbType.NVarChar, 50)
    parameterPassword.Direction = ParameterDirection.Output
    myCommand.Parameters.Add(parameterPassword)
```

显然，除了用户 ID 以外，其他参数都是输出参数。当调用了命令对象的 ExecuteNonQuery 方法以后，GetCustomerDetails 方法将输出参数的值赋给客户实体并将客户实体返回：

```
    Dim myCustomer As New Customer
```

```
'依据存储过程的输出参数来对客户实体赋值
myCustomer.FullName = CStr(parameterFullName.Value)
myCustomer.Password = CStr(parameterPassword.Value)
myCustomer.Email = CStr(parameterEmail.Value)

Return myCustomer
```

再次回到按钮单击事件中来，现在要做的是从客户实体中获取客户姓名，保存到
Cookie 中，然后将浏览器重定向到登录页面之前所访问的页面：

```
'存储客户姓名到 Cookies 中
Response.Cookies("FullName").Value = customerDetails.FullName

'重定向到登录之前访问的页面
FormsAuthentication.RedirectFromLoginPage(customerID, False)
```

至此，用户登录功能实现。

6.8 购物车处理

购物车用于保存当前用户所希望购买的书籍信息。当用户访问图书列表页面或者图
书具体信息页面，单击"Add To Cart"链接时，程序会将对应的图书添加到购物车中。
另外前面已经说明过，无论网友是否已经登录，都能直接添加书籍到购物车，而且登录
前后购物车中的信息不会丢失或者被修改。

在本项目中位于表现层的是 addToCart.aspx 和 ShoppingCart.aspx 两个页面。位于数
据访问层的为 DataAccess 项目中的 ShoppingCartDB.vb。位于数据存储层的为数据表
ShoppingCart。

📖6.8.1 添加书籍到购物车 addToCart.aspx

addToCart.aspx 文件负责将指定 ID 的图书添加到用户的购物车中。事实上
addToCart.aspx 文件没有任何表示元素，也就是该页面并不呈现任何用户界面给浏览者，
它仅仅只是执行添加信息操作，然后立即重定向购物车列表页面 ShoppingCart.aspx。
addToCart.aspx 必须从 URL 中获取要添加到购物车的书籍 ID 信息。

该页面的实现步骤如下：

（1）在项目 Bookstore 中添加新的 Web 窗体，命名为 addToCart.aspx。

（2）在 addToCart.aspx 的设计视图中双击鼠标，进入到 addToCart.aspx.vb 文件。

（3）在 addToCart.aspx.vb 中添加命名空间 DataAccess。

（4）编写 Page_Load 事件处理程序如下：

```
Private Sub Page_Load(ByVal sender As System.Object,
   ByVal e As System.EventArgs) Handles MyBase.Load
   If Not (Request.Params("BookID") Is Nothing) Then
      '获取用户购物车 ID
      Dim cart As New ShoppingCartID
      Dim cartID As [String] = cart.GetShoppingCartId()
```

```
        '添加购物信息到数据库，更新购物车信息
        Dim cartDB As New ShoppingCartDB
        cartDB.AddItem(cartID, Int32.Parse(Request.Params("BookID")), 1)
    End If

    Response.Redirect("ShoppingCart.aspx")
End Sub
```

（5）在 ShoppingCartDB 中添加自定义方法 AddItem：

```
' 添加图书到购物车中
' <param name="cartID">购物车编号</param>
' <param name="bookID">图书编号</param>
' <param name="quantity">数量</param>
Public Sub AddItem(ByVal cartID As String, ByVal bookID As Integer,
    ByVal quantity As Integer)

    ' 新建 Connection 和 Command 对象
    Dim myConnection As New SqlConnection(
        ConfigurationSettings.AppSettings("ConnectionString"))
    Dim myCommand As New SqlCommand("ShoppingCartAddItem", myConnection)

    ' 指定命令对象为存储过程
    myCommand.CommandType = CommandType.StoredProcedure

    '为存储过程添加参数信息
    Dim parameterBookID As New SqlParameter("@BookID", SqlDbType.Int, 4)
    parameterBookID.Value = bookID
    myCommand.Parameters.Add(parameterBookID)

    Dim parameterCartID As New SqlParameter(
        "@CartID", SqlDbType.NVarChar, 50)
    parameterCartID.Value = cartID
    myCommand.Parameters.Add(parameterCartID)

    Dim parameterQuantity As New SqlParameter("@Quantity", SqlDbType.Int,
4)
    parameterQuantity.Value = quantity
    myCommand.Parameters.Add(parameterQuantity)

    ' 打开连接并执行操作
    myConnection.Open()
    myCommand.ExecuteNonQuery()
    myConnection.Close()
End Sub 'AddItem
```

（6）在数据库中添加存储过程 ShoppingCartAddItem：

```
    CREATE Procedure ShoppingCartAddItem
    (
        @CartID nvarchar(50),
        @BookID int,
        @Quantity int
    )
    As

    DECLARE @CountItems int
```

```
SELECT
    @CountItems = Count(BookID)
FROM
    ShoppingCart
WHERE
    BookID = @BookID
  AND
    CartID = @CartID

IF @CountItems > 0  /* 该图书已经存在，则只更新图书数量 */

    UPDATE
        ShoppingCart
    SET
        Quantity = (@Quantity + ShoppingCart.Quantity)
    WHERE
        BookID = @BookID
      AND
        CartID = @CartID
ELSE  /* 图书不存在则添加到数据库中 */

    INSERT INTO ShoppingCart
    (
        CartID,
        Quantity,
        BookID
    )
    VALUES
    (
        @CartID,
        @Quantity,
        @BookID
    )
GO
```

至此添加书籍到购物车的功能完成，可以自行测试效果。

添加图书信息到购物车的事务逻辑并不复杂，只需要将图书编号、图书数量、购物车编号等信息写入到表 ShoppingCart 中即可。但实际操作时要注意到用户可能多次将同一本书添加到购物车，这种情况下应该怎么处理呢？在添加书籍到购物车中时首先判断该书籍是否已经存在于购物车中，如果存在，则将该图书的数量增加 1 即可，如果不存在则将该图书添加到购物车中。弄清了事务逻辑，代码编写就非常简单。

Page_Load 事件首先获取 URL 传递过来的图书编号，判断图书编号是否为空，不为空则执行操作：

```
If Not (Request.Params("BookID") Is Nothing) Then
    '获取用户购物车 ID
    Dim cart As New ShoppingCartID
    Dim cartID As [String] = cart.GetShoppingCartId()
```

```
'添加购物信息到数据库，更新购物车信息
Dim cartDB As New ShoppingCartDB
cartDB.AddItem(cartID, Int32.Parse(Request.Params("BookID")), 1)
   End If
```

操作完成以后将浏览器重定向到 ShoppingCart.aspx 页面：

```
Response.Redirect("ShoppingCart.aspx");
```

显然 ShoppingCartDB 的 AddItem 方法实现了添加图书到购物车的功能。AddItem 方法接受 3 个参数，依次为购物车编号、图书编号和图书数量。AddItem 方法是典型的数据访问方法，首先建立连接和命名对象，然后为命令文本 ShoppingCartAddItem 存储过程添加参数，最后调用 ExecuteNonQuery 执行操作。存储过程 ShoppingCartAddItem 则相对复杂。它首先从程序接受购物车编号、图书编号以及图书数量这三个参数：

```
CREATE Procedure ShoppingCartAddItem
        (
            @CartID nvarchar(50),
            @BookID int,
            @Quantity int
        )
```

然后它必须判断该 ID 的图书是否在@CartID 所对应的购物车中存在：

```
DECLARE @CountItems int

        SELECT
            @CountItems = Count(BookID)
        FROM
            ShoppingCart
        WHERE
            BookID = @BookID
          AND
            CartID = @CartID
```

如果存在则只更新图书数量，不存在则添加该书籍信息到购物车：

```
IF @CountItems > 0   /* 该图书已经存在，则只更新图书数量 */

        UPDATE
            ShoppingCart
        SET
            Quantity = (@Quantity + ShoppingCart.Quantity)
        WHERE
            BookID = @BookID
          AND
            CartID = @CartID
    ELSE   /* 图书不存在则添加到数据库中 */

        INSERT INTO ShoppingCart
        (
            CartID,
            Quantity,
            BookID
        )
```

```
VALUES
(
    @CartID,
    @Quantity,
    @BookID
)
```

当用户添加了书籍信息到购物车后，浏览器将自动定向到 ShoopingCart.aspx 以显示购物车中的图书信息。

6.8.2 购物车信息列表 ShoppingCart.aspx

ShoppingCart.aspx 页面负责显示用户的购物车中的所有图书信息，包括图书编号、书名、数量以及价格等信息。另外该页面允许用户对购物车中的图书信息进行修改，例如修改图书数量，删除不需要的图书等。该页面使用 DataGrid 控件来显示购物车中的图书信息。

实现购物车的步骤如下：

（1）在 Bookstore 项目中添加新的 Web 窗体，命名为 ShoppingCart.aspx。

（2）在设计视图设置页面布局，其中 DataGrid 控件用于显示购物车中的物品信息，ImageButton 控件提供用户在该页面可进行的操作。设计完成后的页面布局如图 6-15 所示：

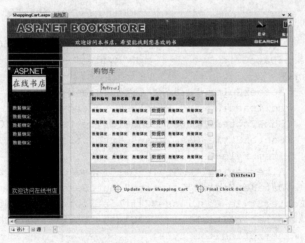

图 6-15　ShoppingCart.aspx 设计界面

相关的 ASP.NET 代码如下：

```
<%@ Page language="vb" CodeFile="ShoppingCart.aspx.vb"
    AutoEventWireup="false" Inherits="BookStore.ShoppingCart" %>
<%@ Register TagPrefix="uc1" TagName="Header" Src="modules/Header.ascx" %>
<%@ Register TagPrefix="uc1" TagName="Menu" Src="modules/Menu.ascx" %>
                        ......
                            <table cellspacing="0" cellpadding="0"
                                width="100%" border="0">
```

```
                          <tr>
                              <td class="ContentHead">
                                  <img              align="left"
height="32"
                                  width="60"
                                  src="images/1x1.gif">购物车
                                  <br>
                              </td>
                          </tr>
                      </table>
                      <img align="left" height="4" width="110"
                      src="images/1x1.gif"><font color="red">
                  <asp:Label id="MyError" class="ErrorText"
                  EnableViewState="false"  runat="Server"
/>
                  </font>
                  <br>
                  <img align="left" height="15" width="24"
                      src="images/1x1.gif" border="0">
                  <asp:panel                    id="DetailsPanel"
runat="server">
                          <IMG height="1" src="images/1x1.gif"
                              width="50" align="left">
                      <TABLE height="100%" cellSpacing="0"
                      cellPadding="0" width="550" border="0">
                              <TR vAlign="top">
                                  <TD width="550">
          <asp:DataGrid          id="MyList"             runat="server"
Font-Names="Verdana"
              BorderColor="Black" GridLines="Vertical"
              cellpadding="4" Font-Name="Verdana" Font-Size="8pt"
              ShowFooter="True" HeaderStyle-CssClass="CartListHead"
              FooterStyle-CssClass="CartListFooter"
              ItemStyle-CssClass="CartListItem"
              AlternatingItemStyle-CssClass="CartListItemAlt"
              DataKeyField="Quantity" AutoGenerateColumns="False">
          <FooterStyle CssClass="CartListFooter"></FooterStyle>
          <AlternatingItemStyle CssClass="CartListItemAlt">
          </AlternatingItemStyle>
          <ItemStyle CssClass="CartListItem"></ItemStyle>
          <HeaderStyle CssClass="CartListHead"></HeaderStyle>
          <Columns>
              <asp:TemplateColumn HeaderText="图书编号">
                  <ItemTemplate>
                      <asp:Label id="ProductID" runat="server"
                          Text='<%# DataBinder.Eval(
                              Container.DataItem, "BookID") %>' />
                  </ItemTemplate>
              </asp:TemplateColumn>
```

Chapter 06

```
                <asp:BoundColumn DataField="BookName"
                   HeaderText="图书名称"></asp:BoundColumn>
                <asp:BoundColumn DataField="BookAuthor"
                   HeaderText="作者"></asp:BoundColumn>
                <asp:TemplateColumn HeaderText="数量">
                   <ItemTemplate>
                <asp:TextBox id="Quantity" runat="server" Columns="4"
                   MaxLength="3" Text='<%# DataBinder.Eval(
                      Container.DataItem, "Quantity") %>' width="40px"
/>
                   </ItemTemplate>
                </asp:TemplateColumn>
                <asp:BoundColumn DataField="BookCost" HeaderText="单价"
                   DataFormatString="{0:c}"></asp:BoundColumn>
            <asp:BoundColumn DataField="ExtendedAmount" HeaderText="小
记"
                   DataFormatString="{0:c}"></asp:BoundColumn>
                <asp:TemplateColumn HeaderText="移除">
                <ItemTemplate>
                   <center>
                      <asp:CheckBox id="Remove" runat="server" />
                   </center>
                </ItemTemplate>
                </asp:TemplateColumn>
                </Columns>
        </asp:DataGrid><IMG        height="1"        src="Images/1x1.gif"
width="350">
                <SPAN class="NormalBold">总计：</SPAN>
                <asp:Label        class="NormalBold"        id="lblTotal"
runat="server"
                   EnableViewState="false"></asp:Label><BR>
           <BR>
           <IMG height="1" src="Images/1x1.gif" width="60">
           <asp:imagebutton id="UpdateBtn" runat="server"
           ImageURL="images/update_cart.gif"></asp:imagebutton>
           <IMG height="1" src="Images/1x1.gif" width="15">
           <asp:imagebutton id="CheckoutBtn" runat="server"
   ImageURL="images/final_checkout.gif"></asp:imagebutton><BR>
                                 </TD>
                              </TR>
                           </TABLE>
                        </asp:panel>
                     </form>
                  ......
```

（3）按 F7 键进入 ShoppingCart.aspx.vb 文件，引入 DataAccess 命名空间。

（4）修改 Page_Load 事件代码如下：

```
Private Sub Page_Load(ByVal sender As System.Object,
   ByVal e As System.EventArgs) Handles MyBase.Load
```

```
    '当页面是第一次加载时则读取数据库中的信息并显示
    '也就是当被 PostBack 的时候并不执行此操作
    If Page.IsPostBack = False Then
        PopulateShoppingCartList()
    End If
End Sub
```

（5）添加自定义方法 PopulateShoppingCartList 如下：

```
Sub PopulateShoppingCartList()
    '新建购物车的数据访问实例
    Dim cart As New ShoppingCartDB

    '新建获取购物车 ID 的实例
    Dim getCartID As New ShoppingCartID

    ' 获取购物车 ID
    Dim cartID As [String] = getCartID.GetShoppingCartId()

    ' 如果购物车中无内容，则不显示面板并提示信息
    If cart.GetItemCount(cartID) = 0 Then
        DetailsPanel.Visible = False
        MyError.Text = "您的购物车内无商品"
    Else

        ' 将数据库中的信息绑定到 DataList 以显示信息
        MyList.DataSource = cart.GetItems(cartID)
        MyList.DataBind()

        '更新总价信息
        lblTotal.Text = [String].Format("{0:c}", cart.GetTotal(cartID))
    End If
End Sub 'PopulateShoppingCartList
```

（6）为窗体上的两个按钮添加事件处理程序，如下所示（注意要通过双击按钮控件来注册该事件）：

```
    Private Sub UpdateBtn_Click(……) Handles UpdateBtn.Click
    '更新购物车信息到数据库
    UpdateShoppingCartDatabase()

    '更新显示
    PopulateShoppingCartList()
End Sub

Private Sub CheckoutBtn_Click(……) Handles CheckoutBtn.Click
    ' 首先必须更新购物车
    UpdateShoppingCartDatabase()

    ' 如果购物车不空，则提交给 Checkout.aspx 处理
    Dim cart As New ShoppingCartDB

    ' 获取购物车 ID
    Dim cartId As [String] = New ShoppingCartID().GetShoppingCartId()

    ' If the cart isn't empty, navigate to checkout page
    If cart.GetItemCount(cartId) <> 0 Then
```

```
            Response.Redirect("Checkout.aspx")
        Else
            MyError.Text = "购物车为空"
        End If
    End Sub
```

（7）添加自定义方法 UpdateShoppingCartDatabase 代码如下：

```
    Private Sub UpdateShoppingCartDatabase()
        '获取购物车编号
        Dim shopCartID As New ShoppingCartID
        Dim cartID As [String] = shopCartID.GetShoppingCartId()

        Dim cartDB As New ShoppingCartDB

        ' 依次更新 DataList 中的信息
        Dim i As Integer
        For i = 0 To MyList.Items.Count - 1

            ' 获得对应组件的引用
            Dim quantityTxt As TextBox =
                CType(MyList.Items(i).FindControl("Quantity"), TextBox)
            Dim remove As CheckBox =
                CType(MyList.Items(i).FindControl("Remove"), CheckBox)

        '为了防止用户输入有错，这里使用异常处理
        ' 主要是看用户输入的数量是否为整数，如果不是整数就提示错误
        Dim quantity As Integer
        Try
            quantity = Int32.Parse(quantityTxt.Text)

            ' 当数量被修改或者删除被确认时执行如下操作
            If quantity <> CInt(MyList.DataKeys(i)) Or remove.Checked = True
Then

                Dim lblProductID As Label =
                CType(MyList.Items(i).FindControl("ProductID"), Label)

                If quantity = 0 Or remove.Checked = True Then
                cartDB.RemoveItem(cartID, Int32.Parse(lblProductID.Text))
            Else
                cartDB.UpdateItem(
                        cartID, Int32.Parse(lblProductID.Text), quantity)
            End If
        End If
        Catch ex As Exception
            MyError.Text = "您的一个或多个输入不正确"
        End Try
        Next i
    End Sub 'UpdateShoppingCartDatabase
```

（8）在 DataAccess 项目中的 ShoppingCartDB 文件中添加自定义方法 GetItems：

```
' 根据购物车 ID 获取购物车信息
' <param name="cartID">购物车 ID</param>
' <returns>DataReader：购物车具体信息</returns>
```

```
Public Function GetItems(ByVal cartID As String) As SqlDataReader

    ' 新建 Connection 和 Command 实例
    Dim myConnection As New SqlConnection(
        ConfigurationSettings.AppSettings("ConnectionString"))
    Dim myCommand As New SqlCommand("ShoppingCartList", myConnection)

    ' 指定命令为存储过程
    myCommand.CommandType = CommandType.StoredProcedure

    ' 添加参数购物车编号到存储过程
    Dim parameterCartID As New SqlParameter(
        "@CartID", SqlDbType.NVarChar, 50)
    parameterCartID.Value = cartID
    myCommand.Parameters.Add(parameterCartID)

    ' 打开连接，执行操作
    myConnection.Open()
    Dim result As SqlDataReader =
        myCommand.ExecuteReader(CommandBehavior.CloseConnection)

    ' 返回数据读取器
    Return result
End Function 'GetItems
```

（9）在数据库中添加 ShoppingCartList 存储过程：

```
CREATE Procedure ShoppingCartList
(
    @CartID nvarchar(50)
)
AS
SELECT
    Book.BookID,
    Book.BookName,
    Book.BookAuthor,
    ShoppingCart.Quantity,
    Book.BookCost,
    Cast((Book.BookCost * ShoppingCart.Quantity) as money) as ExtendedAmount
FROM
    Book,
    ShoppingCart
WHERE
    Book.BookID = ShoppingCart.BookID
AND
    ShoppingCart.CartID = @CartID
ORDER BY
    Book.BookName,
    Book.BookAuthor
GO
```

（10）在 DataAccess 项目中的 ShoppingCartDB 文件中添加自定义方法 GetTotal：

```vb
' 获取购物车中图书的总价
' <param name="cartID">购物车编号</param>
' <returns>总价</returns>
Public Function GetTotal(ByVal cartID As String) As Decimal

    ' 新建 Connection 和 Command 对象
    Dim myConnection As New SqlConnection(
        ConfigurationSettings.AppSettings("ConnectionString"))
    Dim myCommand As New SqlCommand("ShoppingCartTotal", myConnection)

    ' 指定命令类型为存储过程
    myCommand.CommandType = CommandType.StoredProcedure

    ' 添加参数到存储过程
    Dim parameterCartID As New SqlParameter(
        "@CartID", SqlDbType.NVarChar, 50)
    parameterCartID.Value = cartID
    myCommand.Parameters.Add(parameterCartID)

    '添加输出总价的参数到存储过程
    Dim parameterTotalCost As New SqlParameter(
        "@TotalCost", SqlDbType.Money, 8)
    parameterTotalCost.Direction = ParameterDirection.Output
    myCommand.Parameters.Add(parameterTotalCost)

    ' 打开连接, 执行操作
    myConnection.Open()
    myCommand.ExecuteNonQuery()
    myConnection.Close()

    ' 返回结果
    If parameterTotalCost.Value.ToString() <> "" Then
        Return CDec(parameterTotalCost.Value)
    Else
        Return 0
    End If
End Function 'GetTotal
```

（11）在数据库中添加 ShoppingCartTotal 存储过程：

```sql
CREATE Procedure ShoppingCartTotal
(
    @CartID     nvarchar(50),
    @TotalCost money OUTPUT
)
AS
SELECT
    @TotalCost = SUM(Book.BookCost * ShoppingCart.Quantity)
FROM
    ShoppingCart,
    Book
WHERE
```

```
    ShoppingCart.CartID = @CartID
  AND
    Book.BookID = ShoppingCart.BookID
GO
```

（12）在 DataAccess 项目的 ShoppingCartDB 文件中添加自定义方法 GetItemCount：

```
' 获取购物车图书总数量
' <param name="cartID"></param>
' <returns></returns>
Public Function GetItemCount(ByVal cartID As String) As Integer

    ' 新建 Connection 和 Command 对象
    Dim myConnection As New SqlConnection(
        ConfigurationSettings.AppSettings("ConnectionString"))
    Dim myCommand As New SqlCommand("ShoppingCartItemCount", myConnection)

    ' 指定命令类型为存储过程
    myCommand.CommandType = CommandType.StoredProcedure

    Dim parameterCartID As New SqlParameter(
        "@CartID", SqlDbType.NVarChar, 50)
    parameterCartID.Value = cartID
    myCommand.Parameters.Add(parameterCartID)

    ' 添加输出参数
    Dim parameterItemCount As New SqlParameter(
        "@ItemCount", SqlDbType.Int, 4)
    '指定参数类型为输出参数
    parameterItemCount.Direction = ParameterDirection.Output
    myCommand.Parameters.Add(parameterItemCount)

    ' 打开连接并执行操作
    myConnection.Open()
    myCommand.ExecuteNonQuery()
    myConnection.Close()

    ' 通过存储过程的输出参数来返回购物车总图书量
    Return CInt(parameterItemCount.Value)
End Function 'GetItemCount
```

（13）在数据库中添加存储过程 ShoppingCartItemCount：

```
CREATE Procedure ShoppingCartItemCount
(
    @CartID    nvarchar(50),
    @ItemCount int OUTPUT    --参数为输出参数
)
AS

SELECT
    @ItemCount = COUNT(BookID)

FROM
    ShoppingCart

WHERE
```

```
    CartID = @CartID
GO
```

（14）在 DataAccess 项目的 ShoppingCartDB 文件中添加自定义方法 UpdateItem：

```
' 更新购物车中图书信息
' <param name="cartID">购物车编号</param>
' <param name="productID">图书编号</param>
' <param name="quantity">图书数量</param>
Public Sub UpdateItem(ByVal cartID As String,
    ByVal productID As Integer, ByVal quantity As Integer)

    ' 如果输入数量小于 0 则抛出异常
    If quantity < 0 Then
        Throw New Exception("Quantity cannot be a negative number")
    End If

    ' 新建 Connection 和 Command 实例
    Dim myConnection As New SqlConnection(
        ConfigurationSettings.AppSettings("ConnectionString"))
    Dim myCommand As New SqlCommand("ShoppingCartUpdate", myConnection)

    ' 指定操作为存储过程
    myCommand.CommandType = CommandType.StoredProcedure

    ' 添加参数给存储过程
    Dim parameterProductID As New SqlParameter(
        "@ProductID", SqlDbType.Int, 4)
    parameterProductID.Value = productID
    myCommand.Parameters.Add(parameterProductID)

    Dim parameterCartID As New SqlParameter(
        "@CartID", SqlDbType.NVarChar, 50)
    parameterCartID.Value = cartID
    myCommand.Parameters.Add(parameterCartID)

    Dim parameterQuantity As New SqlParameter(
        "@Quantity", SqlDbType.Int, 4)
    parameterQuantity.Value = quantity
    myCommand.Parameters.Add(parameterQuantity)

    ' 打开连接，执行操作
    myConnection.Open()
    myCommand.ExecuteNonQuery()
    myConnection.Close()
End Sub 'UpdateItem
```

（15）在数据库中添加存储过程 ShoppingCartUpdate：

```
CREATE Procedure ShoppingCartUpdate
(
    @CartID    nvarchar(50),
    @ProductID int,
    @Quantity  int
)
AS
```

```
UPDATE ShoppingCart

SET
    Quantity = @Quantity

WHERE
    CartID = @CartID
  AND
    BookID = @ProductID
GO
```

（16）在 DataAccess 项目的 ShoppingCartDB 文件中添加自定义方法 RemoveItem：

```
' 删除购物车中的图书
' <param name="cartID">购物车编号</param>
' <param name="bookID">图书编号</param>
Public Sub RemoveItem(ByVal cartID As String, ByVal bookID As Integer)

    ' 新建 Connection 和 Command 实例
    Dim myConnection As New SqlConnection(
        ConfigurationSettings.AppSettings("ConnectionString"))
    Dim    myCommand    As    New    SqlCommand("ShoppingCartRemoveItem",
myConnection)

    ' 指定操作类型为存储过程
    myCommand.CommandType = CommandType.StoredProcedure

    ' 添加参数给存储过程
    Dim parameterProductID As New SqlParameter(
        "@ProductID", SqlDbType.Int, 4)
    parameterProductID.Value = bookID
    myCommand.Parameters.Add(parameterProductID)

    Dim parameterCartID As New SqlParameter(
        "@CartID", SqlDbType.NVarChar, 50)
    parameterCartID.Value = cartID
    myCommand.Parameters.Add(parameterCartID)

    ' 打开连接，执行操作
    myConnection.Open()
    myCommand.ExecuteNonQuery()
    myConnection.Close()
End Sub 'RemoveItem
```

（17）在数据库中添加存储过程 ShoppingCartRemoveItem：

```
CREATE Procedure ShoppingCartRemoveItem
(
    @CartID nvarchar(50),
    @ProductID int
)
AS

DELETE FROM ShoppingCart

WHERE
    CartID = @CartID
```

```
AND
  BookID = @ProductID
GO
```

（18）至此购物车信息列表 ShoppingCart.aspx 设计完毕，可以测试运行效果。

页面 ShoppingCart.aspx 首次加载时，将自动执行 PopulateShoppingCartList 方法以显示购物车中的信息。PopulateShoppingCartList 方法通过调用 ShoppingCart 的 GetItems 方法获取购物车中所有的书籍信息，然后将得到的书籍阅读器绑定到 DataGrid 控件：

```
MyList.DataSource = cart.GetItems(cartID)
MyList.DataBind()
```

ShoppingCart 的 GetItems 方法则依据购物车编号来获取数据库中对应购物车的信息，该方法执行存储过程 ShoppingCartList，将结果保存在数据阅读器中并返回。

另外该方法还调用 ShoppingCart 的 GetTotal 方法来获取购物车中所有书籍的总价，然后显示在 Label 控件上：

```
lblTotal.Text = [String].Format("{0:c}", cart.GetTotal(cartID))
```

ShoppingCart 的 GetTotal 方法获取购物车中所有图书的总价，图书总价是通过存储过程 ShoppingCartTotal 来计算的，利用到了求和的 SQL 关键字 sum：

```
SELECT
@TotalCost = SUM(Book.BookCost * ShoppingCart.Quantity)
```

在 ShoppingCart.aspx 页面中，用户可以修改购物车的信息，然后单击更新购物车按钮来更新购物车中的信息。购物车信息的更新由自定义方法 UpdateShoppingCartDatabase 实现。该方法首先遍历 DataGrid 中的项，检查每一项是否需要更新或者删除，需要更新则调用 ShoppingCart 的 UpdateItem 方法，需要删除则调用 ShoppingCart 的 DeleteItem 方法，由这两个方法来实现对数据库的操作：

```
' 依次更新 DataList 中的信息
Dim i As Integer
For i = 0 To MyList.Items.Count - 1

    ' 获得对应组件的引用
    Dim quantityTxt As TextBox =
        CType(MyList.Items(i).FindControl("Quantity"), TextBox)
    Dim remove As CheckBox =
        CType(MyList.Items(i).FindControl("Remove"), CheckBox)

    '为了防止用户输入有错，这里使用异常处理
    ' 主要是看用户输入的数量是否为整数，如果不是整数就提示错误
    Dim quantity As Integer
    Try
        quantity = Int32.Parse(quantityTxt.Text)

        ' 当数量被修改或者删除被确认时执行如下操作
    If quantity <> CInt(MyList.DataKeys(i)) Or remove.Checked = True
Then

        Dim lblProductID As Label =
            CType(MyList.Items(i).FindControl("ProductID"), Label)

        If quantity = 0 Or remove.Checked = True Then
```

```
                cartDB.RemoveItem(cartID, Int32.Parse(lblProductID.Text))
            Else
                cartDB.UpdateItem(cartID,
                    Int32.Parse(lblProductID.Text), quantity)
            End If
        End If
    Catch ex As Exception
        MyError.Text = "您的一个或多个输入不正确"
    End Try
Next i
```

当用户修改了购物车中的信息以后可以直接提交订单。在按钮提交订单的事件处理程序中，首先调用方法 UpdateShoppingCartDatabase 来更新购物车信息，然后重定向到 Checkout.aspx 页面，将控制权递交给 Checkout.aspx 文件。

Checkout.aspx 文件负责处理用户的订单。

6.9　订单处理

用户确定了购物车中的信息以后可以提交订单给 Checkout.aspx 文件。Checkout.aspx 文件依据购物车中的图书信息构建订单信息并显示以供用户核查。用户核查完毕以后可以提交付款。至此订单处理完毕。

Checkout.aspx 文件加载时通过 ShoppingCartDB 的 GetItems 方法获取购物车中的所有图书信息并显示到 DataGrid 控件，同时还调用 ShoppingCartDB 的 GetTotal 方法以显示图书的总价信息。当用户单击提交按钮时将调用 OrderDB 的 PlaceOrder 方法。OrderDB 的 PlaceOrder 方法负责将购物车中的图书信息更新到订单表 Orders 中。OrderDB 的 PlaceOrder 方法代码如下：

```
' 添加订单信息
' <param name="customerID">客户编号</param>
' <param name="cartID">购物车编号</param>
' <returns>订单编号</returns>
Public Function PlaceOrder(ByVal customerID As String,
    ByVal cartID As String) As Integer

    ' 新建 Connection 和 Command 对象
    Dim myConnection As New SqlConnection(
        ConfigurationSettings.AppSettings("ConnectionString"))
    Dim myCommand As New SqlCommand("OrdersAdd", myConnection)

    ' 指定操作类型为存储过程
    myCommand.CommandType = CommandType.StoredProcedure

    ' 添加参数
    Dim parameterCustomerID As New SqlParameter(
        "@CustomerID", SqlDbType.Int, 4)
    parameterCustomerID.Value = Int32.Parse(customerID)
    myCommand.Parameters.Add(parameterCustomerID)
```

```
        Dim parameterCartID As New SqlParameter(
            "@CartID", SqlDbType.NVarChar, 50)
        parameterCartID.Value = cartID
        myCommand.Parameters.Add(parameterCartID)

        Dim parameterShipDate As New SqlParameter(
            "@ShipDate", SqlDbType.DateTime, 8)
        parameterShipDate.Value = CalculateShippingDate()
        myCommand.Parameters.Add(parameterShipDate)

        Dim parameterOrderDate As New SqlParameter(
            "@OrderDate", SqlDbType.DateTime, 8)
        parameterOrderDate.Value = DateTime.Now
        myCommand.Parameters.Add(parameterOrderDate)

        '添加订单编号
        Dim parameterOrderID As New SqlParameter("@OrderID", SqlDbType.Int, 4)
        parameterOrderID.Direction = ParameterDirection.Output
        myCommand.Parameters.Add(parameterOrderID)

        ' 打开连接执行操作
        myConnection.Open()
        myCommand.ExecuteNonQuery()
        myConnection.Close()

        ' 返回订单编号
        Return CInt(parameterOrderID.Value)
    End Function 'PlaceOrder
```

该方法执行数据库中的 OrdersAdd 存储过程，该存储过程实现将购物车中的图书信息更新到订单表 Orders 中。OrdersAdd 存储过程代码如下：

```
CREATE Procedure OrdersAdd
(
    @CustomerID int,
    @CartID     nvarchar(50),
    @OrderDate  datetime,
    @ShipDate   datetime,
    @OrderID    int OUTPUT
)
AS

BEGIN TRAN AddOrder

/* Create the Order header */
INSERT INTO Orders
(
    CustomerID,
    OrderDate,
    ShipDate
)
VALUES
(
    @CustomerID,
```

```
    @OrderDate,
    @ShipDate
)

SELECT
    @OrderID = @@Identity
/* Copy items from given shopping cart to OrdersDetail table for given OrderID*/
INSERT INTO OrderDetails
(
    OrderID,
    ProductID,
    Quantity,
    UnitCost
)
SELECT
    @OrderID,
    ShoppingCart.BookID,
    Quantity,
    Book.BookCost

FROM
    ShoppingCart
     INNER JOIN Book ON ShoppingCart.BookID = Book.BookID

WHERE
    CartID = @CartID
/* Removal of  items from user's shopping cart will happen on the business
layer*/
EXEC ShoppingCartEmpty @CartID

COMMIT TRAN AddOrder
GO
```

需要注意的是该存储过程调用了另外一个存储过程 ShoppingCartEmpty，存储过程 ShoppingCartEmpty 负责将购物车信息清空，因为一旦购物车中的信息提交为订单以后就不再需要该购物车了，因此应该立即清空该购物车。

6.10　在线书店的 Web 服务

在实际中，可能有些顾客希望能够通过基于桌面的应用程序来查看自己的订单列表信息以及每个订单的详细信息。为了满足此项要求，编写两个 Web 服务，并编写一个 Windows 应用程序来调用这两个 Web 服务。

6.10.1　创建 Web 服务

（1）启动 Visual Studio.NET，打开创建的 BookStore 解决方案。

（2）单击右键，依次选择"添加新项"\"Web 服务"命令。

（3）在弹出的对话框中输入文件名为 Bookstore.asmx 后单击"添加"按钮。

（4）在 Bookstore. vb 文件中首先添加如下命名空间：

```
Imports System.Web.Services
Imports System.Data.SqlClient
Imports System.Configuration
```

并声明页面级变量 customerID：

```
Dim customerID As String
```

（5）在 Bookstore.asmx.vb 文件中首先添加如下两个 Web 服务方法：

```
<WebMethod(Description:="获取用户的订单列表", EnableSession:=False)> _
Public Function GetUserOrder(ByVal email As String,
ByVal password As String) As DataSet
    '首先验证登录信息，如果登录不成功则返回 null
    Dim customer As New CustomerDB
    customerID = customer.Login(email, password)
    If customerID Is Nothing Then
        Return Nothing
    End If
    '如果通过登录则执行如下操作
    '用于保存订单列表的 DataSet
    Dim result As New DataSet

    '新建 Connection 对象
    Dim myConnection As New SqlConnection(
        ConfigurationSettings.AppSettings("ConnectionString"))

    '新建 Command 对象
    Dim mySelectCommand As New SqlCommand("OrdersList", myConnection)
    '指定为存储过程
    mySelectCommand.CommandType = CommandType.StoredProcedure
    '添加参数
    Dim parameterCustomerid As New SqlParameter(
        "@CustomerID", SqlDbType.Int, 4)
    parameterCustomerid.Value = Int32.Parse(customerID)
    mySelectCommand.Parameters.Add(parameterCustomerid)

    '新建 DataAdapter 并指定其 SelectCommand
    Dim myAdapter As New SqlDataAdapter
    myAdapter.SelectCommand = mySelectCommand

    '执行操作，获取数据集
    myAdapter.Fill(result, "order")
    '返回结果
    Return result
End Function 'GetUserOrder

'获取指定 ID 的订单详细信息
'<param name="orderID">订单编号</param>
'<param name="customerID">用户编号</param>
'<returns>订单详细信息</returns>
```

```vb
<WebMethod(Description:=" 获 取 指 定 编 号 的 订 单 详 细 信 息 ",
EnableSession:=False)> _
Public Function GetOrderDetail(ByVal orderID As Integer,
    ByVal email As String, ByVal password As String) As OrderDetail
        '首先验证登录信息，如果登录不成功则返回 null
        Dim customer As New CustomerDB
        customerID = customer.Login(email, password)
        If customerID Is Nothing Then
            Return Nothing
        End If
        '登录成功则读取指定编号的信息
        Dim order As New OrdersDB
        Dim orderDetail As OrderDetail =
            order.GetOrderDetails(orderID, customerID)
        Return orderDetail
    End Function 'GetOrderDetail
```

（6）编译整个工程，然后浏览该 Web 服务，可以看到如图 6-16 所示的服务列表界面。

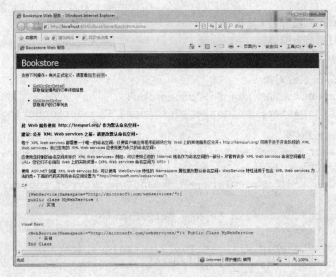

图 6-16　服务列表

单击 GetUserOrder 链接，出现如图 6-17 所示的界面。

输入了个人信息以后单击"调用"按钮，即可得到基于 XML 的调用结果。读者可以自行测试另外一个 Web 服务方法 GetOrderDetail。

Chapter 06

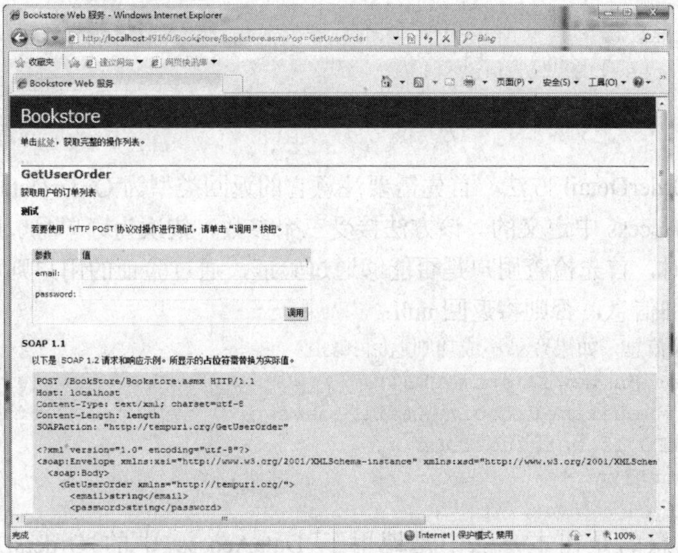

图 6-17　调用 GetUserOrder Web 服务的界面

对于 GetUserOrder 方法，其运行原理是依据用户输入的邮箱和密码信息来读取数据库的数据。首先要执行的是对用户的登录信息进行检查，该过程直接调用数据访问层的方法：

```
'首先验证登录信息，如果登录不成功则返回 null
Dim customer As New CustomerDB()
customerID = customer.Login(email, password)
If customerID Is Nothing Then
    Return Nothing
End If
```

当用户通过登录以后则依据用户的编号 customerID 来读取数据库中对应的订单信息，将信息保存到 DataSet 中并将其返回：

```
'用于保存订单列表的 DataSet
Dim result As New DataSet()

'新建 Connection 对象
Dim myConnection As New SqlConnection(
    ConfigurationSettings.AppSettings("ConnectionString"))

'新建 Command 对象
Dim mySelectCommand As New SqlCommand("OrdersList", myConnection)
'指定为存储过程
mySelectCommand.CommandType = CommandType.StoredProcedure
'添加参数
Dim parameterCustomerid As New SqlParameter("@CustomerID", SqlDbType.Int, 4)
parameterCustomerid.Value = Int32.Parse(customerID)
mySelectCommand.Parameters.Add(parameterCustomerid)

'新建 DataAdapter 并指定其 SelectCommand
Dim myAdapter As New SqlDataAdapter()
myAdapter.SelectCommand = mySelectCommand
```

```
'执行操作，获取数据集
myAdapter.Fill(result, "order")
```

```
'返回结果
Return result
```

而对于 GetOrderDetail 方法，首先需要注意它的返回类型为 OrderDetail 实体类，该实体类是在 DataAccess 中定义的。该方法接受三个参数，依次为订单号、用户邮箱和密码。方法体执行时，首先检查用户是否能够通过验证，通过验证的用户则可以获取对于订单号的订单详细信息，否则将返回 null：

```
'首先验证登录信息，如果登录不成功则返回 null
Dim customer As New CustomerDB()
customerID = customer.Login(email, password)
If customerID Is Nothing Then
    Return Nothing
End If
```

另外需要注意的是在本方法中是调用了 DataAccess 中的 OrdersDB 类的方法 GetOrderDetails 来获取订单详细信息的：

```
'登录成功则读取指定编号的信息
Dim order As New OrdersDB()
Dim orderDetail As OrderDetail = order.GetOrderDetails(orderID,
customerID)

Return orderDetail
```

📖 6.10.2　使用在线书店的 Web 服务

本节创建一个 Windows 应用程序来调用 Web 服务显示用户订单信息。

（1）启动 Visual Studio.NET，打开已创建的 Bookstore 解决方案。

（2）添加一个新的 Windows 应用程序，命名为 WinOrder。

（3）为 WinOrder 项目添加已编写的 Web 服务，并指定别名为 BookstoreService，如图 6-18 所示。

图 6-18　添加 Web 引用

（4）删除默认的 Form1 文件，添加新的 Windows 窗体 frmMain 和 frmOrderDetail，按图 6-19 所示设计 frmMain。

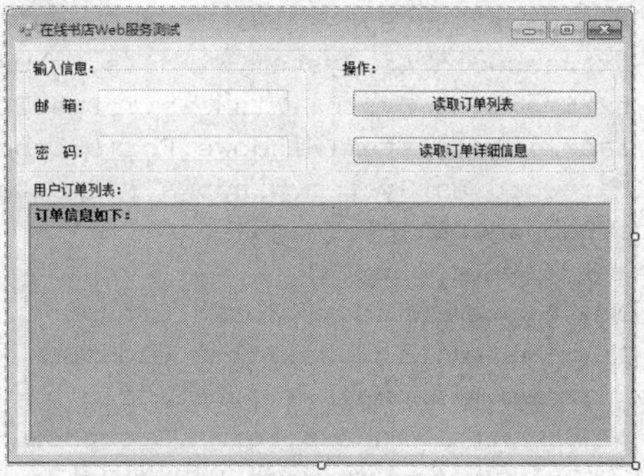

图 6-19　frmMain 设计界面

读者可以直接按 F7 键切换到代码视图，输入如下代码完成界面设置和代码编写工作：

```
Public Class frmMain
    Inherits System.Windows.Forms.Form

    #Region " Windows 窗体设计器生成的代码 "

    Public Sub New()
        MyBase.New()

        '该调用是 Windows 窗体设计器所必需的
        InitializeComponent()

        '在 InitializeComponent() 调用之后添加任何初始化

    End Sub

    '窗体重写 dispose 以清理组件列表
    Protected Overloads Overrides Sub Dispose(ByVal disposing As Boolean)
        If disposing Then
            If Not (components Is Nothing) Then
                components.Dispose()
            End If
        End If
        MyBase.Dispose(disposing)
    End Sub

    'Windows 窗体设计器所必需的
    Private components As System.ComponentModel.IContainer

    '注意：以下过程是 Windows 窗体设计器所必需的
    '可以使用 Windows 窗体设计器修改此过程
    '不要使用代码编辑器修改它
    Friend WithEvents GroupBox1 As System.Windows.Forms.GroupBox
    Friend WithEvents groupBox4 As System.Windows.Forms.GroupBox
    Friend WithEvents MyGrid As System.Windows.Forms.DataGrid
```

```
Friend WithEvents groupBox3 As System.Windows.Forms.GroupBox
Friend WithEvents btnGetDetail As System.Windows.Forms.Button
Friend WithEvents btnGetOrder As System.Windows.Forms.Button
Friend WithEvents groupBox2 As System.Windows.Forms.GroupBox
Friend WithEvents txtPassword As System.Windows.Forms.TextBox
Friend WithEvents txtEmail As System.Windows.Forms.TextBox
Friend WithEvents label1 As System.Windows.Forms.Label
Friend WithEvents Password As System.Windows.Forms.Label
<System.Diagnostics.DebuggerStepThrough()>
  Private Sub InitializeComponent()
  Me.GroupBox1 = New System.Windows.Forms.GroupBox
  Me.groupBox4 = New System.Windows.Forms.GroupBox
  Me.MyGrid = New System.Windows.Forms.DataGrid
  Me.groupBox3 = New System.Windows.Forms.GroupBox
  Me.btnGetDetail = New System.Windows.Forms.Button
  Me.btnGetOrder = New System.Windows.Forms.Button
  Me.groupBox2 = New System.Windows.Forms.GroupBox
  Me.txtPassword = New System.Windows.Forms.TextBox
  Me.txtEmail = New System.Windows.Forms.TextBox
  Me.label1 = New System.Windows.Forms.Label
  Me.Password = New System.Windows.Forms.Label
  Me.GroupBox1.SuspendLayout()
  Me.groupBox4.SuspendLayout()
  CType(Me.MyGrid,
System.ComponentModel.ISupportInitialize).BeginInit()
  Me.groupBox3.SuspendLayout()
  Me.groupBox2.SuspendLayout()
  Me.SuspendLayout()
  '
  'GroupBox1
  '
  Me.GroupBox1.Controls.Add(Me.groupBox4)
  Me.GroupBox1.Controls.Add(Me.groupBox3)
  Me.GroupBox1.Controls.Add(Me.groupBox2)
  Me.GroupBox1.Dock = System.Windows.Forms.DockStyle.Fill
  Me.GroupBox1.Location = New System.Drawing.Point(0, 0)
  Me.GroupBox1.Name = "GroupBox1"
  Me.GroupBox1.Size = New System.Drawing.Size(552, 349)
  Me.GroupBox1.TabIndex = 0
  Me.GroupBox1.TabStop = False
  '
  'groupBox4
  '
  Me.groupBox4.Anchor = CType((((System.Windows.Forms.AnchorStyles.Top
          Or System.Windows.Forms.AnchorStyles.Bottom) _
        Or System.Windows.Forms.AnchorStyles.Left) _
        Or System.Windows.Forms.AnchorStyles.Right),
          System.Windows.Forms.AnchorStyles)
  Me.groupBox4.Controls.Add(Me.MyGrid)
```

Chapter 06

```
        Me.groupBox4.Location = New System.Drawing.Point(20, 112)
        Me.groupBox4.Name = "groupBox4"
        Me.groupBox4.Size = New System.Drawing.Size(512, 228)
        Me.groupBox4.TabIndex = 9
        Me.groupBox4.TabStop = False
        Me.groupBox4.Text = "用户订单列表："
        '
        'MyGrid
        '
        Me.MyGrid.CaptionText = "订单信息如下："
        Me.MyGrid.DataMember = ""
        Me.MyGrid.Dock = System.Windows.Forms.DockStyle.Fill
        Me.MyGrid.HeaderForeColor = System.Drawing.SystemColors.ControlText
        Me.MyGrid.Location = New System.Drawing.Point(3, 17)
        Me.MyGrid.Name = "MyGrid"
        Me.MyGrid.ReadOnly = True
        Me.MyGrid.Size = New System.Drawing.Size(506, 208)
        Me.MyGrid.TabIndex = 0
        '
        'groupBox3
        '
        Me.groupBox3.Anchor = CType(((System.Windows.Forms.AnchorStyles.Top _
                    Or System.Windows.Forms.AnchorStyles.Left) _
                Or System.Windows.Forms.AnchorStyles.Right), _
                    System.Windows.Forms.AnchorStyles)
        Me.groupBox3.Controls.Add(Me.btnGetDetail)
        Me.groupBox3.Controls.Add(Me.btnGetOrder)
        Me.groupBox3.Location = New System.Drawing.Point(292, 8)
        Me.groupBox3.Name = "groupBox3"
        Me.groupBox3.Size = New System.Drawing.Size(240, 96)
        Me.groupBox3.TabIndex = 8
        Me.groupBox3.TabStop = False
        Me.groupBox3.Text = "操作："
        '
        'btnGetDetail
        '
        Me.btnGetDetail.Anchor                                          =
CType(((System.Windows.Forms.AnchorStyles.Top _
                    Or System.Windows.Forms.AnchorStyles.Left) _
                Or System.Windows.Forms.AnchorStyles.Right), _
                    System.Windows.Forms.AnchorStyles)
        Me.btnGetDetail.Location = New System.Drawing.Point(16, 64)
        Me.btnGetDetail.Name = "btnGetDetail"
        Me.btnGetDetail.Size = New System.Drawing.Size(208, 24)
        Me.btnGetDetail.TabIndex = 1
        Me.btnGetDetail.Text = "读取订单详细信息"
        '
        'btnGetOrder
        '
```

```
            Me.btnGetOrder.Anchor                                                =
CType(((System.Windows.Forms.AnchorStyles.Top
                  Or System.Windows.Forms.AnchorStyles.Left) _
            Or System.Windows.Forms.AnchorStyles.Right), _
                  System.Windows.Forms.AnchorStyles)
            Me.btnGetOrder.Location = New System.Drawing.Point(16, 24)
            Me.btnGetOrder.Name = "btnGetOrder"
            Me.btnGetOrder.Size = New System.Drawing.Size(208, 24)
            Me.btnGetOrder.TabIndex = 0
            Me.btnGetOrder.Text = "读取订单列表"
            '
            'groupBox2
            '
            Me.groupBox2.Controls.Add(Me.txtPassword)
            Me.groupBox2.Controls.Add(Me.txtEmail)
            Me.groupBox2.Controls.Add(Me.label1)
            Me.groupBox2.Controls.Add(Me.Password)
            Me.groupBox2.Location = New System.Drawing.Point(20, 8)
            Me.groupBox2.Name = "groupBox2"
            Me.groupBox2.Size = New System.Drawing.Size(248, 96)
            Me.groupBox2.TabIndex = 7
            Me.groupBox2.TabStop = False
            Me.groupBox2.Text = "输入信息："
            '
            'txtPassword
            '
            Me.txtPassword.Location = New System.Drawing.Point(64, 64)
            Me.txtPassword.Name = "txtPassword"
            Me.txtPassword.Size = New System.Drawing.Size(168, 21)
            Me.txtPassword.TabIndex = 3
            Me.txtPassword.Text = ""
            '
            'txtEmail
            '
            Me.txtEmail.Location = New System.Drawing.Point(64, 24)
            Me.txtEmail.Name = "txtEmail"
            Me.txtEmail.Size = New System.Drawing.Size(168, 21)
            Me.txtEmail.TabIndex = 1
            Me.txtEmail.Text = ""
            '
            'label1
            '
            Me.label1.Location = New System.Drawing.Point(8, 32)
            Me.label1.Name = "label1"
            Me.label1.Size = New System.Drawing.Size(80, 16)
            Me.label1.TabIndex = 0
            Me.label1.Text = "邮  箱："
            '
            'Password
```

```vb
        '
        Me.Password.Location = New System.Drawing.Point(8, 72)
        Me.Password.Name = "Password"
        Me.Password.Size = New System.Drawing.Size(56, 16)
        Me.Password.TabIndex = 2
        Me.Password.Text = "密  码: "
        '
        'frmMain
        '
        Me.AutoScaleBaseSize = New System.Drawing.Size(6, 14)
        Me.ClientSize = New System.Drawing.Size(552, 349)
        Me.Controls.Add(Me.GroupBox1)
        Me.Name = "frmMain"
        Me.Text = "frmMain"
        Me.GroupBox1.ResumeLayout(False)
        Me.groupBox4.ResumeLayout(False)
        CType(Me.MyGrid,
System.ComponentModel.ISupportInitialize).EndInit()
        Me.groupBox3.ResumeLayout(False)
        Me.groupBox2.ResumeLayout(False)
        Me.ResumeLayout(False)

    End Sub

#End Region

    Private Sub btnGetOrder_Click(ByVal sender As System.Object, _
        ByVal e As System.EventArgs) Handles btnGetOrder.Click
        Try
            getUserOrder()
        Catch ex As Exception
            MessageBox.Show(ex.Message)
        End Try
    End Sub

    '读取用户所有订单信息
    Private Sub getUserOrder()
        If Me.txtEmail.Text = "" Then
            MessageBox.Show("请输入用户邮箱地址！")
            Me.txtEmail.Focus()
            Return
        ElseIf Me.txtPassword.Text = "" Then
            MessageBox.Show("请输入密码！")
            Me.txtPassword.Focus()
            Return
        Else
            Me.Cursor = Cursors.WaitCursor
            Dim orderService As New BookstoreService.Bookstore
            Dim orders As DataSet =
                    orderService.GetUserOrder(Me.txtEmail.Text, _
                        Me.txtPassword.Text)
```

```
        If orders Is Nothing Then
            Me.Cursor = Cursors.Arrow
            MessageBox.Show("错误")
        Else
            Me.MyGrid.DataSource = orders.Tables(0)
            Me.Cursor = Cursors.Arrow
        End If
    End If
End Sub 'getUserOrder


' 获取指定 DataGrid 选中行的编号，从 0 开始
' <param name="dg">DataGrid</param>
' <returns>选中行的编号</returns>
Private Function getSelectIndex(ByVal dg As DataGrid) As Integer
    Dim result As Integer = -1
    Dim row As Integer
    For row = 0 To dg.VisibleRowCount - 1
        If dg.IsSelected(row) Then
            result = row
            Exit For
        End If
    Next row
    Return result
End Function 'getSelectIndex

Private Sub getOrderDetail()
    '判断是否加载了用户的订单信息
    If Me.MyGrid.DataSource Is Nothing Then
        MessageBox.Show("请先加载订单信息！")
        Return
    End If

    '如果订单信息已经加载，首先取得选中行
    Dim row As Integer = getSelectIndex(MyGrid)

    If row <> -1 Then
        '获取订单编号
        Dim orderID As Integer = Convert.ToInt32(MyGrid(row, 0))

        Dim bookstore As New BookstoreService.Bookstore

        ' 提取订单的详细信息
        Dim orderTotal As Decimal =
            bookstore.GetOrderDetail(
            orderID, txtEmail.Text, txtPassword.Text).OrderTotal
        Dim orderDate As DateTime =
            bookstore.GetOrderDetail(
            orderID, txtEmail.Text, txtPassword.Text).OrderDate
        Dim shipDate As DateTime =
            bookstore.GetOrderDetail(
            orderID, txtEmail.Text, txtPassword.Text).ShipDate
```

```
            Dim orderItems As DataSet =
                bookstore.GetOrderDetail(
                orderID, txtEmail.Text, txtPassword.Text).OrderItems

            Dim frmDetail As New frmOrderDetail
            frmDetail.InitControls(orderDate,        shipDate,        orderTotal,
orderItems)
            frmDetail.ShowDialog()
        Else
            MessageBox.Show("请先选中要加载详细信息的的订单")
        End If
    End Sub 'getOrderDetail

    Private Sub btnGetDetail_Click(ByVal sender As System.Object,
        ByVal e As System.EventArgs) Handles btnGetDetail.Click
        getOrderDetail()
    End Sub
End Class
```

（5）按图 6-20 所示界面设计 frmOrderDetail，然后按 F7 键，切换到代码编写页面，添加 System.Data.SqlClient 命名空间，并添加如下自定义方法：

```
' 显示订单详细信息
' <param name="orderDate">订单时间</param>
' <param name="shipDate">处理时间</param>
' <param name="orderTotal">总价</param>
' <param name="orderItems">订单详细信息</param>
Public Sub InitControls(ByVal orderDate As DateTime,
    ByVal shipDate As DateTime, ByVal orderTotal As Decimal,
    ByVal orderItems As DataSet)
    Me.txtOrderDate.Text = orderDate.ToString()
    Me.txtShipDate.Text = shipDate.ToString()
    Me.txtTotal.Text = orderTotal.ToString()
    Me.MyGrid.DataSource = orderItems.Tables(0)
End Sub 'InitControls
```

图 6-20　frmOrderDetail 设计界面

（6）在"解决方案资源管理器"中选中 WinOrder 项目，单击右键，选中"设为启动项目"，按 Ctrl＋F5 键运行项目，可以看到如图 6-19 所示界面。

（7）输入邮箱和密码以后，单击"读取订单列表"按钮，如果输入的信息正确，则可以得到该用户所有的订单信息列表，如图 6-21 所示。

（8）选中其中任何一条订单信息，然后单击"读取订单详细信息"按钮，可以看到对于订单的详细信息界面，如图 6-22 所示。

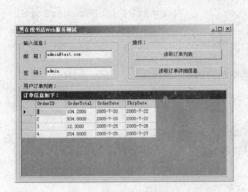 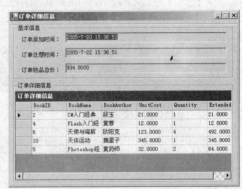

图 6-21 订单信息的界面   图 6-22 订单详细信息

至此，WinOrder 项目编写完毕。下面来看看该项目的原理。

首先在该项目中添加了对 Web 服务 BookstoreService 的引用，当单击 frmMain 窗口中的"读取订单列表"按钮被时，程序执行如下代码：

```
Try
    getUserOrder()
Catch ex As Exception
    MessageBox.Show(ex.Message)
End Try
```

其中 getUserOrder 是自定义的方法，负责读取所有的订单信息，该方法首先判断用户是否输入了必要的信息：

```
If Me.txtEmail.Text = "" Then
    MessageBox.Show("请输入用户邮箱地址！")
    Me.txtEmail.Focus()
    Return
ElseIf Me.txtPassword.Text = "" Then
    MessageBox.Show("请输入密码！")
    Me.txtPassword.Focus()
    Return
```

通过检查以后则调用 Web 服务方法，来获取用户所有的订单信息：

```
Else
    Me.Cursor = Cursors.WaitCursor
    Dim orderService As New BookstoreService.Bookstore
    Dim orders As DataSet =
        orderService.GetUserOrder(Me.txtEmail.Text,
            Me.txtPassword.Text)
    If orders Is Nothing Then
        Me.Cursor = Cursors.Arrow
        MessageBox.Show("错误")
    Else
        Me.MyGrid.DataSource = orders.Tables(0)
```

```
            Me.Cursor = Cursors.Arrow
        End If
    End If
```

显然，如果 Web 服务方法的返回值不空，则表示用户输入的信息有效，接着将返回的 DataSet 绑定到 MyGrid 控件。

加载了用户订单以后，选中任一订单记录，单击"读取订单详细信息"按钮，则执行如下事务逻辑：获取用户单击的订单信息的订单号，然后新建一个用于显示订单详细信息的 frmOrderDetail 窗体，并调用 frmOrderDetail 的 InitControls 来将信息显示到 frmOrderDetail 窗体中：

```
    '判断是否加载了用户的订单信息
    If Me.MyGrid.DataSource Is Nothing Then
        MessageBox.Show("请先加载订单信息！")
        Return
    End If

    '如果订单信息已经加载，首先取得选中行
    Dim row As Integer = getSelectIndex(MyGrid)

    If row <> -1 Then
        '获取订单编号
        Dim orderID As Integer = Convert.ToInt32(MyGrid(row, 0))

        Dim bookstore As New BookstoreService.Bookstore

        ' 提取订单的详细信息
        Dim orderTotal As Decimal =
            bookstore.GetOrderDetail(
            orderID, txtEmail.Text, txtPassword.Text).OrderTotal
        Dim orderDate As DateTime =
            bookstore.GetOrderDetail(
            orderID, txtEmail.Text, txtPassword.Text).OrderDate
        Dim shipDate As DateTime =
            bookstore.GetOrderDetail(
            orderID, txtEmail.Text, txtPassword.Text).ShipDate
        Dim orderItems As DataSet =
            bookstore.GetOrderDetail(
            orderID, txtEmail.Text, txtPassword.Text).OrderItems

        Dim frmDetail As New frmOrderDetail
        frmDetail.InitControls(orderDate,     shipDate,     orderTotal,
orderItems)
        frmDetail.ShowDialog()
    Else
        MessageBox.Show("请先选中要加载详细信息的的订单")
    End If
```

这样，通过对 Web 服务 BookstoreService 的调用，完成了一个基于 Windows 的桌面应用程序来显示用户的订单信息。

该项目文件保存在光盘 source/BookStore/WinOrder 目录下。

通过本节的介绍可以看出，在.NET 平台上使用 Visual Studio.NET 开发 Web 服务是

第 6 章 在线书店实例

313

非常简单的。更重要的是，通过 ADO.NET，只需要花费很少的精力就可以实现通过 Web 服务返回数据。

6.11　系统运行效果

本节给出实例的完整运行过程。

（1）将 Default.aspx 设置为启动页，启动运行，如图 6-23 所示。

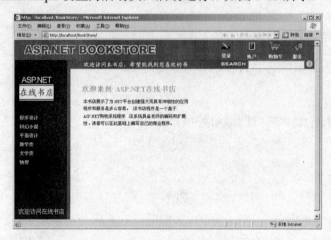

图 6-23　在线书店运行首页

（2）单击左边的图书信息分类，进入图书分类列表页面 bookList.aspx，如图 6-24 所示。

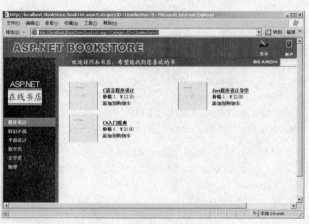

图 6-24　图书分类显示页面

（3）单击图书名，进入图书具体信息页面 BookDetails.aspx，如图 6-25 所示。

（4）单击 Add To Cart 链接，将图书加入到购物车。此时系统将重定向到购物车列表页面 ShoppingCart.aspx，如图 6-26 所示。

Chapter 06

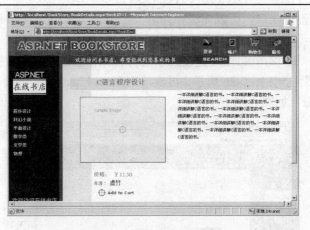

图 6-25   图书具体信息界面

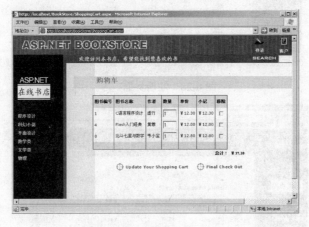

图 6-26   购物车页面

（5）修改购物车信息后单击 Final Check Out 链接，系统将自动重定向到登录页面，这是因为只有登录会员才能执行提交购物车的操作。登录界面如图 6-27 所示。

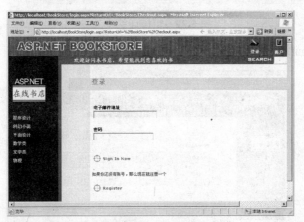

图 6-27   登录界面

（6）由于目前没有账户，所以先选择注册一个 ID，单击 Register 链接，打开注册页面，如图 6-28 所示。

（7）填写信息以后单击 Submit 链接，系统将会保存注册信息到数据库，然后浏览器重定向到购物车界面，如图 6-26 所示。再次单击 Final Check Out 链接，将出现订单审核界面 Checkout.aspx，如图 6-29 所示。

图 6-28　注册界面

图 6-29　审核订单

（8）单击 Submit 链接，将递交订单，显示结账完成的界面，如图 6-30 所示。

图 6-30　结帐完成界面

（9）重复以上步骤，再次提交另外一份帐单。然后单击顶部的"账户"链接，将得到图 6-31 所示的账户交易记录页面。

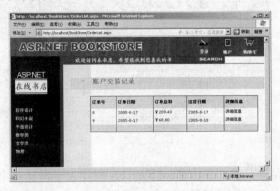

图 6-31　账户交易记录

（10）单击"详细信息"按钮，可以查看订单的详细信息，如图 6-32 所示。

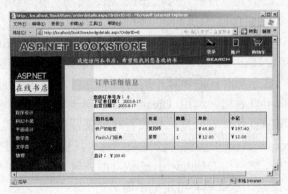

图 6-32　订单详细信息

至此，整个系统运行结束。

本章通过在线书店实例详细讲解了如何通过 ADO.NET 来访问数据库，包括对数据库的查询、添加、修改和删除，以及较为复杂的事务逻辑的处理。通过本章的学习，读者应该能够独立编写中型的 ASP.NET 程序了，例如企业信息管理系统（MIS），中小企业的客户关系管理系统（CRM）等。

需要注意的是本章中部分重复性的功能并没有在书中重复讲解。因此项目中实现的功能可能并没有在书中讲解到，希望读者对照光盘中的代码以及书中所讲解的知识加深理解。

第 7 章 BBS 系统实例

本章导读

    BBS 的英文全称是 Bulletin Board System，翻译为中文就是电子公告板。BBS 最早是用来公布股市价格等信息的，当时 BBS 连文件传输的功能都没有，而且只能在苹果计算机上运行。近些年来，由于爱好者们的努力，BBS 的功能得到了很大的扩充。目前，通过 BBS 系统可随时获取国际最新的软件及信息，也可以通过 BBS 系统和别人讨论计算机软件、硬件、Internet、多媒体、程序设计以及医学等等各种有趣的话题，更可以利用 BBS 系统来刊登一些征友、廉价转让及公司产品等启事。只要您拥有 1 台能够上网的计算机，就能够进入这个超时代的领域，进而去享用它无比的威力！

    从前面的实例可以看出，利用 Dreamweaver 可以很便捷地设计页面布局，但它不能实现网页和代码分离，代码看起来比较混乱，而且 ASP.NET 的一些功能在 Dreamweaver 中实现比较复杂。所以，我们可以先用 Visual Web Developer 建立文件，然后用 Dreamweaver 做页面编辑工作，再在 Visual Web Developer 中添加代码。本章笔者将用一个简单的 BBS 系统为例，从系统开发的需求分析开始，到系统设计直至实现的过程，全面介绍如何在 Visual Web Developer 中做一个较为简单的 BBS 系统，让读者较全面地熟悉如何利用 ASP.NET 4 创建动态页面，并可以以此 BBS 系统为基础添加读者想要的功能。

◎ 系统总体设计

◎ 数据库设计

◎ 技术细节

◎ 系统实现

◎ 系统运行效果

7.1 系统总体设计

📖7.1.1 项目目标

该项目的目的是开发一个中小型的 BBS 系统，该 BBS 系统的目标如下：

1. 用户登录、注销和注册管理

一个 BBS 站点首先应有的功能就是能够定位每个访问的用户。在网站中几乎所有可以与用户交互的界面上，都提供了用户注册、登录接口。用户登录后，才可以完整地查看帖子、发表文章、回复帖子等。

另外，为了在用户忘记密码时能够迅速地找回密码，还需要填写密码提示问题和答案，当用户忘记密码时只要凭借密码提示问题和答案就可以取回密码。

2. 浏览、回复文章

登录后，直接单击感兴趣的栏目或文章，就可以浏览相关的内容，还可以对当前的文章发表自己的见解。

3. 用户、栏目管理

管理员登录后，可以修改登录密码，还可以对用户和栏目进行管理。比如添加其他管理员账号、增加或删除栏目和子栏目、对用户资料进行管理。

4. 网站配置管理

当开发者开发的应用分发到不同的用户时，不同的用户会有不同的系统定制要求。系统的初始化配置应该具有根据不同的使用方进行不同配置的功能。常见的一些配置，包括 Web 应用的版权信息、与经营者的联系方式、网站广告的定制。不同用户的具体经营策略是不同的，具体到付款方式、注册条约、交易条款等信息都是可以定制的。

📖7.1.2 解决方案设计

系统定位是一个网上购物系统，是一个电子商务站点。传统的 C/S 架构很明显不适合。C/S 通常适合于开发面向企业内部的应用，例如管理信息系统。作为面向 Internet 上的 Web 应用，需要的是 B/S（客户/浏览器）架构。B/S 架构的客户端使用的是浏览器。这种方式的客户端简单易学，培训成本低。

根据上面的分析，确定系统运行在微软的 Window NT 系列平台上，使用 IIS 信息服务器作为 Web 服务器，使用 Dreamweaver CS6 设计页面，使用 ASP.NET 完成动态交互功能，后台的数据库则使用 SQL Server。系统的架构图如图 7-1 所示。

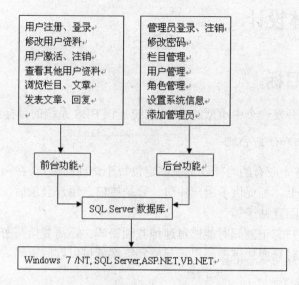

图7-1　系统总体功能设计

📖7.1.3　系统模块功能分析

一个完整的 BBS 系统可分为前台和后台两个部分，前台主要用于用户浏览文章、发表文章和对他人的文章进行回复，后台则用于管理系统的一些设置信息等。

以此为依据，将本系统的前台功能模块划分如下：

◆ 注册模块：用于新用户注册新账号。

◆ 用户激活模块：用户注册之后，系统会将含有激活信息的邮件发给用户。用户通过激活邮件来激活账户。激活信息正确则将用户设置为激活状态。

◆ 登录模块：用户登录系统的入口。

◆ 用户菜单模块：显示当前用户可进行的操作。

◆ 用户资料模块：显示用户的资料。

◆ 编辑文章模块：编辑将要发表的或已发表的文章。

◆ 修改资料模块：用户登录后修改自己的个人资料。

◆ 顶部登录模块：用户登录入口。

◆ 首页栏目列表模块：显示当前系统中的栏目列表。

◆ 栏目文章列表模块：显示选定栏目下的所有文章。

◆ 未登录提示模块：提示用户没有登录。

◆ 发文模块：发表文章。

◆ 回复模块：用户登录后可以回复感兴趣的文章。

◆ 根据 ID 显示文章内容模块：首先判断指定 ID 的文章是否存在，若存在，则显示指定文章的内容。

◆ 文章及跟贴内容模块：显示文章及其跟贴。

◆ 子栏目列表模块：显示选定栏目下的子栏目。

后台功能模块划分如下：

◆ 管理员登录模块：后台管理的入口。

◆ 验证码模块：自动生成验证码。

◆ 添加管理员模块：添加系统管理员及其相关资料。

◆ 添加栏目模块：用于添加栏目。

◆ 添加角色模块：用于添加用户的角色。

◆ 修改密码模块：管理员可以在这里修改登录密码。

◆ 左侧菜单模块：管理界面的左侧菜单，提供管理员可进行的各项操作命令。

◆ 用户列表模块：显示当前系统中的所有用户。

◆ 修改栏目模块：用于修改栏目名称、说明等信息。

◆ 角色管理模块：管理系统中的角色，如修改角色的权限。

◆ 根栏目列表模块：显示所有一级栏目。

◆ 显示用户详细资料模块：显示选中用户的详细资料。

◆ 系统设置模块：系统初始化页面，首先删除数据库中所有记录，然后使用 Wizard 控件创建管理员、设置系统名称、设置 SMTP 服务器、设置 Logo 文件。

7.1.4 网站整体结构

本章将要制作的 BBS 的系统结构如图 7-2 所示。

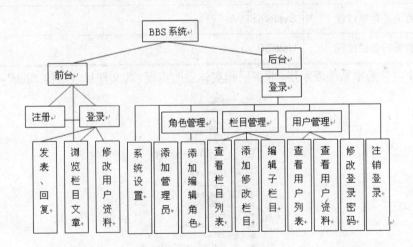

图7-2 系统结构图

整个项目文件对应的文件架构如图 7-3 所示。

图 7-3 中 SQLBBS 项目用于定义系统中使用的存储过程，包括的文件与界面的对应关系见表 7-1。

图7-3　系统文件架构

表 7-1　SQLBBS 项目文件设计表

需要制作的主要页面	页面名称
与激活过程有关的存储过程	ActivationSP.vb
与发文操作有关的存储过程	ArticleSP.vb
与附件操作有关的存储过程	AttachmentSP.vb
定义存储过程用的公用函数	DBTools.vb
与栏目操作有关的存储过程	ItemSP.vb
与角色有关的存储过程	RoleSP.vb
与系统设置有关的存储过程	SystemSP.vb
与用户操作有关的存储过程	UserSP.vb

WebUI 项目是本系统表示层、业务层和实体层的实现。其文件目录结构如图 7-4 所示。

图7-4　WebUI项目的目录结构

WebUI 目录下的前台页面与界面的对应关系见表 7-2。

表 7-2　前台页面与界面的对应关系

需要制作的主要页面	页面名称	需要制作的主要页面	页面名称
前台页面主控页面	MasterPage.master	没有顶部菜单的主控页	NoTop.master
程序启动时运行控制	Global.asax	激活页面	Activation.aspx
检查用户名是否存在页面	CheckUser.aspx	首页	Default.aspx
编辑文章页面	EditPost.aspx	登录页面	Login.aspx
用户信息修改页面	ModifyInfo.aspx	发文页面	Post.aspx
注册页面	Register.aspx	初始化系统页面	Setup.aspx
显示附件页面	ShowAttachment.aspx	显示栏目页面	ShowItem.aspx
显示文章页面	ShowPost.aspx	用户信息页面	UserInfo.aspx
找回密码页面	UserProtection.aspx	激活控件	ActivationControl.ascx
底部导航控件	BottomBannerControl.ascx	编辑文章控件	EditPostControl.ascx
首页栏目控件	HomeItemControl.ascx	顶部登录控件	HomeLoginControl.ascx
图片链接控件	ImageLinkControl.ascx	栏目文章列表控件	ItemAritcleControl.ascx
登录控件	LoginControl.ascx	修改资料控件	ModifyInfoControl.ascx
未登录提示控件	NotLoginControl.ascx	发文控件	PostControl.ascx
注册控件	RegisterControl.ascx	回复控件	ReplyControl.ascx
根据 ID 显示文章内容控件	ShowPostByIDControl.ascx	显示主题及回复控件	ShowPostControl.ascx
子栏目控件	SubItemControl.ascx	顶部导航控件	TopBannerControl.ascx
顶部菜单控件	TopMemuControl.ascx	用户信息空间	UserInfoControl.ascx

WebUI/Admin 目录实现系统的管理端，其中的文件与界面的对应关系见表 7-3。

表 7-3　系统管理端的页面设计表

需要制作的主要页面	页面名称	需要制作的主要页面	页面名称
管理端的主控页	MasterPage.master	管理端首页	Default.aspx
登录页面	Login.aspx	修改栏目页面	ModifyItem.aspx
添加管理员页面	AddAdmin.aspx	添加栏目页面	AddItem.aspx
添加角色页面	AddRole.aspx	修改密码页面	ChangePassword.aspx
栏目管理页面	ManageItem.aspx	角色管理页面	ManageRole.aspx
系统设置页面	ManageSystem.aspx	用户管理页面	ManageUser.aspx
修改角色名称	ModifyRole.aspx	生成验证码页面	Validator.aspx
添加管理员控件	AddAdminControl.ascx	添加角色控件	AddRoleControl.ascx
添加栏目控件	AddItemControl.ascx	管理端登录控件	AdminLoginControl.ascx

323

（续）

需要制作的主要页面	页面名称	需要制作的主要页面	页面名称
修改密码控件	ChangePasswordControl.ascx	左导航菜单控件	LeftMenu.ascx
会员列表控件	MemberListControl.ascx	修改栏目控件	ModifyItem.ascx
修改角色控件	ModifyRoleControl.ascx	角色管理控件	RoleManageControl.ascx
根栏目列表控件	RootItemListControl.ascx	显示会员详情控件	ShowMemberDetailControl.ascx
子栏目列表控件	SubItemListControl.ascx	系统设置控件	SystemControl.ascx
验证码控件	ValidateCodeControl.ascx		

WebUI/App_Code/Bussiness 目录实现业务逻辑，其中的文件与界面的对应关系见表 7-4。

表 7-4　业务逻辑的页面设计表

需要制作的主要页面	页面名称
激活业务	ActivationBussiness.vb
文章业务	ArticleBussiness.vb
附件业务	AttachmentBussiness.vb
栏目业务	ItemBussiness.vb
角色业务	RoleBussiness.vb
系统设置业务	SystemBussiness.vb
用户业务	UserBussiness.vb

Common 目录实现系统中使用的公用函数，仅一个文件 Common.vb，用于记录公用函数。

数据存储层 WebUI/App_Code/ /DataAccess 中的文件 BBSTable.xsd 定义所有的数据访问方法。

实体层 WebUI/App_Code/Entity 中的文件与界面的对应关系见表 7-5。

表 7-5　实体层的页面设计表

需要制作的主要页面	页面名称
激活实体	ActivationEntity.vb
文章实体	ArticleEntity.vb
附件实体	AttachmentEntity.vb
栏目实体	ItemEntity.vb
角色实体	RoleEntity.vb
系统实体	SystemEntity.vb
用户实体	UserEntity.vb

7.2 数据库设计

完成了系统功能分析和模块划分以后，紧接着要做的就是如何从这些功能中抽象出实体来完成系统的功能需求。这个过程包括系统的实体分析和数据结构的建立，在建立了完善的实体和数据结构后，之后的实现过程就有了指导。本节首先介绍实体的设计，之后再建立数据模型。

7.2.1 实体设计

用户实体是所有交互式系统必须的实体，该实体包含：用户 ID、用户名、密码、性别、真实姓名、地址、创建日期、最后登录日期、角色 ID、发文数、Email 地址、密码保护问题、密码保护答案、是否激活、是否显示邮件和回复文章数，如图 7-5 所示。

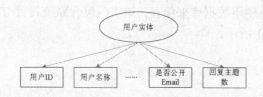

图7-5 用户实体

由于该系统提供一种激活机制，因此需要一个激活实体，包括激活 ID，用户 ID 和激活码，如图 7-6 所示。

每个用户分配一个角色，这样可以便于将来为用户设置能够访问哪些栏目等。该实体包括角色 ID 和角色名称，如图 7-7 所示。

图7-6 激活实体   图7-7 角色实体

文章实体是另一个核心实体之一，包含：文章 ID、栏目 ID、发文的用户名称、标题、内容、附件 ID、发文时间、最后修改时间、所回复文章 ID，如图 7-8 所示。

由于有的人会为了证明自己的观点而上传一些附件，因此需要一个附件实体来保存附件的地址，该实体包含附件 ID、附件 URL，如图 7-9 所示。

BBS 会划分为一个一个的区域，每一个区域称为一个栏目。栏目实体包含：栏目 ID、栏目名称、栏目介绍、父栏目 ID，如图 7-10 所示。

图7-8 文章实体

图7-9 附件实体　　　　　　　　　　　　　　　图7-10 栏目实体

保存系统设置有很多方法，可以用一个文本文档来保存，也可以用一个 XML 文件来保存，本系统采用的是使用数据库来保存。该实体包含系统设置 ID、系统设置键名和系统设置键值，如图 7-11 所示。

图7-11 系统设置实体

实体之间有一定的关系，如图 7-12 所示。用户实体都要对应一个角色；在未激活之前，用户实体也要和一个激活实体对应；一个用户可以发布多篇文章；一篇文章属于一个栏目；一篇文章可能会有一个附件。

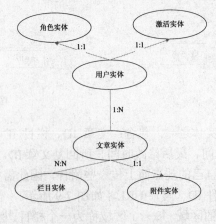

图7-12 各个实体之间的关系

📖7.2.2 数据库详细设计

经过上面的实体分析,就可以进行数据库设计了。用户实体对应用户信息表见表7-6。

表 7-6 UserInfo 用户信息表

列名	类型	约束	允许空	默认值	说明
UserID	int	主键	否	Identity(1,1)	用户 ID
UserName	nvarchar(50)		否		用户名称
Password	nvarchar(50)		否		密码
CreateDate	datetime		否	(getdate())	账号创建时间
LastLogin	datetime		是		最后登录时间
Sex	tinyint		否		性别
TrueName	nvarchar(50)		是		真实姓名
Address	nvarchar(500)		是		联系地址
RoleID	int		是		角色 ID
Posted	int		否	((0))	发文数
Email	nvarchar(500)		是		Email
ProtectQues	nvarchar(150)		是		密码保护问题
ProtectionAnswer	nvarchar(150)		是		密码保护答案
Actived	tinyint		否	((0))	是否激活
ShowEmail	tinyint		否	((0))	是否公开 Email
Reposted	int		否	((0))	回复主题数

文章实体对应文章表见表 7-7。

表 7-7 Posts 文章表

列名	类型	约束	是否允许空	默认值	说明
PostID	int	主键	否	Identity(1,1)	发表文章 ID
ItemID	int	外键	否		栏目 ID
UserName	nvarchar(50)		否		发布者
Title	nvarchar(150)		是		文章标题
Content	ntext		是		文章内容
AttachmentID	int		否		附件 ID
PostTime	datetime		否	(getdate())	发布时间
LastModified	datetime		是		最后修改时间
PostRePostID	int		是		所回复文章 ID

角色实体对应角色表见表 7-8。

表 7-8 Role 角色表

列名	类型	约束	是否允许空	默认值	说明
RoleID	int	主键	否	Identity(1,1)	角色 ID
RoleName	nvarchar(50)		否		角色名称

激活实体对应激活表见表 7-9。

表 7-9　Activation 激活表

列名	类型	约束	是否允许空	默认值	说明
ActivationID	int	主键	否	Identity(1,1)	激活记录 ID
UserID	int		否		用户 ID
ActivationCode	nvarchar(50)		否		激活码

栏目实体对应栏目表见表 7-10。

表 7-10　Item 栏目表

列名	类型	约束	是否允许空	默认值	说明
ItemID	int	主键	否	Identity(1,1)	栏目 ID
ItemName	nvarchar(50)		否		栏目名称
ItemIntro	nvarchar(250)		是		栏目介绍
ParentID	int		是		父栏目 ID

附件实体对应附件表见表 7-11。

表 7-11　Attachment 附件表

列名	类型	约束	是否允许空	默认值	说明
AttachmentID	int	主键	否	Identity(1,1)	附件 ID
AttachmentURL	nvarchar(50)		否		附件 URL

系统设置实体对应系统设置表见表 7-12。

表 7-12　System 系统设置表

列名	类型	约束	是否允许空	默认值	说明
SystemID	int	主键	否	Identity(1,1)	设置 ID
SystemKey	nvarchar(20)		否		设置键名
SystemValue	nvarchar(500)				设置键值

7.3　技术细节

📖 7.3.1　MD5 加密算法介绍

MD5 是一种单向加密算法，只是对数据进行加密。没有办法对加密以后的数据进行解密。单向加密的作用在于即使信息被泄漏，这些经过单向加密的信息的含义仍然无法完全被理解。MD5 加密算法的结构如图 7-13 所示。

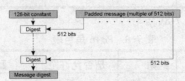

图7-13　MD5算法的结构

Hash 函数 MD5 的算法步骤的第一轮的 16 个循环如图 7-14 所示。

Iterations 1-8	Iterations 9-16
$p \leftarrow (p + F(q,r,s) + b_0 + C_1) \lll 7$	$p \leftarrow (p + F(q,r,s) + b_8 + C_9) \lll 7$
$s \leftarrow (s + F(p,q,r) + b_1 + C_2) \lll 12$	$s \leftarrow (s + F(p,q,r) + b_9 + C_{10}) \lll 12$
$r \leftarrow (r + F(s,p,q) + b_2 + C_3) \lll 17$	$r \leftarrow (r + F(s,p,q) + b_{10} + C_{11}) \lll 17$
$q \leftarrow (q + F(r,s,p) + b_3 + C_4) \lll 22$	$q \leftarrow (q + F(r,s,p) + b_{11} + C_{12}) \lll 22$
$p \leftarrow (p + F(q,r,s) + b_4 + C_5) \lll 7$	$p \leftarrow (p + F(q,r,s) + b_{12} + C_{13}) \lll 7$
$s \leftarrow (s + F(p,q,r) + b_5 + C_6) \lll 12$	$s \leftarrow (s + F(p,q,r) + b_{13} + C_{14}) \lll 12$
$r \leftarrow (r + F(s,p,q) + b_6 + C_7) \lll 17$	$r \leftarrow (r + F(s,p,q) + b_{14} + C_{15}) \lll 17$
$q \leftarrow (q + F(r,s,p) + b_7 + C_8) \lll 22$	$q \leftarrow (q + F(r,s,p) + b_{15} + C_{16}) \lll 22$

图7-14　MD5算法步骤的第一轮的16个循环

上述代码在存储用户的密码到数据库时进行了加密。本系统使用的加密算法由 WebUI/App_Code/Common/Common.vb 文件中的函数 MD5 实现。

7.3.2　实现验证码的登录

与上面的 MD5 加密算法的目的相同，为了防止恶意的使用程序不断猜测账号的密码，系统采用了验证码（图 7-15）。验证码的主要思想就是在顾客的登录界面随机生成一个数，在顾客登录时要求输入这个数。用系统中记录的这个随机数与顾客的输入进行验证就可以防止恶意请求登录页。

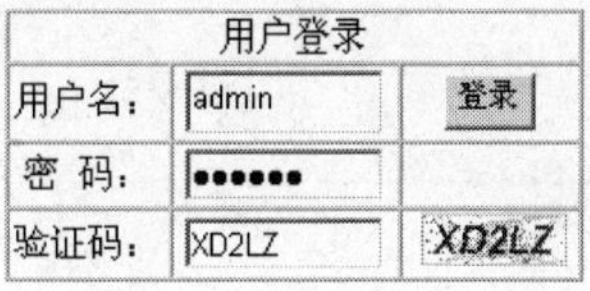

图7-15　顾客登录

使用验证码的难点在于将验证码转换成一张图片显示出来，如图 7-15 中的 XD2LZ。这个功能由 WebUI/Admin/ValidateCodeControl.ascx 控件实现。

7.4　系统实现

本节讲解系统的实现，包括：存储过程的实现、数据访问层的实现、公共函数实现、实体层实现、业务层实现、表示层系统初始化实现、应用程序事件处理、管理端表示层实现和论坛前台表示层实现。

7.4.1　系统主控页设计

设计三个母版页，一个是前台默认的母版页，如图 7-16 所示。
在有些页面中，不需要显示顶部菜单（如注册页面），因此另外设计一个母版页，如图 7-17 所示。

图7-16 前台默认的母版页

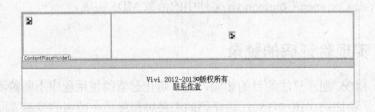

图7-17 没有顶部菜单的母版页

后台管理端设计一个母版页，如图 7-18 所示。

图7-18 管理端母版页

本系统采用分层架构，将系统分为实体层、数据访问层、业务层和表示层。

首先建立一个名为 SQLBBS 的项目，该项目的文件含义见表 7-1。

另外建立一个名称为 WebUI 的网站，该项目是表示层和业务层、实体层的实现。该项目中各个文件及其含义见表 7-2～表 7-5。

📖 7.4.2 存储过程的实现

下面仅将各代码文件中的存储过程的名称和含义列举出来，请读者自行参阅本书源文件 source\BBS\SQLBBS\目录下的代码文件中的具体实现。

存储过程名称	说明	文件名	说明
AddActiveInfo	添加激活信息	GetRoleNameByRoleID	根据角色 ID 获取角色名称
AddAttachment	添加附件	GetRootItem	获取一级栏目列表
AddItem	添加栏目	GetSystemValueByKey	根据键获取系统设置值
AddPost	添加主题	GetUserInfo	根据用户 ID 获取用户信息
AddRePost	添加回复	GetUserList	获取用户列表
AddRole	添加角色	GetUserQuestion	获取用户密码保护问题
AddSystemValue	添加系统设置值	Initialize	初始化系统
AfterLogin	登录后处理	IsActiveInfoCorrect	判断激活信息是否正确
ChangeRoleNameByID	根据角色 ID 修改角色	IsRoleNameExist	角色名称是否存在
ChecUserAnswer	检查密码保护答案是否正确	IsRootItem	判断指定 ID 的栏目是否一级栏目
DeleteAllSetting	删除所有系统设置值	IsUserActived	用户是否激活
DeleteAttachmentByID	根据附件 ID 删除附件	IsUserNameExist	用户名是否存在
DeleteItemByID	根据栏目 ID 删除栏目	Login	根据用户名密码判断用户 ID 是否存在
DeletePost	删除文章	ModifyArticleByID	根据文章 ID 修改文章
DeleteUserByID	根据用户 ID 删除用户	ModifyInfo	修改用户信息
GetArticleByItemID	根据栏目 ID 获取主题列表	ModifyItemByID	根据栏目 ID 修改栏目
GetArticleByPostID	根据主题 ID 获取回复及文章	ModifyPassword	根据用户名修改密码
GetAttachmentByID	根据 ID 获取附件 URL	ModifyRoleByID	根据角色 ID 修改角色
GetItemByID	根据栏目 ID 获取栏目内容	Register	注册用户信息
GetItemByParentID	根据父栏目 ID 获取子栏目	SetSystemValueByKey	根据键设置系统值
GetPostByID	根据文章 ID 获取文章内容	SetUserActived	设置用户为激活状态,并删除对应激活记录
GetRoleList	获取角色列表		

📖7.4.3 实现数据访问层

Visual Web Developer 提供了一种简单的数据访问层实现机制——数据集。

（1）在项目的 App_Code 文件夹下面单击右键，从弹出的快捷菜单中选择"添加新项" / "数据集"，如图 7-19 所示。

图7-19　创建数据集

（2）选择数据集，命名为 BBSTable，即可出现数据集制作的界面。首先在该界面单击右键，从弹出的快捷菜单中选择"添加" / "TableAdapter"命令，会出现 TableAdapter 配置向导，如图 7-20 所示。

图7-20　TableAdapter配置向导第一步

（3）在其中选择数据库链接，如果没有配置链接，则单击"新建链接"按钮可以新建数据库链接。单击"下一步"会出现对话框，选择是否将链接字符串保存到应用程序配置文件中，如图 7-21 所示。

图7-21 将链接字符串保存到应用程序配置文件中

（4）单击"下一步"按钮，弹出配置向导对话框，指定 TableAdapter 访问数据库的方式，如图 7-22 所示。

图7-22 选择使用哪种方式来访问数据库

（5）选择"使用现有存储过程"，单击"下一步"，会出现选择每个操作的存储过程的对话框，如图 7-23 所示。

（6）单击"完成"按钮，在设计界面会出现类似图 7-24 所示的图标。

（7）在图标上单击右键，从弹出的快捷菜单中选择"添加查询"选项，会出现配置向导，选择"使用现有存储过程"，单击"下一步"按钮，出现的界面如图 7-25 所示。

图7-23 选择存储过程对话框

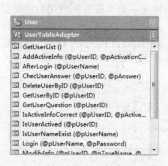

图7-24 单击完成后设计界面出现的图标

图 7-25 选择要调用的存储过程界面

（8）在其中选择要调用的存储过程，单击"下一步"按钮，出现如图 7-26 所示的界面。

（9）根据存储过程返回值的情况进行选择，在本例中选择"表格数据"，单击"下一步"，出现图 7-27 所示的界面。

（10）填写方法名，单击"完成"按钮即可完成添加查询。

在本系统中建立 User、NewsArticle、Item、Commend、Template、SystemSetting、NewsAD 这几个 TableAdapter，分别表示用户、新闻、栏目、评论、模板、系统设置、广告管理这几个实体的数据访问层。

图 7-26　选择由存储过程返回的数据形式界面

图 7-27　填写添加在 TableAdapter 中的方法名界面

📖7.4.4 实现公共函数

公共函数定义了一些会多次使用的方法。首先是加密用函数：MD5，它将给定的字符串加密成 32 位的 MD5 码，代码如例程 7-1 所示。

例程7-1 MD5函数

```
    ''' <summary>
    ''' 获取指定字符串的 MD5 值
    ''' </summary>
    ''' <param name="pSeed">要 MD5 的值</param>
    ''' <returns></returns>
    Public Shared Function md5(ByVal pSeed As String) As String
      Return
System.Web.Security.FormsAuthentication.HashPasswordForStoringInConfi
gFile(pSeed, "MD5").ToLower
    End Function
```

删除文件也是经常用到的操作，DeleteFile 函数以文件路径为参数，返回操作是否成功，如例程 7-2 所示。

例程7-2 删除文件函数

```
    ''' <summary>
    ''' 删除指定路径的文件
    ''' </summary>
    ''' <param name="Path">路径</param>
    ''' <returns>删除是否成功</returns>
Public Shared Function DeleteFile(ByVal Path As String) As Boolean
 If System.IO.File.Exists(Path) Then
   Try
     System.IO.File.Delete(Path)
     Return True
   Catch generatedExceptionVariable0 As Exception
     Return False
   End Try
 Else
   Return True
 End If
End Function
```

创建目录函数 CreateDirectory 以目录名为参数，返回执行是否成功，如例程 7-3 所示。

例程7-3 创建目录函数

```
''' <summary>
```

```
'''    在指定路径创建目录
'''    </summary>
'''    <param name="Path">路径</param>
'''    <returns>创建是否成功</returns>
Public Shared Function CreateDirectory(ByVal Path As String) As Boolean
 If System.IO.Directory.Exists(Path) Then
   Return True
 Else
  Try
    System.IO.Directory.CreateDirectory(Path)
    Return True
  Catch generatedExceptionVariable0 As Exception
    Return False
  End Try
 End If
End Function
```

经常需要以时间为种子，生成一个文件名，GenerateFileName 函数实现的就是这个功能，如例程 7-4 所示。

例程7-4 生成文件名

```
'''    <summary>
'''    以时间为种子生成文件名称
'''    </summary>
'''    <returns></returns>
Public Shared Function GenerateFileName() As String
 Return          DateTime.Now.ToString("yyyyMMddhhmmss")          +
DateTime.Now.Millisecond.ToString
End Function
```

在页面交互时，经常需要提示一些信息，并且提示完以后要转到相应页面，RegisterAlertScript 函数实现了该功能，如例程 7-5 所示。

例程7-5 注册提示信息并转向对应页函数

```
Public Shared Sub RegisterAlertScript(ByVal pMessage As String, ByVal
pNavigateTo As String, ByVal pKey As String, ByVal pPage As Page)
 Dim Script As String = "alert('" + pMessage + "');window.navigate('" +
pNavigateTo + "');"
 pPage.ClientScript.RegisterClientScriptBlock(pPage.GetType,
pPage.UniqueID + pKey, Script, True)
End Sub
```

有时候需要一些确认对话框，若确认，则转向一个页面；若取消，则转向另一个页面，如例程 7-6 所示。

例程7-6 注册确认对话框并转向函数

```
Public Shared Sub RegisterConfirmScript(ByVal pMessage As String, ByVal
```

```
                pYesNavigateTo As String, ByVal pNoNavigateTo As String,
                ByVal pKey As String, ByVal pPage As Page)
 Dim Script As String = "if(confirm('" + pMessage + "'))" &
Microsoft.VisualBasic.Chr(13) & "" & Microsoft.VisualBasic.Chr(10) & "
window.navigate('"        +        pYesNavigateTo        +        "');"        &
Microsoft.VisualBasic.Chr(13) & "" & Microsoft.VisualBasic.Chr(10) & "
else" & Microsoft.VisualBasic.Chr(13) & "" & Microsoft.VisualBasic.Chr(10)
& " window.navigate('" + pNoNavigateTo + "')"
        pPage.ClientScript.RegisterClientScriptBlock(pPage.GetType,
pPage.UniqueID + pKey, Script, True)
End Sub
```

有时候需要提示对话框并返回上一页，如例程 7-7 所示。

例程7-7 注册提示对话框并返回上一步函数

```
Public Shared Sub RegisterAlertAndBackScript(ByVal pMessage As String,
ByVal pKey As String, ByVal pPage As Page)
 Dim Script As String = "alert('" + pMessage + "');history.back();"
 pPage.ClientScript.RegisterClientScriptBlock(pPage.GetType,
pPage.UniqueID + pKey, Script, True)
End Sub
```

发送邮件是用户注册时根据用户填写的邮件来发送激活链接给用户用的，如例程 7-8 所示。

例程7-8 发送邮件函数

```
Public Shared Function SendEmail(ByVal pTitle As String, ByVal pBody As
String, ByVal pSendTo As String, ByVal pSendFrom As String, ByVal pSMTP
As String, ByVal pSMTPUser As String, ByVal pSMTPPassword As String) As
String
 Dim smtp As SmtpClient = New SmtpClient
 smtp.Host = pSMTP
 smtp.Credentials = New NetworkCredential(pSMTPUser, pSMTPPassword)
 Try
   smtp.Send(pSendFrom, pSendTo, pTitle, pBody)
 Catch e As SmtpException
   Return e.StatusCode.ToString
 Catch e As Exception
   Return e.ToString
 End Try
 Return "success"
End Function
```

B/S 系统的传递参数方法之一就是使用 QueryString，通常会有许多传递 ID 的过程，IsNumber 方法实现如何判断一个字符串是否为数字，如例程 7-9 所示。

```
Public Shared Function IsNumber(ByVal pToBeTest As String) As Boolean
 Dim reg As Regex = New Regex("\d+")
 Return reg.IsMatch(pToBeTest)
End Function
```

7.4.5 实现实体层

前面分析过，用户实体有用户 ID，用户名、密码等若干属性，例程 7-10 显示这些属性如何在程序中定义及其初始值。

例程7-10 用户实体定义

```
Public Class UserEntity
Public UserID As Integer
Public UserName As String
Public Password As String
Public CreateDate As DateTime
Public LastLogin As DateTime
Public Sex As Boolean
Public TrueName As String
Public Address As String
Public RoleID As Integer
Public Posted As Integer
Public Email As String
Public Question As String
Public Answer As String
Public Actived As Boolean
Public ShowEmail As Boolean
Public RePosted As Integer

Public Sub New()
  UserID = -1
  UserName = Nothing
  Password = Nothing
  CreateDate = DateTime.MinValue
  LastLogin = DateTime.MinValue
  Sex = False
  TrueName = Nothing
  Address = Nothing
  RoleID = -1
  Posted = -1
  Email = Nothing
  Question = Nothing
  Answer = Nothing
```

```
    Actived = False
    ShowEmail = False
    RePosted = -1
  End Sub
End Class
```

激活实体包含激活 ID、用户 ID 和激活码属性，如例程 7-11 所示。

例程7-11 激活实体定义

```
Public Class ActivationEntity
Public ActivationID As Integer
Public UserID As Integer
Public ActivationCode As String

Public Sub New()
  ActivationID = -1
  UserID = -1
  ActivationCode = Nothing
End Sub
End Class
```

角色实体包含角色 ID 和角色名称，如例程 7-12 所示。

例程7-12 角色实体

```
Public Class RoleEntity
Public RoleID As Integer
Public RoleName As String

Public Sub New()
  RoleID = -1
  RoleName = Nothing
End Sub
End Class
```

系统设置实体包括系统设置 ID、系统设置键和系统设置值几个字段，如例程 7-13 所示。

例程7-13 系统设置实体

```
Public Class SystemEntity
Public SystemID As Integer
Public SystemKey As String
Public SystemValue As String

Public Sub New()
  SystemID = -1
  SystemKey = Nothing
```

```
    SystemValue = Nothing
  End Sub
End Class
```

文章实体包含文章 ID, 栏目 ID 等属性, 如例程 7-14 所示。

例程7-14 文章实体

```
Public Class ArticleEntity
  Public PostID As Integer
  Public ItemID As Integer
  Public UserName As String
  Public Title As String
  Public Content As String
  Public AttachmenID As Integer
  Public PostTime As DateTime
  Public LastModified As DateTime
  Public PostRePostID As Integer
  Public PhysicalPath As String

  Public Sub New()
    PostID = -1
    ItemID = -1
    UserName = Nothing
    Title = Nothing
    Content = Nothing
    AttachmenID = -1
    PostTime = DateTime.MinValue
    LastModified = DateTime.MinValue
    PostRePostID = -1
    PhysicalPath = Nothing
  End Sub
End Class
```

附件实体包含附件 ID、附件 URL 和服务器物理地址属性, 如例程 7-15 所示。

例程7-15 附件实体

```
Public Class AttachmentEntity
  Public AttachmentID As Integer
  Public AttachmentURL As String
  Public PhysicalPath As String

  Public Sub New()
    AttachmentID = -1
    AttachmentURL = Nothing
    PhysicalPath = Nothing
  End Sub
End Class
```

栏目实体包括栏目 ID、栏目名称、栏目介绍和父栏目 ID 属性，如例程 7-16 所示。

例程7-16 栏目实体

```
Public Class ItemEntity
Public ItemID As Integer
Public ItemName As String
Public ItemIntro As String
Public ParentID As Integer

Public Sub New()
  ItemID = -1
  ItemName = Nothing
  ItemIntro = Nothing
  ParentID = -1
End Sub
End Class
```

7.4.6 实现业务层

业务层的实现包括用户业务的实现、激活业务的实现、角色业务的实现、栏目实体、文章业务的实现、附件业务的实现，以及系统设置业务的实现，分述如下：

（1）用户业务的实现。首先，业务层有一个数据访问的私有变量，在构造函数中，需要对它进行初始化，如例程 7-17 所示。

例程7-17 初始化数据访问变量

```
Private userTable As BBSTableTableAdapters.UserTableAdapter

Public Sub New()
 userTable = New BBSTableTableAdapters.UserTableAdapter
End Sub
```

用户登录过程是一个常用的过程之一，首先验证用户名是否存在；若存在，则判断用户是否激活；若已激活，再验证用户名密码是否正确，最后设置一些善后信息，例如地址、邮箱、上次登录时间等，如例程 7-18 所示。

例程7-18 登录函数和登录后设置用户实体函数

```
    ''' <summary>
    ''' 用户登录
    ''' </summary>
    ''' <param name="pUser">用户实体</param>
    ''' <returns>true 登录成功，false 登录失败</returns>

  Public Function Login(ByRef pUser As UserEntity) As Boolean
    ' 若用户名不存在
```

```
      If Not IsUserNameExist(pUser) Then
        Return False
      End If
   、若用户尚未激活
    If Not IsUserActived(pUser.UserID) Then
        Return False
      End If
      If                               userTable.Login(pUser.UserName,
Common.md5(pUser.Password)).Rows.Count = 0 Then
        Return False
      Else
        SetUserInfo(userTable.AfterLogin(pUser.UserName), pUser)
        Return True
      End If
    End Function


    ''' <summary>
    ''' 设置用户信息
    ''' </summary>
    ''' <param name="pUserTable"></param>


 Private Sub SetUserInfo(ByVal pUserTable As DataTable, ByRef pUser As
UserEntity)
   pUser.UserName = pUserTable.Rows(0)("UserName").ToString
   pUser.TrueName = pUserTable.Rows(0)("TrueName").ToString
   If Convert.ToInt32(pUserTable.Rows(0)("Actived")) = 0 Then
     pUser.Actived = False
   Else
     pUser.Actived = True
   End If
   If Not Convert.IsDBNull(pUserTable.Rows(0)("Address")) Then
     pUser.Address = pUserTable.Rows(0)("Address").ToString
   End If
   If Not Convert.IsDBNull(pUserTable.Rows(0)("ProtectionAnswer")) Then
     pUser.Answer = pUserTable.Rows(0)("ProtectionAnswer").ToString
   End If
   pUser.CreateDate = CType(pUserTable.Rows(0)("CreateDate"), DateTime)
   pUser.Email = pUserTable.Rows(0)("Email").ToString
   If Not Convert.IsDBNull(pUserTable.Rows(0)("LastLogin")) Then
     pUser.LastLogin = CType(pUserTable.Rows(0)("LastLogin"), DateTime)
   End If
   pUser.Posted = Convert.ToInt32(pUserTable.Rows(0)("Posted"))
 If Not Convert.IsDBNull(pUserTable.Rows(0)("ProtectQuestion")) Then
   pUser.Question = pUserTable.Rows(0)("ProtectQuestion").ToString
 End If
```

第 7 章　BBS 系统实例

```
pUser.RePosted = Convert.ToInt32(pUserTable.Rows(0)("RePosted"))
If Not Convert.IsDBNull(pUserTable.Rows(0)("RoleID")) Then
  pUser.RoleID = Convert.ToInt32(pUserTable.Rows(0)("RoleID"))
End If
If Convert.ToInt32(pUserTable.Rows(0)("Sex")) = 0 Then
  pUser.Sex = False
Else
  pUser.Sex = True
End If
If Convert.ToInt32(pUserTable.Rows(0)("ShowEmail")) = 0 Then
  pUser.ShowEmail = False
Else
  pUser.ShowEmail = True
End If
pUser.RePosted = Convert.ToInt32(pUserTable.Rows(0)("RePosted"))
End Sub
```

例程 7-19 是用来判断用户名称是否存在的，若存在则返回其 ID。

例程7-19 判断用户名称是否存在

```
''' <summary>
''' 判断指定 ID 用户是否存在
''' </summary>
''' <returns>true 存在，false 不存在</returns>
Public Function IsUserNameExist(ByRef pUser As UserEntity) As Boolean
 Dim userID As Object = userTable.IsUserNameExist(pUser.UserName)
 If userID Is Nothing Then
   Return False
 Else
   pUser.UserID = Convert.ToInt32(userID)
   Return True
 End If
End Function
```

例程 7-20 判断指定 ID 用户是否激活。

例程7-20 判断指定ID用户是否激活

```
''' <summary>
'''判断指定 ID 用户是否激活
''' </summary>
'''<param name="pUserID">用户 ID</param>
''' <returns>true 已激活，false 尚未激活</returns>
Public Function IsUserActived(ByVal pUserID As Integer) As Boolean
 If userTable.IsUserActived(pUserID) Is Nothing Then
   Return False
 Else
   Return True
```

```
    End If
End Function
```

若其他用户要查看指定用户的信息,需要使用根据 ID 来获取用户资料的方法,如例程 7-21 首先判断指定 ID 用户是否存在,若不存在则返回 false;若存在则获取用户资料并返回 true。

例程7-21 根据ID获取用户信息

```
''' <summary>
'''根据 ID 获取用户信息
''' </summary>
'''<param name="pUser">用户实体</param>
''' <returns>若指定 ID 用户信息不存在返回 false,否则返回 true</returns>
Public Function GetUserByID(ByRef pUser As UserEntity) As Boolean
 Dim userInfo As DataTable = userTable.GetUserByID(pUser.UserID)
 If userInfo.Rows.Count = 0 Then
   Return False
 Else
   SetUserInfo(userInfo, pUser)
   Return True
 End If
End Function
```

用户注册函数根据填写的用户资料进行注册并返回激活码,如例程 7-22 所示。

例程7-22 注册函数

```
''' <summary>
'''注册用户并返回激活码
''' </summary>
''' <param name="pUser">用户实体</param>
''' <returns>激活码</returns>
Public Function Register(ByRef pUser As UserEntity) As String
 Dim iSex As Integer = 0
 Dim iShowEmail As Integer = 0
 If pUser.Sex Then
   iSex = 1
 End If
 If pUser.ShowEmail Then
   iShowEmail = 1
 End If
 Dim  userID  As  Object  =  userTable.Register(pUser.UserName,
Common.md5(pUser.Password),  iSex,  pUser.Email,  pUser.TrueName,
pUser.Answer, pUser.Question, pUser.Answer, iShowEmail, pUser.RoleID)
 If userID Is Nothing Then
   Return Nothing
 Else
```

```
   Dim actBuss As ActivationBussiness = New ActivationBussiness
   Dim act As ActivationEntity = New ActivationEntity
   pUser.UserID = Convert.ToInt32(userID)
   act.UserID = Convert.ToInt32(userID)
   actBuss.AddActivation(act)
   Return act.ActivationCode
 End If
End Function
```

注册之后，会将含有激活信息的邮件发给用户，然后用户通过激活邮件来激活账户。激活过程首先使用激活业务层的方法判断激活信息是否正确，若正确则将用户设置为激活状态，如例程 7-23 所示。

例程7-23 激活过程

```
'''<returns>已激活 actived；激活码和用户 ID 不一致 failed；激活成功
success</returns>

Public Function SetUserActived(ByRef pUser As UserEntity, ByVal pAct As
ActivationEntity) As String
 Dim actived As Object = userTable.IsUserActived(pUser.UserID)
 If Not (actived Is Nothing) Then
   Return "actived"
 End If
 Dim actBuss As ActivationBussiness = New ActivationBussiness
 If actBuss.IsActivationInfoCorrect(pAct) Then
   pUser.UserID = pAct.UserID
   userTable.SetUserActived(pUser.UserID, pAct.ActivationID)
   GetUserByID(pUser)
   Return "success"
 Else
   Return "failed"
 End If
End Function
```

当用户忘记密码时，需要重设密码，首先获取用户的密码保护问题，然后再判断用户所输入的回答是否正确，若正确则允许用户修改密码，如例程 7-24 所示。

例程7-24 获取密码保护和检查密码保护回答函数

```
''' <summary>
'''获取用户密码保护问题
''' </summary>
'''<param name="pUser">用户实体</param>
'''<returns>若没有则返回 false；若有则返回 true</returns>

Public Function GetUserQuesion(ByRef pUser As UserEntity) As Boolean
```

```
Dim userQuestion As Object = userTable.GetUserQuestion(pUser.UserID)
If userQuestion Is Nothing Then
  Return False
Else
  pUser.Question = CType(userQuestion, String)
  Return True
End If
End Function


''' <summary>
''' 检查用户密码保护答案是否正确
''' </summary>
''' <param name="pUser">用户实体</param>
''' <returns>true 正确; false 错误</returns>
Public Function IsUserAnswerRight(ByVal pUser As UserEntity) As Boolean
Dim userAnswer As Object = userTable.ChecUserAnswer(pUser.UserID,
pUser.Answer)
If userAnswer Is Nothing Then
  Return False
Else
  Return True
End If
End Function
```

修改密码过程如例程 7-25 所示。

例程7-25 根据用户名修改密码

```
Public Sub ModifyPassword(ByVal pUser As UserEntity)
  userTable.ModifyPassword(pUser.UserName, Common.md5(pUser.Password))
End Sub
```

另外还有一些修改用户密码、修改用户个人资料、修改用户角色、根据 ID 删除用户和获取用户列表的方法，如例程 7-26 所示。

例程7-26 其他函数

```
'''<summary>
'''修改用户角色ID
'''</summary>
'''<param name="pUserID">用户 ID</param>
'''<param name="pRoleID">角色 ID</param>


Public Sub ModifyRoleByID(ByVal pUserID As Integer, ByVal pRoleID As
Integer)
  userTable.ModifyRoleByID(pUserID, pRoleID)
End Sub
```

```
''' <summary>
'''修改用户信息
''' </summary>
''' <param name="pUser">用户实体</param>

Public Sub ModifyInfo(ByVal pUser As UserEntity)
 If pUser.ShowEmail Then
    userTable.ModifyInfo(pUser.UserID, pUser.TrueName, pUser.Address,
pUser.Email, pUser.Question, pUser.Answer, 1)
 Else
    userTable.ModifyInfo(pUser.UserID, pUser.TrueName, pUser.Address,
pUser.Email, pUser.Question, pUser.Answer, 0)
 End If
End Sub

''' <summary>
'''获取所有注册用户列表
 '''</summary>
''' <returns>注册用户列表</returns>

Public Function GetUserList() As DataTable
 Return userTable.GetUserList
End Function

''' <summary>
''' 根据 ID 删除用户
''' </summary>
''' <param name="pUserID">用户 ID</param>

Public Sub DeleteUserByID(ByVal pUserID As Integer)
 userTable.DeleteUserByID(pUserID)
End Sub
```

（2）激活业务的实现。首先是添加激活码，激活码以用户 ID 和时间为种子，生成 MD5 串，将串保存到数据库中并通过激活实体返回，如例程 7-27 所示。

例程7-27 添加激活码

```
'''<summary>
'''添加激活码
''' </summary>
'''<param name="act">激活实体</param>

Public Sub AddActivation(ByRef act As ActivationEntity)
 act.ActivationCode     =     Common.md5(act.UserID.ToString     +
DateTime.Now.ToString("yyyyMMddhhmmss")                          +
DateTime.Now.Millisecond.ToString)
```

```
userTable.AddActiveInfo(act.UserID, act.ActivationCode)
End Sub
```

然后就是判断激活信息是否正确，以激活实体为参数，如例程7-28所示。

例程7-28 判断激活信息是否正确

```
''' <summary>
'''判断激活信息是否正确
''' </summary>
'''<param name="act">激活实体</param>
''' <returns></returns>

Public Function IsActivationInfoCorrect(ByRef act As ActivationEntity)
As Boolean
 Dim actID As Object = userTable.IsActiveInfoCorrect(act.UserID,
act.ActivationCode)
 If actID Is Nothing Then
   Return False
 Else
   act.ActivationID = Convert.ToInt32(actID)
   Return True
 End If
End Function
```

（3）角色业务的实现。添加角色以角色名为参数，返回值为添加的 ID，若为-1 说明添加失败，如例程 7-29 所示。

例程7-29 添加角色

```
Public Function AddRole(ByVal pRoleName As String) As Integer
 Dim roleID As Object = roleTable.AddRole(pRoleName)
 If roleID Is Nothing Then
   Return -1
 Else
   Return Convert.ToInt32(roleID)
 End If
End Function
```

根据 ID 获取角色名，该过程以角色为参数，返回角色名，若为-1 则说明没有对应的角色 ID，如例程 7-30 所示。

例程7-30 根据角色ID获取角色名称

```
Public Function GetRoleNameByRoleID(ByVal pRoleID As Integer) As String
 Dim roleName As Object = roleTable.GetRoleNameByRoleID(pRoleID)
 If roleName Is Nothing Then
   Return Nothing
 Else
   Return roleName.ToString
```

```
 End If
End Function
```

在添加角色的时候，首先需要判断角色名称是否已经存在，若存在返回角色 ID，否则返回-1，如例程 7-31 所示。

例程7-31 判断角色名称是否存在

```
Public Function IsRoleNameExist(ByVal pPoleName As String) As Integer
 Dim roleID As Object = roleTable.IsRoleNameExist(pPoleName)
 If roleID Is Nothing Then
   Return -1
 Else
   Return Convert.ToInt32(roleID)
 End If
End Function
```

剩下就是修改角色名称和获取角色列表的函数，如例程 7-32 所示。

例程7-32 其他函数

```
Public Sub ChangRoleName(ByVal pRole As RoleEntity)
 roleTable.ChangeRoleNameByID(pRole.RoleID, pRole.RoleName)
End Sub


Public Function GetRoleList() As DataTable
 Return roleTable.GetRoleList
End Function
```

（4）栏目实体。添加栏目方法以栏目实体为参数，如例程 7-33 所示。

例程7-33 添加栏目

```
Public Sub AddItem(ByVal pItem As ItemEntity)
 itemTable.AddItem(pItem.ItemName, pItem.ItemIntro, pItem.ParentID)
End Sub
```

根据栏目 ID 获取栏目内容，若 ID 不存在返回 false；若存在则获取栏目内容，如例程 7-34 所示。

例程7-34 根据ID获取栏目内容

```
Public Function GetItemByItemID(ByRef pItem As ItemEntity) As Boolean
 Dim item As DataTable = itemTable.GetItemByID(pItem.ItemID)
 If Not (item.Rows.Count = 0) Then
   pItem.ItemIntro = item.Rows(0)("ItemIntro").ToString
   pItem.ItemName = item.Rows(0)("ItemName").ToString
   If Not Convert.IsDBNull(item.Rows(0)("ParentID")) Then
     pItem.ParentID = Convert.ToInt32(item.Rows(0)("ParentID"))
   End If
   Return True
 Else
```

```
    Return False
  End If
End Function
```

有时候需要判断指定 ID 的栏目是否为一级栏目，如例程 7-35 所示。

例程7-35　判断指定ID栏目是否存在

```
Public Function IsRootItem(ByVal pItemID As Integer) As Boolean
  If itemTable.IsRootItem(pItemID) Is Nothing Then
    Return False
  Else
    Return True
  End If
End Function
```

其他就是获取栏目列表、添加栏目、根据 ID 删除栏目、修改栏目名称、获取一级栏目和根据父 ID 获取子栏目，如例程 7-36 所示。

例程7-36　其他函数

```
''' <summary>
''' 添加栏目
'''</summary>
''' <param name="pItem">栏目实体</param>

Public Sub AddItem(ByVal pItem As ItemEntity)
  itemTable.AddItem(pItem.ItemName, pItem.ItemIntro, pItem.ParentID)
End Sub

''' <summary>
''' 根据 ID 删除栏目
''' </summary>
''' <param name="pItemID">栏目 ID</param>

Public Sub DeleteItemByID(ByVal pItemID As Integer)
  itemTable.DeleteItemByID(pItemID)
End Sub

''' <summary>
''' 修改栏目名称、介绍
''' </summary>
'''<param name="pItem">栏目实体</param>
Public Sub ModifyItem(ByVal pItem As ItemEntity)
  itemTable.ModifyItemByID(pItem.ItemName,            pItem.ItemIntro,
pItem.ItemID)
End Sub
''' <summary>
```

第 7 章　BBS 系统实例

```
''' 获取一级栏目列表
''' </summary>
''' <returns>一级栏目列表</returns>
Public Function GetRootItem() As DataTable
 Return itemTable.GetRootItem
End Function


''' <summary>
'''根据父栏目 ID 获取栏目列表
''' </summary>
'''<param name="pItemID">栏目 ID</param>
''' <returns>栏目列表</returns>
Public Function GetItemByParentID(ByVal pParentID As Integer) As DataTable
 Return itemTable.GetItemByParentID(pParentID)
End Function
```

（5）文章业务的实现。首先是添加文章，以文章实体为参数，执行完成后，通过文章实体将文章 ID 返回，如例程 7-37 所示。

例程7-37 添加文章

```
Public Sub AddPost(ByRef art As ArticleEntity)
 Dim postID As Object = articleTable.AddPost(art.ItemID, art.UserName,
art.Title, art.Content, art.AttachmenID)
 If Not (postID Is Nothing) Then
   art.PostID = Convert.ToInt32(postID)
 End If
End Sub
```

删除文章首先删除文章的附件，然后再删除文章，如例程 7-38 所示。

例程7-38 删除文章

```
Public Sub DeletePost(ByVal art As ArticleEntity)
 If Not (art.AttachmenID = -1) Then
   Dim attBuss As AttachmentBussiness = New AttachmentBussiness
   Dim att As AttachmentEntity = New AttachmentEntity
   att.AttachmentID = art.AttachmenID
   att.PhysicalPath = art.PhysicalPath
   attBuss.DeleteAttachmentByID(att)
 End If
 articleTable.DeletePost(art.PostID)
End Sub
```

根据 ID 获取文章内容，如例程 7-39 所示。

例程7-39 根据ID获取文章内容

```
''' <summary>
```

```
''' 根据 ID 获取文章内容
''' </summary>
Public Sub GetContentByID(ByRef art As ArticleEntity)
 Dim           dtContent           As           DataTable           =
articleTable.GetPostContentByID(art.PostID)
 If Not (dtContent.Rows.Count = 0) Then
   art.ItemID = Convert.ToInt32(dtContent.Rows(0)("ItemID"))
   art.UserName = Convert.ToString(dtContent.Rows(0)("UserName"))
   art.Title = Convert.ToString(dtContent.Rows(0)("Title"))
   art.Content = Convert.ToString(dtContent.Rows(0)("Content"))
   If Not Convert.IsDBNull(dtContent.Rows(0)("AttachmentID")) Then
                                   art.AttachmenID                  =
Convert.ToInt32(dtContent.Rows(0)("AttachmentID"))
   End If
   art.PostTime = Convert.ToDateTime(dtContent.Rows(0)("PostTime"))
   If Not Convert.IsDBNull(dtContent.Rows(0)("LastModified")) Then
                                   art.LastModified                 =
Convert.ToDateTime(dtContent.Rows(0)("LastModified"))
   End If
 End If
End Sub
```

修改文章以文章实体为参数，如例程 7-40 所示。

例程7-40 修改文章

```
Public Sub ModifyAritcle(ByVal art As ArticleEntity)
 articleTable.ModifyArticleByID(art.Title, art.Content, art.PostID)
End Sub
```

添加回复以文章实体为参数，如例程 7-41 所示。

例程7-41 添加回复

```
Public Sub AddRepost(ByVal art As ArticleEntity)
 articleTable.AddRePost(art.ItemID,        art.UserName,       art.Title,
art.Content, art.PostRePostID)
End Sub
```

根据栏目 ID 获取主题列表，如例程 7-42 所示。

例程7-42 根据栏目ID获取主题列表

```
Public Function GetPostByItemID(ByVal pItemID As Integer) As DataTable
 Return articleTable.GetArticleByItemID(pItemID)
End Function
```

根据 ID 获取主题和回复，如例程 7-43 所示。

例程7-43 根据ID获取主题和回复

```
Public Function GetArticleByPostID(ByVal pPostID As Integer) As DataTable
```

```
Return articleTable.GetArticleByPostID(pPostID)
End Function
```

（6）附件业务的实现。添加附件方法首先判断存储附件的目录是否存在，若不存在则创建之；之后再将文件上传到服务器，最后保存在服务器储存的地址，返回执行是否成功并通过附件实体返回附件的 ID，如例程 7-44 所示。

例程7-44　上传附件

```
Public Function AddAttachment(ByRef att As AttachmentEntity, ByVal
fileUpload As FileUpload) As Boolean
 '上传文件
 Dim attPath As String = att.PhysicalPath + "\Attachment"
  If Common.CreateDirectory(attPath) Then
   attPath += "\" + DateTime.Now.Year.ToString
   att.AttachmentURL = "/" + DateTime.Now.Year.ToString
   If Common.CreateDirectory(attPath) Then
    attPath += "\" + DateTime.Now.Month.ToString
    att.AttachmentURL += "/" + DateTime.Now.Month.ToString
    If Common.CreateDirectory(attPath) Then
      attPath += "\" + DateTime.Now.Day.ToString
      att.AttachmentURL += "/" + DateTime.Now.Day.ToString
   ' 若创建目录成功
      If Common.CreateDirectory(attPath) Then
      '上传文件
       Dim fileName As String = Common.GenerateFileName
                    Dim     fileType     As     String     =
System.IO.Path.GetExtension(fileUpload.PostedFile.FileName)
       att.AttachmentURL += "/" + fileName + fileType
       attPath += "\" + fileName + fileType
       fileUpload.SaveAs(attPath)
   ' 若创建不成功

  Else
       Return False
      End If
   '若创建不成功
  Else
      Return False
     End If
 '若创建不成功
 Else
    Return False
  End If
'若创建不成功
 Else
```

```
    Return False
  End If
  Dim attID As Object = artTable.AddAttachment(att.AttachmentURL)
  If Not (attID Is Nothing) Then
    att.AttachmentID = Convert.ToInt32(attID)
  End If
  Return True
End Function
```

删除附件过程首先判断附件信息是否存在，若存在将附件文件本身删除，再将数据库中记录删除，返回执行是否成功，如例程 7-45 所示。

例程7-45 删除附件

```
Public Function DeleteAttachmentByID(ByVal att As AttachmentEntity) As
Boolean
`若该附件信息存在
  If GetAttachmentByID(att) Then
    Dim fileName As String = att.PhysicalPath + "\attachment" +
att.AttachmentURL.Replace("/", "\")
    If Common.DeleteFile(fileName) Then
      Return True
    Else
      Return False
    End If
  Else
    Return False
  End If
End Function
```

根据 ID 获取附件 ID，以附件实体为参数，若指定 ID 的附件信息不存在，返回 false；若存在返回 true，并通过附件实体返回其 URL，如例程 7-46 所示。

例程7-46 根据ID获取附件信息

```
Public Function GetAttachmentByID(ByRef att As AttachmentEntity) As
Boolean
  Dim attURL As DataTable = artTable.GetAttachmentByID(att.AttachmentID)
` 若没有符合条件的记录
  If attURL Is Nothing Then
    Return False
  Else
    att.AttachmentURL = attURL.Rows(0)(0).ToString
    Return True
  End If
End Function
```

（7）系统设置业务的实现。首先是初始化系统，它将保存在数据库中的信息全部删除，如例程 7-47 所示。

例程7-47 初始化系统

```
'''<summary>
'''初始化系统（即将所有信息删除！）
''' </summary>
Public Sub Initialize()
 sysTable.Initialize
End Sub
```

添加键值、修改键值和删除键值，如例程 7-48 所示。

例程7-48 添加、删除、修改键值

```
''' <summary>
'''根据 Key 获取 Value
''' </summary>
''' <returns>若有记录则返回 true；否则返回 false</returns>
Public Function GetValueByKey(ByRef sys As SystemEntity) As Boolean
 Dim sysValue As DataTable = sysTable.GetSystemValueByKey(sys.SystemKey)
 If sysValue.Rows.Count = 0 Then
   Return False
 Else
   sys.SystemValue = sysValue.Rows(0)(0).ToString
   Return True
 End If
End Function


''' <summary>
'''根据 Key 设置 Value
''' </summary>
''' <returns>Key 和 Value 是否都赋值</returns>
 Public Function SetValueByKey(ByVal sys As SystemEntity) As Boolean
 If (sys.SystemKey Is Nothing) OrElse (sys.SystemValue Is Nothing) Then
   Return False
 Else
   sysTable.SetSystemValueByKey(sys.SystemKey, sys.SystemValue)
   Return True
 End If
End Function


''' <summary>
'''添加 Key 和 Value
''' </summary>
''' <returns>Key 和 Value 是否都赋值</returns>
Public Function AddValueByKey(ByVal sys As SystemEntity) As Boolean
 If (sys.SystemKey Is Nothing) OrElse (sys.SystemValue Is Nothing) Then
   Return False
```

```
  Else
    sysTable.AddSystemValue(sys.SystemKey, sys.SystemValue)
    Return True
  End If
End Function
```

还有一个函数是仅将系统所有设置值删除，如例程 7-49 所示。

例程7-49 删除所有设置值

```
''' <summary>
'''删除所有系统设置
''' </summary>
Public Sub DeleteAllSetting()
  sysTable.DeleteAllSetting
End Sub
```

📖7.4.7 表示层系统初始化

系统初始化页面首先在页面载入时调用系统业务的 Initialize 方法将数据库中所有记录删除，之后创建检查管理员和普通用户角色，如例程 7-50 所示。

例程7-50 页面载入的处理

```
Protected Sub Page_Load(ByVal sender As Object, ByVal e As EventArgs)
、检查管理员角色是否存在
  If Not IsPostBack Then
    Dim sysBuss As SystemBussiness = New SystemBussiness
    sysBuss.Initialize
    Dim roleBuss As RoleBussiness = New RoleBussiness
    Dim adminRoleID As Integer = roleBuss.IsRoleNameExist("管理员")
、若不存在，则创建并保存管理员角色 ID

    If adminRoleID = -1 Then
      Session("AdminRoleID") = roleBuss.AddRole("管理员")
、否则保存管理员角色 ID

    Else
      Session("AdminRoleID") = adminRoleID
    End If
    If roleBuss.IsRoleNameExist("普通用户") = -1 Then
      roleBuss.AddRole("普通用户")
    End If
  End If
End Sub
```

然后使用 Wizard 控件分 5 步对系统进行初始化，如图 7-28～图 7-32 所示。

初始化系统设置

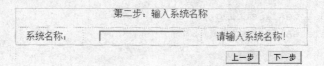

图7-28　系统设置第一步——设置管理员密码

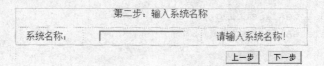

图7-29　系统设置第二步——输入系统名称

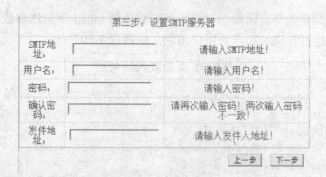

图 7-30　系统设置第三步——设置 SMTP 服务器

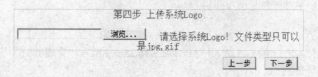

图 7-31　系统设置第四步——上传系统 Logo

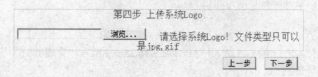

图7-32　系统设置第五步——设置系统顶部广告

在 Wizard 的 NextButtonClick 事件中处理对应的事件，如例程 7-51 所示。

例程7-51 单击下一步的事件

```
Protected Sub Wizard1_NextButtonClick(ByVal sender As Object, ByVal e As
WizardNavigationEventArgs)
 Dim sys As SystemEntity = New SystemEntity
 Dim sysBuss As SystemBussiness = New SystemBussiness
 Select e.CurrentStepIndex
 Case 0
'添加管理员

   Dim user As UserEntity = New UserEntity
   user.Email = "root@bbs.com"
   user.Password = tbxPassword.Text
   user.TrueName = "管理员"
   user.UserName = tbxUserName.Text
   Dim userBuss As UserBussiness = New UserBussiness
   Dim act As ActivationEntity = New ActivationEntity
   act.ActivationCode = userBuss.Register(user)
   act.UserID = user.UserID
   userBuss.SetUserActived(user, act)
    userBuss.ModifyRoleByID(user.UserID, CType(Session("AdminRoleID"),
Integer))
   ' break
 Case 1
'设置系统名称

   sys.SystemKey = "BBSName"
   sys.SystemValue = tbxSystemName.Text
   sysBuss.AddValueByKey(sys)
   Application("BBSName") = tbxSystemName.Text
   ' break
 Case 2
'设置 SMTP 服务器

   sys.SystemKey = "SMTP"
   sys.SystemValue = tbxSMTP.Text
   sysBuss.AddValueByKey(sys)
   Application("SMTP") = tbxSMTP.Text
   sys.SystemKey = "SMTPAccount"
   sys.SystemValue = tbxSMTPUserName.Text
   sysBuss.AddValueByKey(sys)
   Application("SMTPAccount") = tbxSMTPUserName.Text
   sys.SystemKey = "SMTPPassword"
   sys.SystemValue = tbxSMTPPassword.Text
```

```
    sysBuss.AddValueByKey(sys)
    Application("SMTPPassword") = tbxSMTPPassword.Text
    sys.SystemKey = "SendAS"
    sys.SystemValue = tbxSendAS.Text
    sysBuss.AddValueByKey(sys)
    Application("SendAS") = tbxSendAS.Text
    ' break
 Case 3
'如果有设置 Logo 文件

    If FileUpload1.HasFile Then
      Dim fileURL As String = UploadIt(Common.GenerateFileName)
      sys.SystemKey = "Logo"
      sys.SystemValue = fileURL
      sysBuss.AddValueByKey(sys)
      Application("Logo") = fileURL
    End If
    ' break
 End Select
End Sub


''' <summary>
'''   上传文件
''' </summary>
''' <param name="pfileName">上传以后的文件名</param>
''' <returns>上传以后的路径</returns>
Private Function UploadIt(ByVal pfileName As String) As String
 Dim       fileName      As      String      =      pfileName      +
System.IO.Path.GetExtension(FileUpload1.PostedFile.FileName)
 Dim returnName As String = fileName
 fileName = Application("PhysicalPath").ToString + "\image\" + fileName
 FileUpload1.SaveAs(fileName)
 Return returnName
End Function
```

单击完成按钮的事件处理如例程 7-52 所示。

例程7-52 单击完成按钮的事件

```
Protected Sub Wizard1_FinishButtonClick(ByVal sender As Object, ByVal e
As WizardNavigationEventArgs)
 Dim sys As SystemEntity = New SystemEntity
 Dim sysBuss As SystemBussiness = New SystemBussiness
'  如果设置了系统广告 URL

If Not (tbxBannerURL.Text = "") Then
    sys.SystemKey = "TopBanner"
```

Chapter 07

```
    sys.SystemValue = tbxBannerURL.Text
    sysBuss.AddValueByKey(sys)
    Application("TopBanner") = tbxBannerURL.Text
    If Not (tbxBannerAlter.Text = "") Then
      sys.SystemKey = "TopBannerAlter"
      sys.SystemValue = tbxBannerAlter.Text
      sysBuss.AddValueByKey(sys)
      Application("TopBannerAlter") = tbxBannerAlter.Text
    End If
    If Not (tbxTopBannerURL.Text = "") Then
      sys.SystemKey = "TopBannerNavigateURL"
      sys.SystemValue = tbxTopBannerURL.Text
      sysBuss.AddValueByKey(sys)
      Application("TopBannerNavigateURL") = tbxBannerAlter.Text
    End If
  End If
  Common.RegisterAlertScript("系统设置成功！请及时删除 Setup.aspx 文件！",
"default.aspx", "Success", Me.Page)
End Sub
```

📖 7.4.8   应用程序事件处理

应用程序启动时，获取一些系统的基本信息，包括版权、应用程序物理路径、Logo 和顶部广告、SMTP 服务器设置信息，如例程 7-53 所示。

例程7-53 应用程序启动事件

```
Sub Application_Start(ByVal sender As Object, ByVal e As EventArgs)
  Application("OnLine") = 0
  GetCopyRight
  CheckPath
  GetLogo
  GetTopBanner
  GetSMTP
End Sub
```

获取 SMTP 服务器设置如例程 7-54 所示。

例程7-54 获取SMTP服务器设置

```
Sub GetSMTP()
  Dim sys As SystemEntity = New SystemEntity
  Dim sysBuss As SystemBussiness = New SystemBussiness
  sys.SystemKey = "SMTP"
  Dim isExist As Boolean = sysBuss.GetValueByKey(sys)
  If isExist Then
    Application("SMTP") = sys.SystemValue
```

```
Else
  Application("SMTP") = "smtp.163.com"
End If
sys.SystemKey = "SMTPAccount"
isExist = sysBuss.GetValueByKey(sys)
If isExist Then
  Application("SMTPAccount") = sys.SystemValue
Else
  Application("SMTPAccount") = "wertpoiuy"
End If
sys.SystemKey = "SMTPPassword"
isExist = sysBuss.GetValueByKey(sys)
If isExist Then
  Application("SMTPPassword") = sys.SystemValue
Else
  Application("SMTPPassword") = "yuioptrew"
End If
sys.SystemKey = "SendAS"
isExist = sysBuss.GetValueByKey(sys)
If isExist Then
  Application("SendAS") = sys.SystemValue
Else
  Application("SendAS") = "wertpoiuy@163.com"
 End If
End Sub
```

需要注意的是，其中的账号是设计者申请用来测试用的，请读者将信息改为自己的服务器设置。

获取顶部广告如例程 7-55 所示。

例程7-55 获取顶部广告

```
Sub GetTopBanner()
 Dim sys As SystemEntity = New SystemEntity
 Dim sysBuss As SystemBussiness = New SystemBussiness
 sys.SystemKey = "TopBanner"
 Dim isExist As Boolean = sysBuss.GetValueByKey(sys)
 If isExist Then
   Application("TopBanner") = sys.SystemValue
 Else
   Application("TopBanner") = ""
 End If
 sys.SystemKey = "TopBannerAlter"
 isExist = sysBuss.GetValueByKey(sys)
 If isExist Then
   Application("TopBannerAlter") = sys.SystemValue
```

```
Else
  Application("TopBannerAlter") = ""
End If
sys.SystemKey = "TopBannerNavigateURL"
isExist = sysBuss.GetValueByKey(sys)
If isExist Then
  Application("TopBannerNavigateURL") = sys.SystemValue
Else
  Application("TopBannerNavigateURL") = ""
End If
End Sub
```

获取 Logo 设置如例程 7-56 所示。

例程7-56 获取Logo设置

```
Sub GetLogo()
 Dim sys As SystemEntity = New SystemEntity
 Dim sysBuss As SystemBussiness = New SystemBussiness
 sys.SystemKey = "Logo"
 Dim isExist As Boolean = sysBuss.GetValueByKey(sys)
 If isExist Then
   Application("Logo") = sys.SystemValue
 Else
   Application("Logo") = ""
 End If
End Sub
```

应用程序物理路径如例程 7-57 所示。

例程7-57 应用程序物理路径设置

```
Sub CheckPath()
 Dim sysBuss As SystemBussiness = New SystemBussiness
 Dim sys As SystemEntity = New SystemEntity
 sys.SystemKey = "PhysicalPath"
 sysBuss.GetValueByKey(sys)
 Dim strPhsicalPath As String = sys.SystemValue
 If strPhsicalPath Is Nothing Then
   sys.SystemValue = Server.MapPath("~/")
   sysBuss.AddValueByKey(sys)
 Else
   If Not (strPhsicalPath = Server.MapPath("~/")) Then
     sys.SystemValue = Server.MapPath("~/")
     sysBuss.AddValueByKey(sys)
   End If
 End If
 Application("PhysicalPath") = Server.MapPath("~/")
End Sub
```

第 7 章 BBS 系统实例

获取系统版权如例程 7-58 所示。

例程7-58 获取系统版权信息

```
Sub GetCopyRight()
 Dim sys As SystemEntity = New SystemEntity
 Dim sysBuss As SystemBussiness = New SystemBussiness
 sys.SystemKey = "BBSName"
 Dim isExist As Boolean = sysBuss.GetValueByKey(sys)
 If isExist Then
   Application("BBSName") = sys.SystemValue
 Else
   Application("BBSName") = "BBS"
 End If
End Sub
```

系统栏目是前台几乎各个页面都要用到的，应该也读入 Application 中，这样可以加快系统速度。本例在设计中没有加入系统栏目，读者可以自己来实现。

📖7.4.9 实现管理端表示层

管理端的母版页如图 7-33 所示。

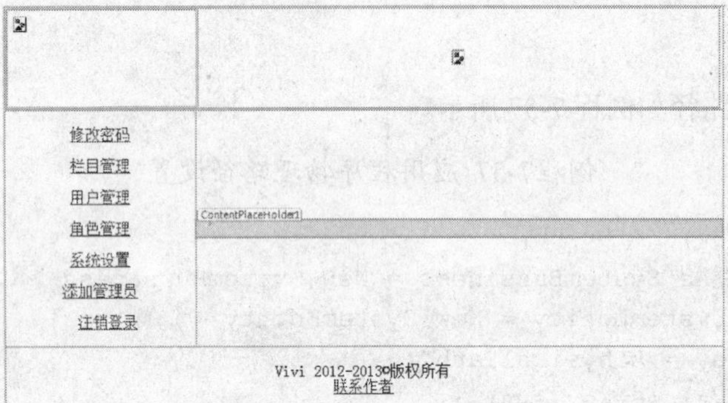

图7-33 管理端的母版页

页面载入时，判断用户是否登录，再判断是否是管理员，如例程 7-59 所示。

例程7-59 页面载入事件

```
Protected Sub Page_Load(ByVal sender As Object, ByVal e As EventArgs)
 If Not IsPostBack Then
、 若用户还没有登录
   If Session("User") Is Nothing Then
    Common.RegisterAlertScript("您还没有登录! ", "Login.aspx?fromurl=" +
```

```
Server.HtmlEncode(Request.Url.ToString), "NotLogin", Me.Page)
    Return
  Else
    If Not (CType(Session("Role"), RoleEntity).RoleName = "管理员") Then
      Common.RegisterAlertScript("您不是管理员！", "../default.aspx",
"NotAdmin", Me.Page)
      Return
    End If
  End If
End If
Me.Page.Title = Application("BBSName").ToString + "——后台管理系统"
End Sub
```

（1）生成验证码控件 ValidateCodeControl.ascx。生成验证码控件在页面载入时，首先调用 GenerateCheckCode 方法生成验证串，之后调用 CreateCheckCodeImage 方法，将验证串生成为图片，生成随机串的过程如例程 7-60 所示。

例程7-60　生成随机串

```
''' <summary>
''' 随机生成字符串
''' </summary>
''' <param name="codeCount">字符串个数</param>
''' <param name="isSaveCookies">是存入COOKIES中,否则存入SESSION中</param>
''' <returns></returns>
 Private Function GenerateCheckCode(ByVal codeCount As Integer, ByVal
isSaveCookies As Boolean) As String
 Dim number As Integer
 Dim code As Char
 Dim checkCode As String = String.Empty
 Dim random As System.Random = New Random
 Dim i As Integer = 0
 While i < codeCount
   number = random.Next
   If number Mod 2 = 0 Then
     code = CType(("0"C + CType((number Mod 10), Char)), Char)
   Else
     code = CType(("A"C + CType((number Mod 26), Char)), Char)
   End If
   checkCode += code.ToString
   System.Math.Min(System.Threading.Interlocked.Increment(i),i-1)
 End While
 If isSaveCookies Then
   Response.Cookies.Add(New HttpCookie("CheckCode", checkCode))
 Else
   Page.Session.Contents("CheckCode") = checkCode
 End If
```

```
Return checkCode
End Function
```

生成随机串之后，需要将随机串生成为图片，如例程 7-61 所示。

例程7-61 根据随机码生成图片

```
''' <summary>
''' 生成图片
''' </summary>
''' <param name="checkCode"></param>

Private Sub CreateCheckCodeImage(ByVal checkCode As String)
 If checkCode Is Nothing OrElse checkCode.Trim = String.Empty Then
   Return
 End If
 Dim       image       As       System.Drawing.Bitmap       =       New
System.Drawing.Bitmap(CType(Math.Ceiling((checkCode.Length  *  12.5)),
Integer), 22)
 Dim g As Graphics = Graphics.FromImage(image)
 Try
   '生成随机生成器

   Dim random As Random = New Random
 '清空图片背景色

 g.Clear(Color.White)
   '画图片的背景噪音线

 Dim i As Integer = 0
  While i < 25
    Dim x1 As Integer = random.Next(image.Width)
    Dim x2 As Integer = random.Next(image.Width)
    Dim y1 As Integer = random.Next(image.Height)
    Dim y2 As Integer = random.Next(image.Height)
    g.DrawLine(New Pen(Color.Silver), x1, y1, x2, y2)
    System.Math.Min(System.Threading.Interlocked.Increment(i),i-1)
  End While
   Dim  font  As  Font  =  New  System.Drawing.Font("Arial",  12,
(System.Drawing.FontStyle.Bold Or System.Drawing.FontStyle.Italic))
   Dim brush As System.Drawing.Drawing2D.LinearGradientBrush = New
System.Drawing.Drawing2D.LinearGradientBrush(New    Rectangle(0,   0,
image.Width, image.Height), Color.Blue, Color.DarkRed, 1.2F, True)
  g.DrawString(checkCode, font, brush, 2, 2)

 '画图片的前景噪音点
```

```
  Dim i As Integer = 0
  While i < 100
    Dim x As Integer = random.Next(image.Width)
    Dim y As Integer = random.Next(image.Height)
    image.SetPixel(x, y, Color.FromArgb(random.Next))
    System.Math.Min(System.Threading.Interlocked.Increment(i),i-1)
  End While

  '画图片的边框线
  g.DrawRectangle(New  Pen(Color.Silver),  0,  0,  image.Width  -  1,
image.Height - 1)
  Dim ms As System.IO.MemoryStream = New System.IO.MemoryStream
  image.Save(ms, System.Drawing.Imaging.ImageFormat.Gif)
  Response.ClearContent
  Response.ContentType = "image/Gif"
  Response.BinaryWrite(ms.ToArray)
Finally
  g.Dispose
  image.Dispose
End Try
End Sub
```

最后在页面载入时调用对应方法。在完成控件之后，将控件拖入页面 Validator.aspx 即可实现验证码的生成。

（2）管理端登录控件 AdminLoginControl.ascx。管理端登录控件组成如图 7-34 所示，其中 Image 控件的源设置为 validator.aspx。

图7-34　管理端登录控件

单击登录按钮时首先判断输入的验证码和 Session 中保存的是否一致，若不一致则提示错误并重新导航到登录页（这样做可以保证每次的验证码都不相同），若验证码一致则使用用户实体和用户业务来判断登录信息是否正确，若不正确则返回；若登录信息正确则使用角色实体和业务判断是否管理员，若不是提示错误并重定向到前台首页；若一切检查通过，则进入管理端首页，代码请参见本书附带光盘中的代码。

在 Login.aspx 页面使用该控件即可实现管理端的登录页面。

（3）管理端首页 default.aspx。管理端首页显示一些欢迎信息，在页面载入时将标签设置成 Application 中保存的系统名称，如图 7-35 所示。

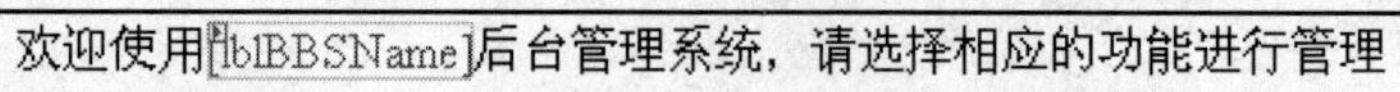

欢迎使用 lblBBSName 后台管理系统，请选择相应的功能进行管理

图7-35　管理端欢迎信息

也可以在页面显示一些服务器配置信息等，这些都很简单，读者有兴趣可以自己实现一下。

（4）左导航菜单控件 LeftMenu.ascx。左导航菜单如图 7-36 所示。

单击"注销"按钮时，将 Session 清空，并重定向到登录页面。

（5）修改密码控件 ChangePasswordControl.ascx。修改密码控件如图 7-37 所示。

单击修改密码使用用户实体，调用 Login 方法判断旧密码是否正确，若不正确提示并返回上一步；若正确则进行修改，提示并返回登录页面。

将该控件拖入 ChanagePassword.aspx 页面即可实现修改密码页面。

（6）栏目管理页面 ManageItem.aspx。该页面由两个控件组成：RootItemListControl.ascx 和 SubItemListControl.ascx，如图 7-38 所示。

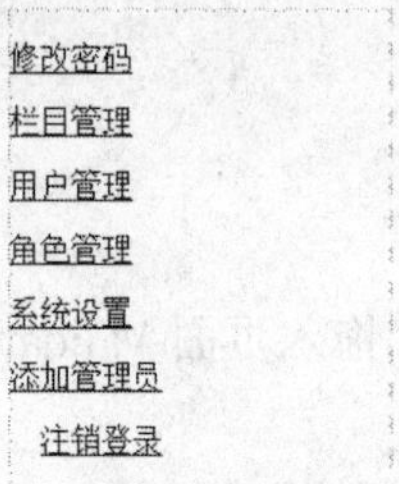

图 7-36　左导航菜单 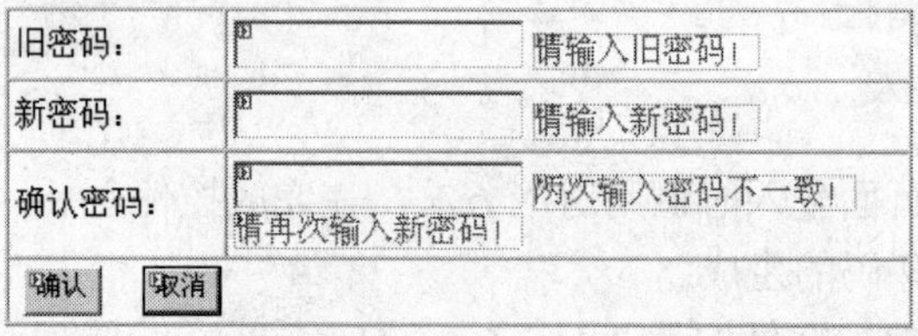　　　　　　　图 7-37　修改密码控件

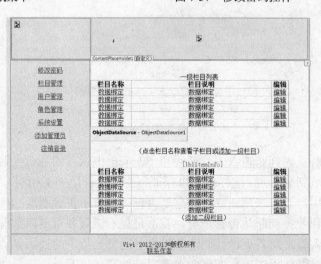

图 7-38　管理栏目页面

（7）一级栏目列表控件 RootItemListControl.ascx。从图 7-37 可以看出，该控件由一个 GridView、一个 ObjectDataSource 控件和一个超级链接组成。其中 ObjectDataSource

的对象选择 ItemBussiness，SELECT 方法选择 GetRootItem。

（8）二级栏目列表控件 SubItemListControl.ascx。从图 7-22 可以看出该控件由一个 Label 控件、一个 GridView 和一个超级链接组成。GridView 控件的列设置和一级栏目基本相同，在此不再赘述。

页面载入时，首先判断是否有 itemid 传入，若没有则，将控件设置为不可见；若有 ID 则首先判断栏目是否有数据，若没有则标签提示没有子栏目，否则设置栏目名称。

（9）添加栏目控件 AddItemControl.ascx。添加栏目控件的控件组成如图 7-39 所示。

页面载入时首先判断栏目 ID 是否有，若没有则认为是添加一级栏目；若有则判断 ID 是否正确，若正确则设置标签。

单击修改按钮时，判断参数 itemid 是否存在，若存在则设置栏目实体的 ParentID，设置对应的字段，调用栏目业务的 AddItem 方法。之后提示添加成功是否继续的信息。

（10）修改栏目控件 ModifyItem.ascx。该控件的组成和添加栏目相同，因此不再截图。页面载入时，首先判断栏目 ID 是否有效，之后再将栏目信息读取到相应控件。

单击修改按钮，使用栏目业务的 ModifyItem 方法修改。

（11）用户管理页面 ManageUser.aspx。该页面由用户列表控件和用户详细资料控件组成。页面本身没有做任何处理。

（12）用户列表控件 MemberListControl.ascx。该控件的组成如图 7-40 所示。

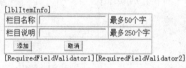

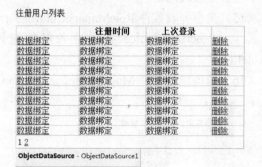

图 7-39　添加栏目控件　　　　　　　　　图 7-40　用户列表控件

其中 ObjectDataSource 的对象选择 UserBussiness，SELECT 方法选择 GetUserList，删除函数选择 DeleteUserByID(Int32 UserID)。

（13）用户详细资料控件 ShowMemberDetailControl.ascx。该控件的组成如图 7-41 所示。

用户详细资料

用户名:	[lblUserName]
是否激活:	[lblActived]
Email:	[lblEmail]
创建时间:	[lblCreateDate]
最后登录:	[lblLastLogin]
性别:	[lblSex]
真实姓名:	[lblTrueName]
地址:	[lblAddress]
所属角色:	数据绑定 ▾
发文数:	[lblPosted]
回复文章数:	[lblReposted]
修改	取消

ObjectDataSource - ObjectDataSource1

图 7-41　用户详细资料控件

其中 ObjectDataSource 是用于绑定角色列表用的。业务对象选择 RoleBussiness，SELECT 方法选择 GetRoleList。

页面载入时，首先判断是否有 UserID 传入，若没有，则控件不可见，若有，则绑定数据。

单击修改按钮时，使用用户业务的 ModifyRoleByID 方法对用户的角色进行修改。该过程较为简单，在此不再列出。

（14）角色管理页面 ManageRole.aspx。该页面由角色列表控件和修改角色控件组成，本身不包含处理代码。

（15）角色列表控件 RoleManageControl.ascx。角色列表控件组成如图 7-42 所示。

其中 ObjectDataSource 控件业务对象选择 RoleBussiness，SELECT 方法选择 GetRoleList。

（16）修改角色控件 ModifyRoleControl.ascx。该控件组成如图 7-43 所示。

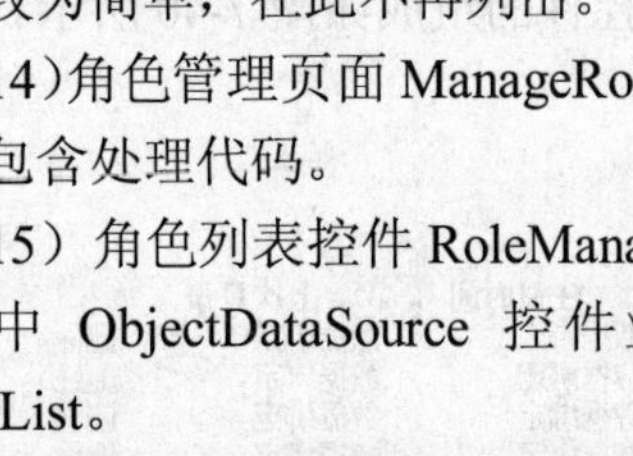

角色管理

角色名称	修改权限
数据绑定	修改权限
数据绑定	修改权限
数据绑定	修改权限
数据绑定	修改权限
数据绑定	修改权限

ObjectDataSource - ObjectDataSource1

（点击角色名已修改名称或者添加角色）

图 7-42　角色管理控件

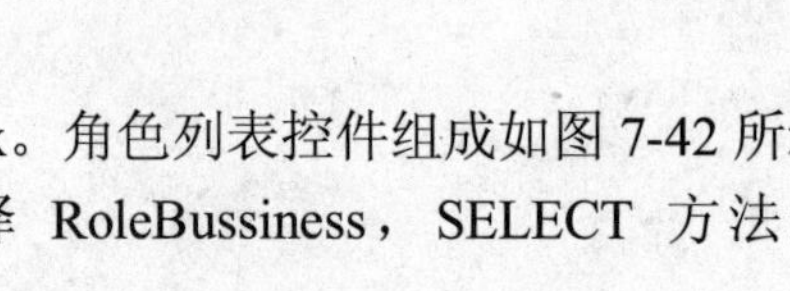

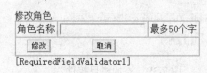

修改角色

角色名称		最多50个字
修改	取消	

[RequiredFieldValidator1]

- 错误消息 1。
- 错误消息 2。

图 7-43　修改角色控件

页面载入时首先判断角色 ID 是否有效，若没有则控件不可见，否则设置文本框内容。单击修改按钮，调用角色业务的 ChangRoleName 方法，修改成功后提示信息，并返回角色列表页。

（17）添加角色页面 AddRole.aspx。添加角色页面由添加角色控件组成，本身不含处理代码。

（18）添加角色控件 AddRoleControl.ascx。该控件和修改角色控件的组成相同，当单击修改按钮时，调用角色业务的 AddRole 方法进行添加，过程较为简单，在此不作赘述。

（19）系统设置页面 ManageSystem.aspx。该页面由系统设置控件组成，本身不含处理代码。

（20）系统设置控件 SystemControl.ascx。该控件的组成如图 7-44 所示。

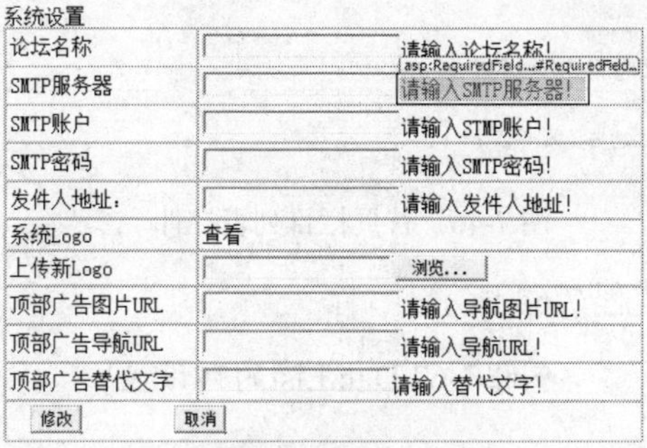

图 7-44 系统设置

页面载入时，首先绑定对应设置，单击修改按钮时，所作的过程和设置页面几乎一样，不同的是把所有的过程集中在一步来做，在此不作赘述。

（21）添加管理员页面 AddAdmin.aspx。该页面由添加管理员控件组成，本身不含处理代码。

（22）添加管理员控件 AddAdminControl.ascx。该控件组成如图 7-45 所示。

图 7-45　添加管理员

单击添加按钮时，首先调用角色业务的 IsRoleNameExist 方法来获取管理员角色的 ID，之后设置相应信息，调用用户业务的 IsUseNameExist 方法判断是否已经有重名，若没有，则调用 Register 方法来注册用户，并保存注册码，之后调用 SetUserAcitved 方法将用户激活。

7.4.10　实现论坛前台表示层

（1）论坛首页 Default.aspx。该页面使用 MasterPage.master 作为母版页，另外使用首页栏目列表控件。本身没有处理代码。

（2）首页栏目列表控件 HomeItemControl.ascx。该控件由一个 DataList 和一个 ObjectDataSource 组成，如图 7-46 所示。

图 7-46 首页栏目列表控件

DataList 的列设置如例程 7-62 所示。

例程7-62 DataList的列设置

```
<asp:DataList ID="DataList1" runat="server"
DataSourceID="ObjectDataSource1" Width="650px">
<ItemTemplate>
 <table  border="1"  cellpadding="3"  cellspacing="0"  width="648"
style="text-align: left">
  <tr>
   <td>
   <asp:HyperLink ID="HyperLink2" runat="server"
NavigateUrl='<%#Eval("ItemID","ShowItem.aspx?itemid={0}")%>'>
<%#Eval("ItemName")%>
</asp:HyperLink>
   </td>
  </tr>
  <tr>
   <td>
    <uc1:SubItemControl    ID="SubItemControl1"    runat="server"
ItemID='<%#Eval("ItemID")%>'/>
   </td>
  </tr>
 </table>
</ItemTemplate>
</asp:DataList>
```

从例程可以看出，使用了子栏目列表控件来显示子栏目。

（3）子栏目列表控件 SubItemControl.ascx。该控件的组成如图 7-47 所示。

该控件有一个栏目 ID 属性，在设置属性的同时对 DataList 进行绑定。

（4）首页登录控件 HomeLoginControl.ascx。该控件组成如图 7-48 所示。

页面载入时首先判断是否已经登录，若是则不显示该控件，单击登录按钮时，使用用户业务的 Login 方法，若登录失败则提示信息并返回上一步；若登录成功则将 User 实体保存在 Session 中，之后根据用户实体的角色 ID，调用角色业务的

GetRoleNameByRoleID 方法来获取角色名称，将 Role 实体也保存在 Session 中。然后判断来自哪里，若没有指定 fromurl 则导向请求页，否则导向对应页。

DataList2 - 项模板
ItemTemplate
[HyperLink1][Label1]
ObjectDataSource - ObjectDataSource2

图 7-47　子栏目列表控件

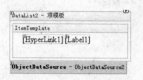

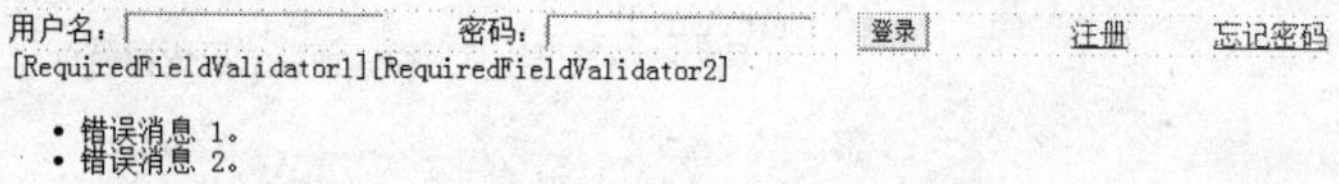

用户名：
密码：
登录
注册
忘记密码
[RequiredFieldValidator1][RequiredFieldValidator2]
• 错误消息 1。
• 错误消息 2。

图 7-48　首页登录控件

（5）顶部菜单控件 TopMenuControl.ascx。该控件组成如图 7-49 所示。

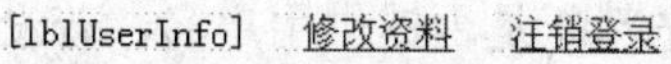

[lblUserInfo]
修改资料
注销登录

图 7-49　顶部菜单控件

页面载入时，首先根据 Session 里的内容判断用户是否登录，若没有登录则将自己隐藏；若已登录则绑定对应信息。

（6）注册页面 Register.aspx。注册页面由注册控件组成，本身不含代码。

（7）注册控件 RegisterControl.ascx。该控件由一个 Wizard 控件组成，图 7-50 和图 7-51 显示了 Wizard 控件注册页面的两个步骤：

页面载入时，为超级链接控件添加客户端事件，代码请参见本书附带光盘中的代码。

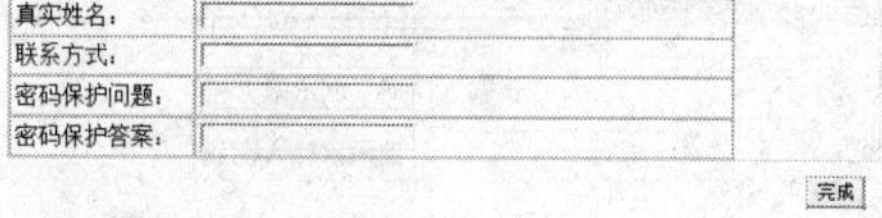

用户注册
填写基本资料
必填内容
用户名：
检查用户名用户名不能为空!
密码：
密码不能为空!
再次输入密码：
请再次输入密码！两次输入密码不一致!
邮箱：
邮箱地址不能为空！您输入的邮箱格式不正确!
是否公开邮箱：
是
否
性别：
男
女
以下为选填内容
真实姓名：
联系方式：
密码保护问题：
密码保护答案：
完成

图 7-50　注册页面第一步

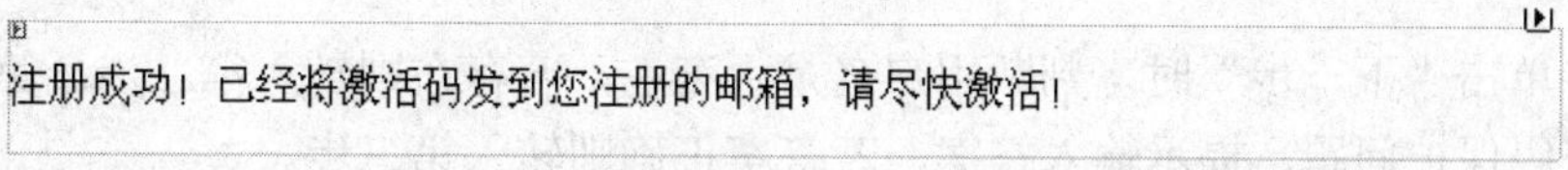

注册成功！已经将激活码发到您注册的邮箱，请尽快激活！

图 7-51　注册页面第二步

单击完成按钮时，首先检查用户名是否存在，若存在，则提示错误并返回上一步；

若不存在，则使用用户业务层的 Register 方法将资料入库，同时保存激活码，之后调用 Common 类的 SendMail 方法将激活链接发送到用户注册的邮箱中。

（8）用户激活页面 Activation.aspx。该页面由激活控件组成，本身没有处理代码。

（9）用户激活控件 ActivationControl.ascx。该控件组成如图 7-52 所示。

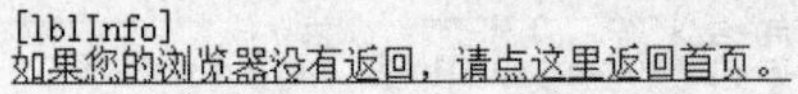

[lblInfo]
如果您的浏览器没有返回，请点这里返回首页。

图 7-52　激活控件

页面载入时，首先判断激活信息是否完整，若不完整则将提示信息设置为信息不完整；若完整则调用用户业务的 SetUserActived 方法来激活用户，根据执行的结果分别设置提示标签。

（10）检查用户名是否重复页面 CheckUser.aspx。该页面由一个标签和一个超级链接控件组成，页面载入时，首先判断是否提供用户名，若没有则提示错误；若有则使用用户业务的 IsUserNameExist 方法进行判断，根据判断的结果分别显示不同的提示。

（11）用户密码保护页面 UserProtection.aspx。该页以 NoTop.master 为母版页，使用一个 Wizard 控件来实现找回密码的不同步骤，如图 7-53～图 7-55 所示。

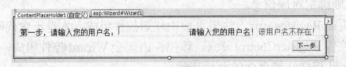

图 7-53　密码保护第一步

图 7-54　密码保护第二步

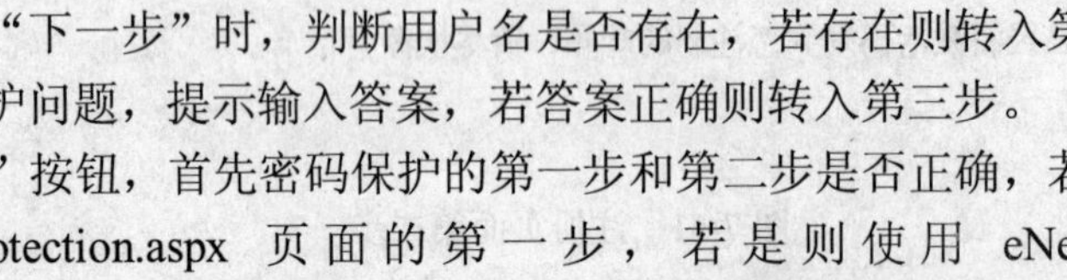

图 7-55　密码保护第三步

第一步单击"下一步"时，判断用户名是否存在，若存在则转入第二步。第二步载入时获取密码保护问题，提示输入答案，若答案正确则转入第三步。

单击"修改"按钮，首先密码保护的第一步和第二步是否正确，若不是则将页面重定向到 UserProtection.aspx 页面的第一步，若是则使用 eNewsUser 实体的 ChangePasswordByUserName 方法。

（12）用户登录页面 Login.aspx。在有些时候，如果用户查看了非登录用户不能看的页面时，需要转到该页面进行处理。该页面由登录控件组成，本身不含处理代码。

（13）用户登录控件 LoginControl.ascx。该控件组成如图 7-56 所示。登录处理过程和前面讲的登录过程十分相似，在此不作赘述。

（14）查看用户信息页面 UserInfo.aspx。该页面由页面信息控件组成，本身不含处理代码。

（15）用户详细信息控件 UserInfoControl.ascx。该控件组成如图 7-57 所示。

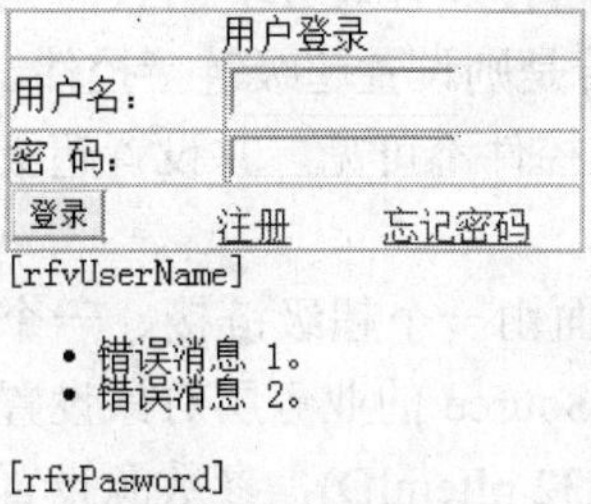

用户登录	
用户名：	
密码：	
登录　　注册　　忘记密码	

[rfvUserName]

- 错误消息 1。
- 错误消息 2。

[rfvPasword]

图 7-56　登录控件

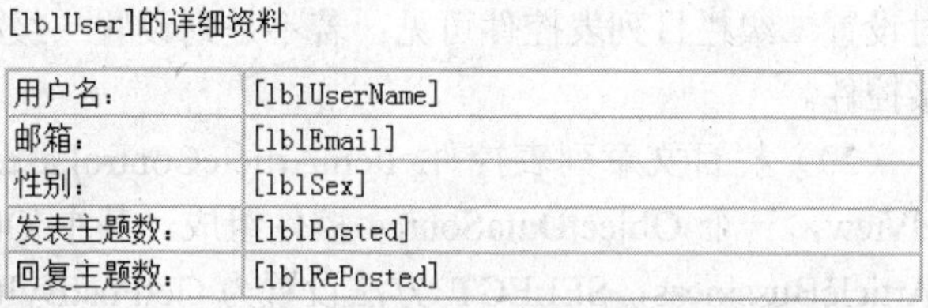

[lblUser]的详细资料

用户名：	[lblUserName]
邮箱：	[lblEmail]
性别：	[lblSex]
发表主题数：	[lblPosted]
回复主题数：	[lblRePosted]

图 7-57　用户详细资料控件

该控件在载入时，首先判断用户是否已经登录，若没有则重定向到登录页面；若已经登录则判断传递参数 userid 的有效性，若无效则重定向到首页；若有效则绑定用户信息。

（16）修改用户信息页 ModifyInfo.aspx。该页面由修改用户信息控件组成，本身不含处理代码。

（17）修改用户信息控件 ModifyInfoControl.ascx。该控件组成如图 7-58 所示。

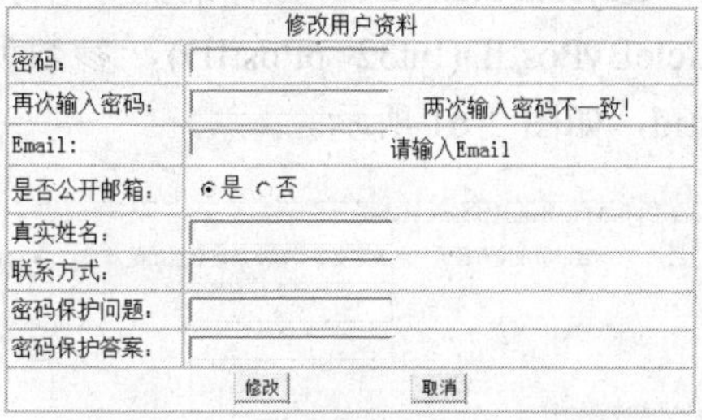

修改用户资料	
密码：	
再次输入密码：	两次输入密码不一致！
Email：	请输入Email
是否公开邮箱：	⊙是 ○否
真实姓名：	
联系方式：	
密码保护问题：	
密码保护答案：	
修改　　取消	

图 7-58　修改用户信息控件

页面载入时首先判断是否登录，若没有则重定向到登录页面；若已经登录则将用户信息绑定到对应控件。

单击修改按钮时，若没有填写密码输入框，首先使用用户业务的 ModifyInfo 方法修改资料。若设置了新密码则调用 ModifyPassword 方法修改密码，并将 Session 清空并提示重新登录。

（18）未登录提示控件 NotLoginControl.ascx。该控件组成如图 7-59 所示。

第 7 章　BBS 系统实例

375

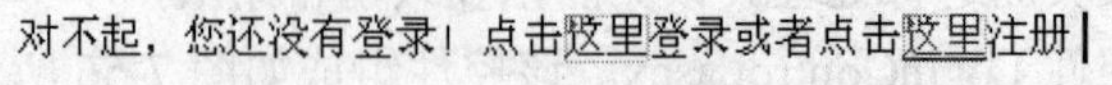

对不起，您还没有登录！点击这里登录或者点击这里注册|

图 7-59　未登录控件

页面载入时设置超级链接的 NavigateURL 属性代码。

（19）显示栏目页面 ShowItem.aspx。该页面由一些用于导航的超级链接控件、栏目文章列表控件和二级栏目列表组成。页面载入时，首先判断是否传递有效 ID，若没有则提示错误。若有有效栏目 ID，则先判断栏目是否一级栏目，若是则设置超级链接控件，同时设置二级栏目列表控件可见；若不是则设置二级栏目列表控件不可见，并设置超级链接控件。

（20）栏目文章列表控件 ItemArticleControl.ascx。该页面由一个超级链接、一个 GridView，一个 ObjectDataSource 控件组成。其中 ObjectDataSource 的业务层对象设置为 ArticleBussiness，SELECT 方法设置为 GetPostByItemID(Int32 pItemID)，参数源设置 QueryString，QueryStringField 设置为 itemid。

页面载入时，设置 HyperLink 控件的 Navigate 属性。

（21）显示主题页面 ShowPost.aspx。该页面由若干用于导航的超级链接控件、未登录提示控件、显示主题控件和回复文章控件组成，如图 7-60 所示。

页面载入时，首先判断文章 ID 是否合法，若不合法，则提示并返回首页；若合法，则使用文章业务的 GetContentByID 方法获取文章内容，在使用获取的栏目 ID 设置对应的导航控件，最后根据是否登录设置显示哪些控件和隐藏哪些控件。

（22）展示主题文章控件 ShowPostControl.ascx。该控件由一个 GridView 和一个 ObjectDataSource 控件组成，ObjectDataSource 控件的业务对象选择 ArticleBussiness，SELECT 方法选择 GetArticleByPostID(Int32 pPostID)，参数源设置为 QueryString，QueryStringField 设置为 postid，如图 7-61 所示。

图 7-60　显示主题页面

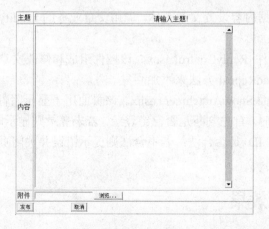

图 7-61　展示主题文章控件

（23）展示文章内容控件 ShowPostByIDControl.ascx。该控件的组成如图 7-62 所示。

图 7-62　控件组成

该控件有很多属性，根据这些属性要设置对应控件的属性，单击删除按钮时，使用附件实体和文章实体来保存关于附件和文章的属性，之后调用文章业务的 DeletePost 方法将文章删除。

（24）发表文章页面 Post.aspx。该页面由一个未登录提示控件和一个发布文章控件组成。

（25）发布文章控件 PostControl.ascx。该控件组成如图 7-63 所示。

图 7-63　发布主题控件

页面载入时，首先判断栏目 ID 是否合法，若不合法则提示并转向首页。
单击发布按钮，设置文章实体，若有附件同时设置附件实体，上传附件并调用附件业务的 AddAttachment 方法保存附件 URL；之后使用文章业务的 AddPost 方法来发布文章。

（26）修改文章页面 EditPost.aspx。该页面由一个修改文章控件和一个未登录提示控件组成。

（27）修改文章控件 EditPostControl.ascx。该控件的组成如图 7-64 所示。

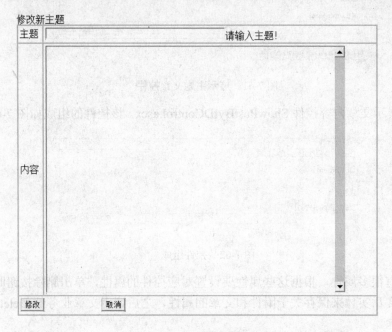

图 7-64　修改文章控件

页面载入时，首先判断文章 ID 是否合法，之后使用文章实体和文章业务获取文章内容，并绑定到控件。

单击修改按钮，根据内容设置文章实体，调用文章业务的 ModifyArticle 方法修改内容。

（28）回复文章控件 ReplyControl.ascx。该控件组成和修改文章一样。当单击回复时，使用文章业务的 AddRepost 方法来添加回复。

（29）显示附件页面 ShowAttachment.aspx。该页面用于显示附件内容，有一个未登录提示控件，页面载入时，首先判断是否已经登录，若未登录则显示未登录控件并返回；若已登录，则判定附件 ID 是否合法；若不合法则提示错误并关闭页面；若合法则获取附件 URL。

7.5　系统运行效果

到这里为止，一个虽然功能很有限，但是基本功能都具备，而且非常利于扩展的 BBS 系统就算完成了。图 7-65 展示了系统运行之后前台的效果图。

图 7-66 是后台登录界面的效果图。

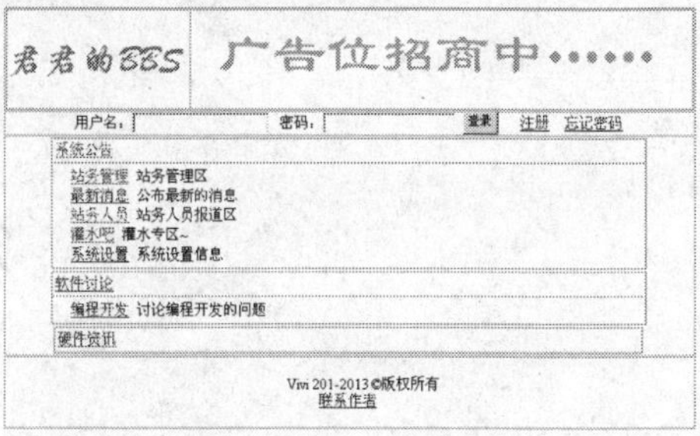

图 7-65 前台效果图

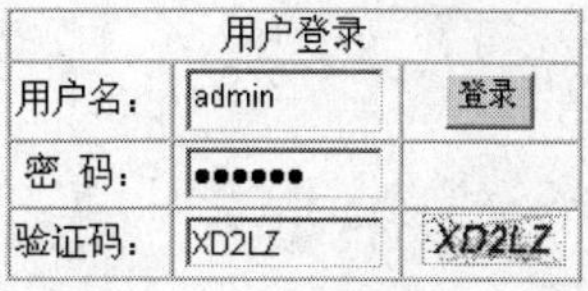

图 7-66 后台登录效果图

图 7-67 是系统后台管理的效果图。

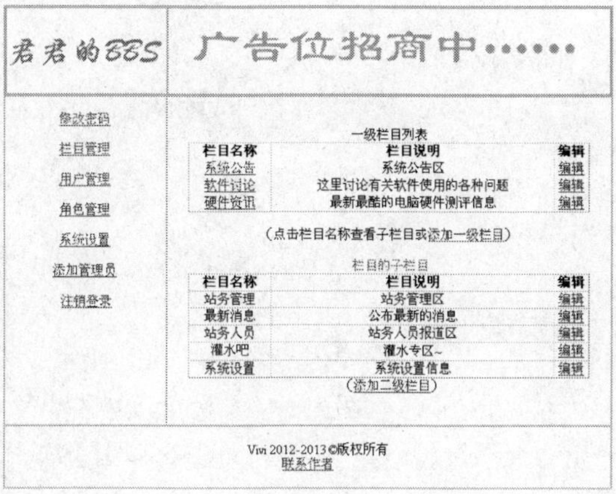

图 7-67 后台栏目管理效果图

经过本章的介绍，相信读者对 ASP.NET 的便利性已经深有体会，同时也对将系统模块化和分层实现有了更进一步的了解，也一定感觉到了模块化实现是如此的便利！